JN157662

羊の本

ALL ABOUT SHEEP AND WOOL

編著：本出ますみ

スピナッツ出版

「この本を手にしたあなたへ」

この本は、羊の毛刈りから始まって、毛を洗い、紡いで糸を作ること。羊毛の毛質のこと、そこからどんな物ができるかについて。また羊毛産業ではどんな工程で糸や布が作られているのか、それがどんな現状にあるのか。さらに羊の世界史、日本史、羊をめぐる世界観、そして日本の羊飼いがどんなふうに羊を飼っているのかを、2018年までの断面で切り取りました。この本に登場する羊と羊毛に関わる人たちが、どんなことをして、何を考えているのかわかるように編集しました。

今、私たちの生きている社会は色々な問題を抱えています。産業革命以来の200年で人類は石油などの埋蔵資源をはじめ、大量に物を生産し消費し廃棄し、便利な暮らしが享受できるようになりました。しかし色々なところで無理も出てきました。そんな中で私たちはどうすれば持続可能な社会を作ることができるのか、環境を破壊せず暮らすにはどうすればいいのか、様々に試行錯誤していますが、まだ漠として確かな方法は見えていません。

ほんの数十年前までは、人類が何百年、何千年と続けてきた習慣を少なからず継承していました。ところがここ数十年で状況が激変したように感じています。1990年以降に起こった急速なインターネットの普及で情報は瞬時に伝わるようになり、誰もが携帯電話を持ち、世界中の生活様式が均質化しました。例えば昔は家で料理して食べていましたが、外食産業が拡大していき、郊外に大型スーパーが建てられ、温めればよいだけの冷凍食品が普及するなど、家で作らなくてもいつでもすぐに食べられるようになりました。服は安く手に入り、傷んでもいないのに毎年流行の服を買い替えるようになりました。しかしかろうじて私たちの時代までは、お味噌の作り方を教えてくれる人がいたり、編物が上手な人がいて編み方を教えてくれたりもしています。しかし手間をかけなくても衣食住のすべてが手に入るようになってから、急速に手仕事は衰退し始めています。残っているのは趣味という形で

写真：猿澤恵子作 羊のお守り

の、物を作る技術ばかりになりつつあります。21世紀という時代は、何千年と続いてきた暮らしの中の手仕事を、しなくても生きていけるようになった時代なのです。私は人類の文化である「手仕事」というバトンを、次の世代に手渡していないのではないかという焦りを常々もっています。

さて、私が初めて「羊から糸ができる」ということを体験したのは24歳の時でした。それまで自分で糸が作れるとは思ってもいませんでした。そしてそれをきっかけに、自分で物を作ることに夢中になりました。まず原毛屋になり、雑誌『SPINNUTS（スピナッツ）』を発行し始めました。そして毛刈りした羊の毛・フリースで糸を紡ぎ、セーターを作り、仲間と一緒にフェルトの敷物や、モンゴルの遊牧民のゲル（フェルトの家）を作ってキャンプしたり、羊の肉や内臓を無駄なくすべて食べ尽くす料理を作ってはパーティーをしたり…羊を介して衣食住のすべての扉が開いていくことに興奮しました。羊を学ぶことは、人類の暮らしと経済、その歴史を学ぶことだと気付いたのです。

この本に載っていることは、この30数年の間に私が聞いたり出会ったりして集めることのできた「羊と羊毛」の記録です。どれもほんの入口で、この本も入門書だと思っています。

「人と羊の1万年の歴史」とはどんなものでしょうか。それを築き上げてきた先人という巨人の肩の上に乗って、見える景色はどのようなものでしょうか。それを一緒に、この本をきっかけに共有できれば幸せに思います。そして気付かれたことがあれば、どうぞご意見ください。この本から活発な交流が始まることを心より望んでいます。

2018年1月27日大寒　本出ますみ

写真：手島絹代作 マンクス ロフタンのベリー（裾物）を使ったブランケット

目次

羊の品種 083

羊毛の防虫対策 115

スピニング 125

フェルト 145

羊毛産業 159

羊の世界史 181

羊の日本史 197

世界の羊毛消費そして環境問題 229

羊をめぐる世界観 245

日本の羊飼い 279

「羊ってどんな動物？」

日本の日常で見聞きする羊のイメージは、「モコモコふわふわかわいくて、従順で群れで動いて羊飼いやシープドッグに見守られている」といったところでしょうか。

ここではもう少し詳しく、羊の形態や生態を見てみましょう。

まず羊は草食動物です。食べた草を反芻しながら4つの胃で消化します。

体格は品種によって違いますが、メスの体重は45～100kg、オスは45kg～160kgに達するものもあります。

角は品種によってあるものとないものがあり、オスだけあってメスにない品種もあります。角は螺旋角、渦巻き状のアモン角、中には4～6本の角をもつ古い品種の血をひく羊もあります。

毛の色は、白、黒、茶、甘茶、薄茶、グレー、まだら模様などバリエーションがありますが、羊の家畜化の長い歴史の中で、白い毛を産するように有色羊が淘汰されてきたので、毛用の羊はほとんどが白色です。しかし白い羊の中にまれに有色の羊が生まれることもあります。そしてほとんどの品種の毛は、人が毛刈りしてやらない限り伸び続けます。

羊の毛は品種によって細いものから太いものまで色々です。毛量も1年で500gくらいから7kg、10kgと採れる品種もありますが、おおむね2～3kgといったところでしょうか。

口には牛科の特徴が見られ、前歯は上顎には無く、下顎だけに8本あります。4歳になるまで前歯は中央から、1年毎に2本ずつ乳歯から成歯に生え替わり、成熟した羊は32本の歯をもちます。羊の年齢を前歯の成歯の本数で知ることができます。

羊は上顎の歯茎と下顎の前歯で草を挟んで引きちぎって食べます。また羊の上唇には縦に溝があり、左右に分かれていて器用に動かすことができるので、短い草を地面の間際まで採食したり、巧みに選り分けて食べたりすることができます。このような特徴から、羊は厳しい環境の乾燥地でも短い草を食べて生き延びることができるのです。

寿命は10年から12年ですが、20年近く生きるものもいます。そして4歳を過ぎる頃から歯が抜けていき、食べるのが難しくなり体重が減って年を取っていきます。

目は、水平に細い瞳孔をもち、視野は270～320度で、頭を動かさずに自分の背後まで見ることができます。

尻尾は品種により長い短いがありますが、糞尿で汚れ寄生虫発生の原因になったりするので、生後2週間以内に断尾することが多いです。また臀部や尻尾が大きくなり多量の脂を蓄える品種もあります。乾燥地帯の遊牧民にとって、山羊からでは充分に得られない脂肪が得られることから重宝された羊の品種です。

脚は偶蹄目なので、爪の先は二つに割れています。その爪は巻きながら伸びていきますので、毛刈りのときに切らなくてはいけません。

糞は、固く丸くコーヒー豆のようにコロコロしています。

そして羊は明瞭な繁殖季節をもち、通常日照時間が短くなる秋にメスが発情し、ほぼ17日サイクルで発情を繰り返します。近年は季節外繁殖や人工授精などの技術もありますが、一般的には昼夜を通してオスとメスを混牧し、自由に交配させます。通常日本の生産牧場では、40頭程度のメスの群れの中に種オス1頭を同居させることによって、40～50日の交配期間で約90%の受胎率が得られるといわれています。メスの妊娠期間は約150日で、春に仔羊を1～2頭、まれに3頭産みます。

羊は、臆病で警戒心が強いのですが、温順で人に慣れやすく群居性が強く、環境適応能力も高い動物です。このような特徴が、羊が太古から家畜化できた理由だろうと想像できます。

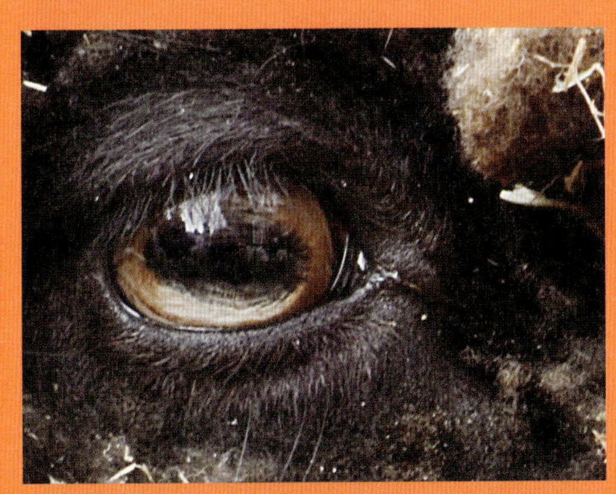

神戸市立六甲山牧場

北海道 ヨークシャーファーム

羊の恵み―衣食住

羊の毛、肉、乳で人は命を繋いできた

人が羊を家畜化したのは約１万年前といわれています。仔羊のための乳を横取りしてチーズを作り、老羊の肉を食べ、毎年伸びる毛でフェルトを作り、糸を紡ぎ、毛皮で衣や寝袋を作って体を温め、糞は燃料にしました。羊を守り飼い慣らすことで、人はサバイバルしてきたのです。収穫が不安定な狩猟生活とは違い、牧畜生活によって人はどれほど安心できる日々を享受したことでしょう。羊と人の関係を知ることは、まさに持続可能な暮らし方を知るということなのです。

羊の恵み

羊毛から

1：糸と布（→20ページ）
羊の毛を紡げば糸に、編めばセーターに、織れば服地や敷物にすることができます。スピンドルという紡ぎゴマ一つで糸を作ることができます。作った糸や布は染めることもできます。

2：フェルト（→21ページ）
羊毛は絡んで縮む性質があります。それを生かして作るのがフェルトです。モンゴルの遊牧民のようにフェルトの家（ゲル・ユルト）を作ることもでき、フィルターや建築資材など様々な所で使われています。

3：空気の浄化（→21ページ）
羊毛は、シックハウスの原因とされるホルムアルデヒドなどの有害物質を無毒化する働きがあります。敷物、椅子張りなどに使えばリビングの空気を浄化できます。

作：工藤聖美

4：断熱材（→22ページ）
羊毛は呼吸する繊維です。空気を含み、吸湿性が良く、膨らみがあり、断熱効果や難燃性もあるので、建材の断熱材としても使われます。

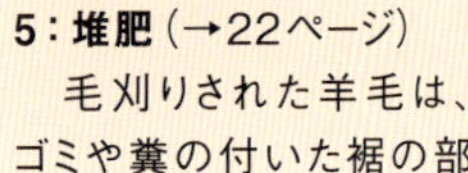

5：堆肥（→22ページ）
毛刈りされた羊毛は、ゴミや糞の付いた裾の部分を取ります（→52ページ「スカーティングによって取り除く所」）。取り除いた部分は堆肥として使えます。毛は地熱で分解して良い肥料になります。

6:反毛（はんもう）（→25ページ）
羊毛はリサイクルできる繊維です。羊毛製品をリサイクルした再生ウールのことを反毛といいます。セーターなどの羊毛でできた衣類や布を裁断してほぐしてもう一度繊維に戻し、紡績すればまたセーターが作れます。

脂から（→26ページ）

7：ラノリン・羊脂（ようし）

8：石けん

9：ろうそく

羊から採れる脂には、羊毛に付着している分泌脂質（羊毛脂・ウール グリース）である「ラノリン」と、羊肉の体脂肪（皮下脂肪）である「羊脂」の2つがあります。これらの脂を使って口紅や石けんなどを作ることができます。

羊の毛・肉・乳で
人は命を繋いできました。

皮・毛皮から(→28ページ)

11：シープスキン

12：羊皮紙

13：スライプ ウール

羊の毛皮をなめしてシープスキンなどの敷物や、バッグやコートなどの皮革製品ができます。また古代から中世まで使われていた羊皮紙も、文字通り羊の皮から作られたものです。スライプ ウールは塩漬けした皮から抜き取った羊毛のことです。

肉から(→30ページ)

14：料理

羊肉は古代より神様への犠牲として用いられるなど、高級なものとされてきました。ビタミンが豊富でコレステロールも少ないヘルシーな肉です。

15：羊腸弦（ようちょうげん）やガット

羊の腸に肉を詰めればソーセージができます。また羊腸弦といわれるように、バイオリンの弦やテニスのガットにも使われています。

乳から(→28ページ)

10：ヨーグルト・バター・チーズ

羊の乳からチーズやバター、ヨーグルトが作れます。遊牧民のベドウィンは1～9月のミルクを採取できる時期は生乳をほとんど飲まず、そのほとんどを乳製品に加工して、1年間の命の糧として暮らしています。

羊毛から

1：糸と布―羊毛から糸を紡いで服を作る

人類はいつから「服」を身に纏うようになったのでしょうか。もしかすると始まりは、狩りをした獲物の皮を剥ぎ肉を食べ、その皮を身に着けたことだったのかもしれません。

さて、犬や猫と同じように、暖かくなったら動物は脱毛します。大昔の人類の中の一人が動物の抜け落ちた毛を拾い、ほぐして伸ばしたりしながら撚り（ねじって絡み合わせること）をかけ、糸を作ったのだとしたら…その糸を絡ませ、編んだり織ったりして布にして、服に仕立て…そんなたくさんの工程に繋がる最初の「糸作り」を人類が始めたことは、「火」を使うのと同じくらい大きな一歩といえるのではないでしょうか。

遊牧民は、スピンドルのような道具で糸を紡ぎます。慣れれば思いのほか速く糸ができますし、歩きながらいつでも糸が紡げます。羊の番や子守りをしながらモバイル感覚で「どこでも糸紡ぎ」ができるスピンドルは、意外にも現代の感覚に近いものかもしれません。

既成のスピンドルが無くても、糸は紡げます。日本の家庭で身近な物を使うなら、お箸と厚紙で簡単にスピンドルを作れます。自分で作ったスピンドルで糸を紡ぐのはとても気持ちのいいものです。

スピンドルで糸を紡ぐ（→125ページ）

［材料］

・羊毛　・スピンドル　・種糸

［作り方］

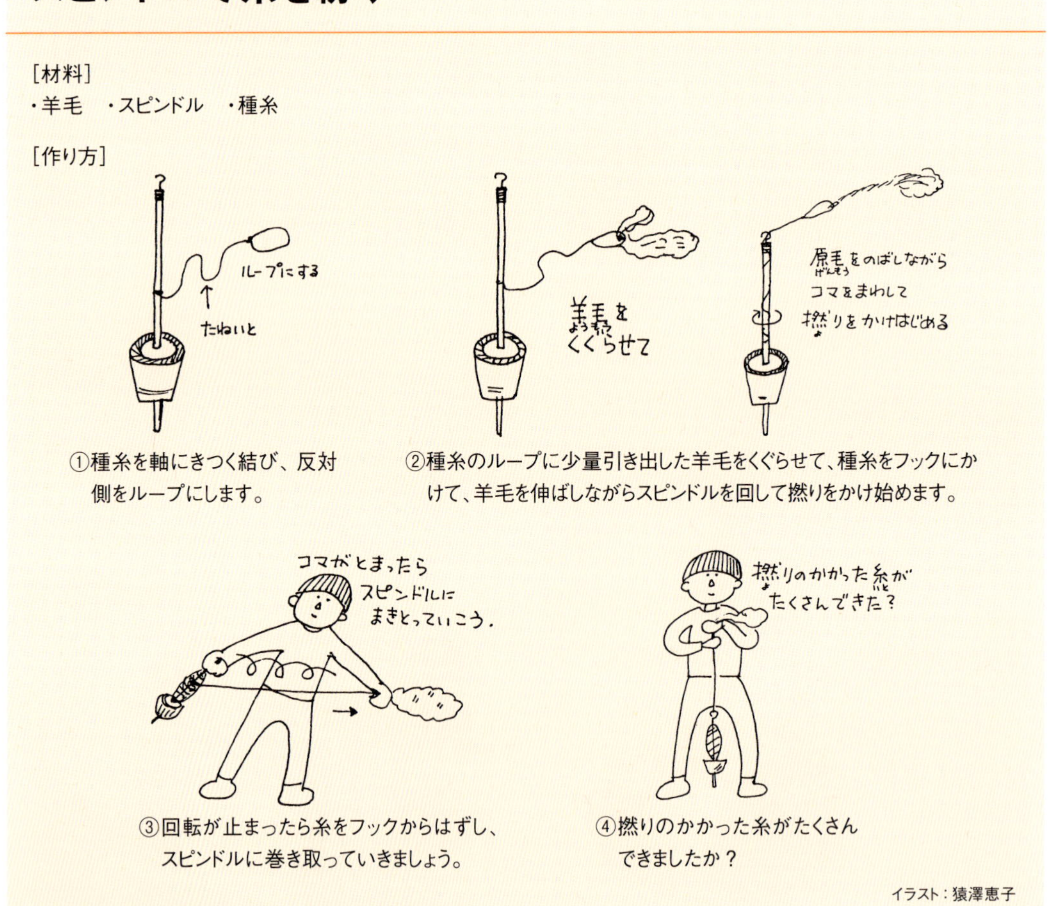

①種糸を軸にきつく結び、反対側をループにします。

②種糸のループに少量引き出した羊毛をくぐらせて、種糸をフックにかけて、羊毛を伸ばしながらスピンドルを回して撚りをかけ始めます。

③回転が止まったら糸をフックからはずし、スピンドルに巻き取っていきましょう。

④撚りのかかった糸がたくさんできましたか？

イラスト：猿澤恵子

フェルトの作り方（→145ページ）

［材料］
・カードした羊毛
・梱包用気泡シート
・石けん水（台所用洗剤でも、シャンプー、洗顔石けんを溶かしてもいいでしょう。ごく薄い石けん水を用意します）

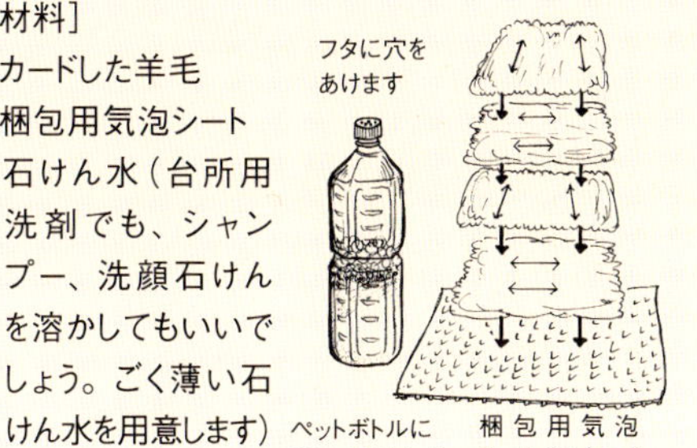

［作り方］
①羊毛を置きます。

②羊毛の繊維の方向を変えて重ねます。

③石けん水をかけます。

④摩擦します。

⑤つまんでもはがれなくなったら、すすいで形を整えます。

手元：湯浅徳子

2：フェルト―羊毛を水で縮絨（しゅくじゅう）させる

羊毛は「水分」と「摩擦」によって繊維同士が縮んで絡まり、フェルト化（縮絨）する性質があります。フェルトは、羊毛の絡む性質を生かして、色・形・大きさを自由自在に作っていくことができるので、楽しいデザインの帽子やベスト、人形を作ることができます。もちろん大きなフェルトの敷物や遊牧民の家（ゲル・ユルト）なども作れます。

3：空気の浄化―羊毛の消臭機能

気密性の高い住宅などに使われた建材の合板や壁紙の接着剤に含まれるホルムアルデヒドが原因で、吐き気、めまい、頭痛などの症状が出る「シックハウス症候群」が社会問題になったことがありました。このような症状が出るほどの濃度であっても羊毛はホルムアルデヒドを吸着し、浄化することができます。

羊毛は同じ動物性繊維の絹とは異なり細胞の集合体なので、内部の表面積が大きく、臭気成分の吸着座席がとても多い構造をしています。そのためホルムアルデヒドなどのVOC（揮発性有機化合物）や、二酸化硫黄といった物質の臭気を吸着し、シッフ塩形成や酸化還元によって、無害な物質に変えることができます。この機能が働くには、羊毛繊維に含まれる水の存在が不可欠です。また、二酸化硫黄などの還元性ガスを吸着した羊毛は、再び空気によって酸化することで元に戻るため、繰り返し使うことができます。

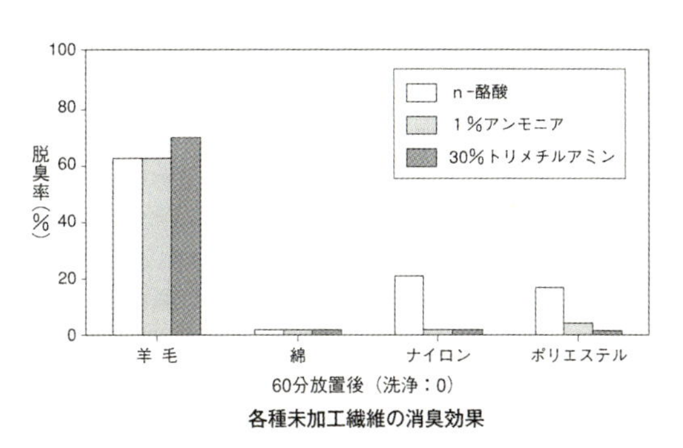

各種未加工繊維の消臭効果

日本羊毛産業協会編『羊毛の構造と物性』繊維社企画出版、2015年

4：断熱材―羊毛の保温性

［家を毛布で包んだような暖かさ］

2006年、京都の建築家グループ「杢はうす」の職人さんたちに羊毛の断熱材を使ってみた感想をお聞きしました。

「建築の現場では色々な断熱材があります。例えば昔は『石綿』。これはアスベストのことで人体に有害であるということが社会問題になり、現在は使われていません。その次に出てきたのは『グラス ウール』。ガラス繊維をシート状にしたもので、施工していてもヒリヒリと細かい繊維が肌を刺す感覚があります。いずれも現場で施工していて『これは人体にはあまりいいものではないのでは…』という不安感があります。

羊毛の断熱材（上）
天上への施工例（下）

そんな思いから体に安全な断熱材を探していたところ、羊毛の断熱材と出合いました。今までの断熱材が紙に挟まれていたのに比べ、むき出しの布団ワタ状シートの手触りの良さ、安心感と暖かさに、家全体をセーターか布団に包んだような気持ち良さがありました。

施工してみましたが、吸湿性も良く、床下の湿気を吸い、じめじめしてシロアリの原因になっていた床下の基礎、結露やカビ、ダニの発生も抑えてくれるのではないかと思います」と、現場で施工している職人さんからも、羊毛の断熱材への期待が高まる言葉を聞くことができました。

5：堆肥―羊毛を肥料にする

毛刈りした羊毛は、広げると右図のようになります。上が頭、下がお尻です。腹や尻の部分には泥・糞・藁などのゴミが多く付いているので、取り除く作業（スカーティング）をします。汚れた部分でも、3cm以上あればフェルトにでき、5cm以上あれば糸にすることができますが、それ以下の短い毛は土と混ぜて堆肥にできます。

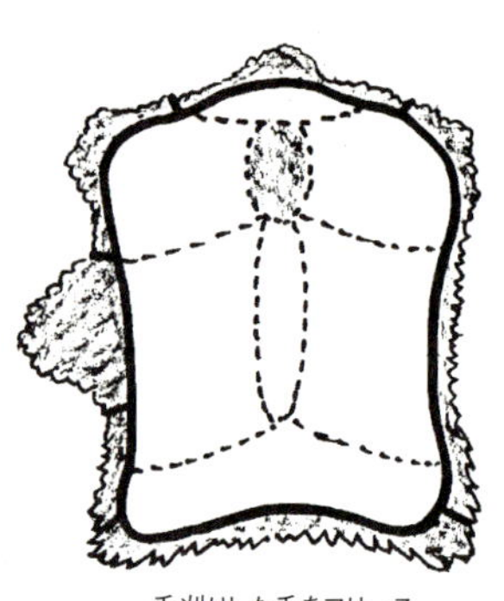

毛刈りした毛をフリース（Fleece）といいます。

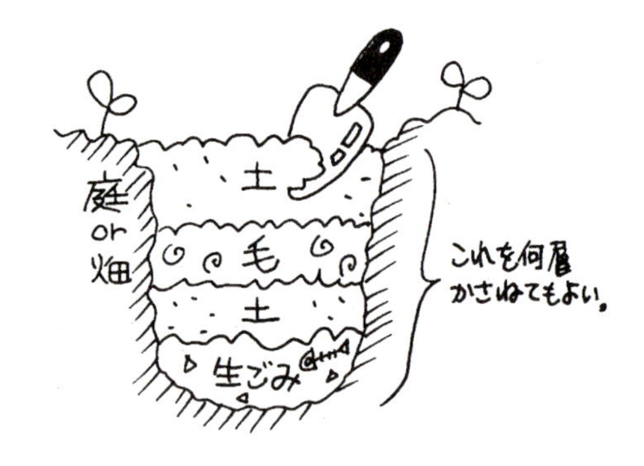

堆肥にはよく油粕や鶏糞が使われますが、羊毛も動物性タンパク質なので、土中で地熱によって分解して良質の堆肥になります。地熱の温度にもよりますが、3ヶ月～1年で分解します。ウールの厚みは3cm以下の方が良いでしょう。上図のように生ゴミ―毛―土と交互に重ねていけば効果的で、庭やコンポスト、畑だけでなく、プランターや植木鉢、ハンギングバスケットにも応用できます。

また、糞尿が付いたままの汚毛（ベリー・お腹の毛）を使って、額プラントや草屋根（植物を植えた屋根）を作ることもできます。（→24ページ「額プラントの作り方」／「草屋根の作り方」）

column

羊毛の断熱材を手作りする—きつつき工房

絵：松永華子

元々大工をしていた松永祐一さんが木工所を始めたのが1996年、それがいつしか織りの世界に関わるようになり、2006年にはパートナーの華子さんと共に、山梨県の八ヶ岳南麓に移り住みました。田園風景が広がる高根の地に、まずプレハブの工場を作って仕事場を軌道に乗せ、その後、隣に自分たちの手で家を建てることに着手、目指すは自足生活です。2009年に基礎から建前、そして屋根までを地元の大工さんと一気に3ヶ月で仕上げました。その後は自分たちでぼちぼち作っていこうという計画です。建材は、できるだけ自然に還るものを使いたいと考え、羊毛の断熱材を使うことにしました。羊毛は膨らみのある国産サフォーク。なるべく空気を含ませるため、羊毛を洗ってカード（繊維をほぐして方向をある程度揃えたワタ状の塊にする作業）し、シート状にしてからニードルパンチで格子状に刺し止めて、防虫加工としてホウ酸水をスプレーしてから施工しました。「まだこの先、虫に食われないか、垂れ下がってこないかなど、時間が経たないとわからないことがたくさんありますが、色々と試行錯誤しながら、羊毛の断熱材とつきあっていくことに決めた」と話してくれました。

■きつつき工房の二人が参考にしている本
斎藤健一郎『5アンペア生活をやってみた』岩波書店、2014年
テンダー『わがや電力』ヨホホ研究所、2015年
『農家に教わる暮らし術—買わない 捨てない 自分でつくる』農山漁村文化協会、2011年

額プラントの作り方

柳原由実子&Yo

[作り方]

①ベニヤ板で2層の額を作る。

壁掛け用クギ穴

板4枚

②ベリーを敷く。

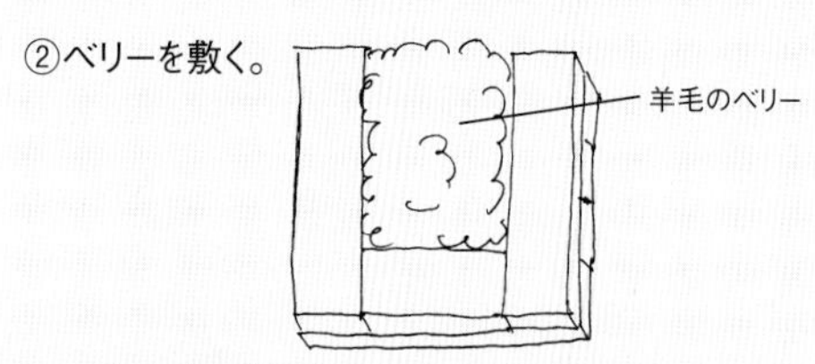

③ベリーの上に水ゴケを乗せる。植物によっては土も乗せる。

④ネット(金網)で押さえ、Uクギで留める。

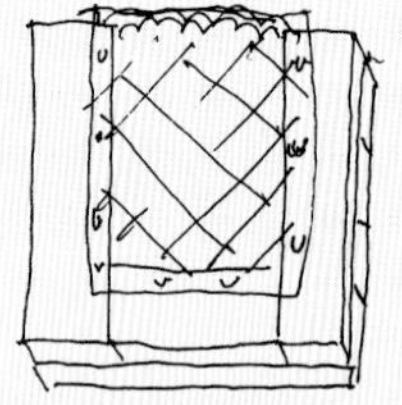

⑤3層目を上から乗せて、四隅をビスで留める。

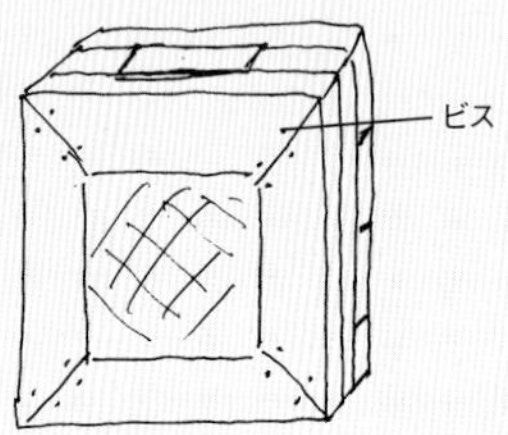

⑥水ゴケを湿らせ、細い棒やピンセットで穴を開け、セダムを差し込む。

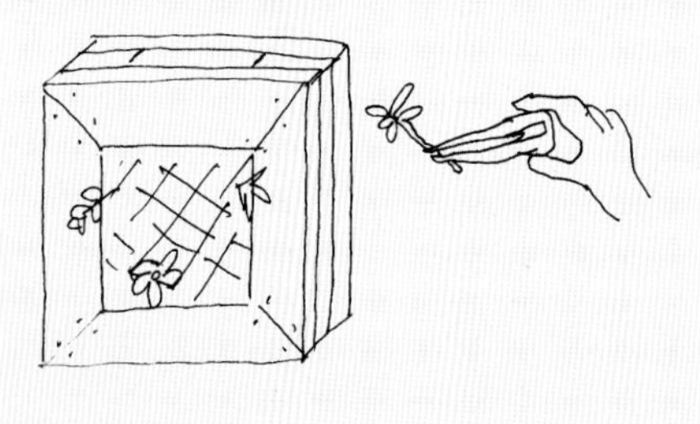

草屋根の作り方

柳原由実子&Yo

[作り方]

①ルーフィングを張った上に防腐剤、オイルステインを塗った角材でふちを作る。

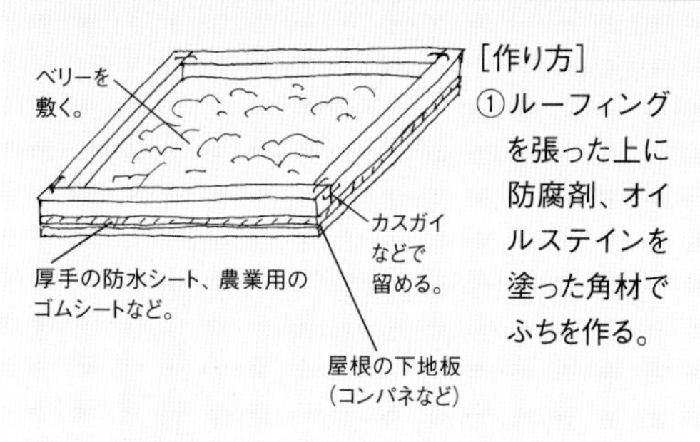

②ベリーの上に園芸土をかける。

③水をかけて落ち着かせる。植物が生えるまでは麻などの糸やネットで土がこぼれるのを防ぐ。

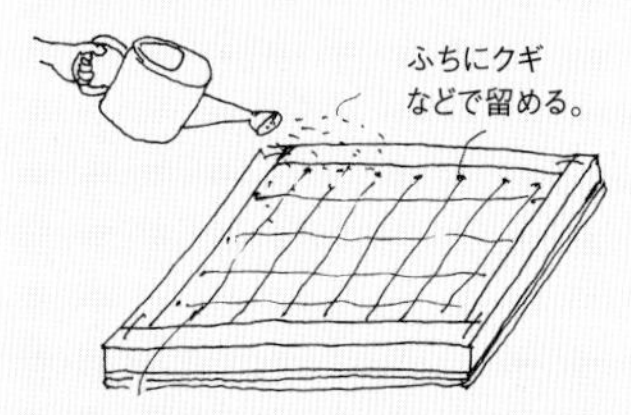

④種を蒔く、又は苗を入れます。セダムなら差すだけで良い。

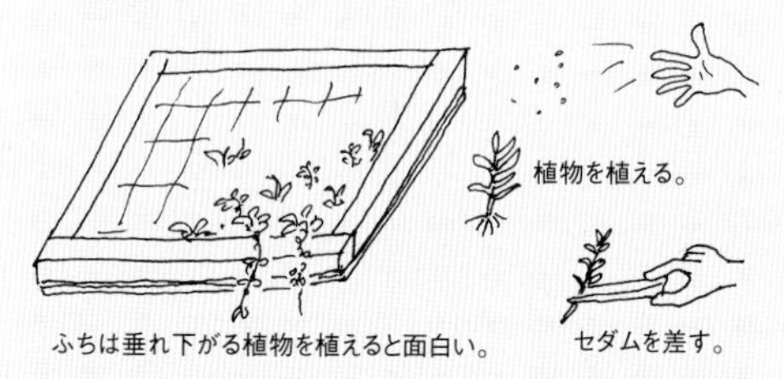

⑤特に水が垂れる所は下地材にもルーフィングを被せると腐りにくい。水を含むとかなり重くなるので、柱など骨組みをガッチリと!

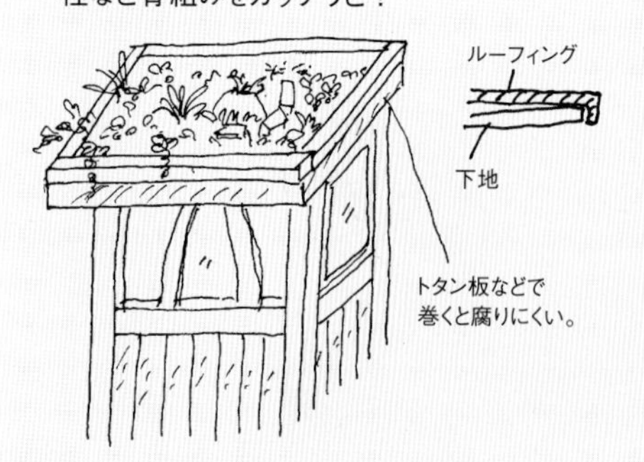

6：反毛―羊毛はリサイクルできる

あまり知られていないかもしれませんが、大量生産消費に次ぐ大量廃棄が社会的に問題になり、資源の再利用がクローズアップされた1980～90年代よりもずっと前、1960年代には日本において羊毛のリサイクルは産業として確立していました。

梳毛工場や縫製工場から出てきた糸屑や、古紙回収で集められた古着からウール製品を取り出し、色別し、ボタンやジッパーを切り取り、ほぐしてワタにして、再び糸にするのです。「反毛」と呼ばれる再生ウールが産業として成立できた理由は、もともと新毛（バージン ウール）の価格が高く、ウール製品が高級品だったため、回収と仕分けに手間をかけても採算が取れたことにあります。そして、再び衣料のファーストステージに戻しても、高品質の製品を作ることができたからです。（→170ページ「ウールのリサイクル 反毛・再生ウール」）

反毛の工程

［工程］

①倉庫にうず高く積み上げられた色とりどりのセーターの入ったベール（麻袋）。

②ボタンや金具、ファスナーや縫いしろは切り落とされます。アクリルや綿糸が入ると、フケのように細かい糸クズが混じるので、羊毛100%にこだわります。

③同じ色のセーター（400～500kg）に、柔軟剤（紡毛油）をかけ、透明ビニール袋をかぶせ、2～3日置いておきます。

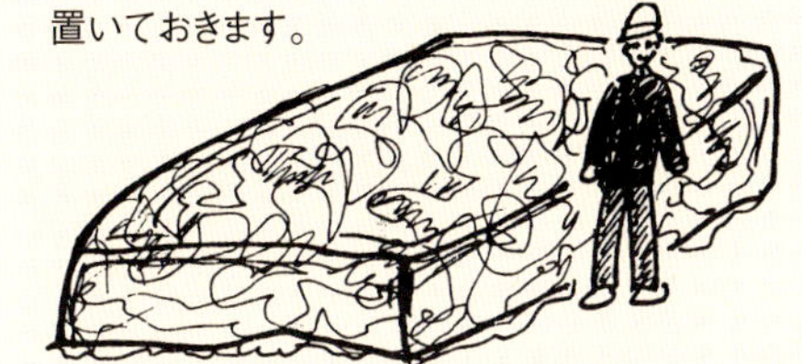

④ダックマシンでセーターが引きちぎられ、ワタ状にされます。

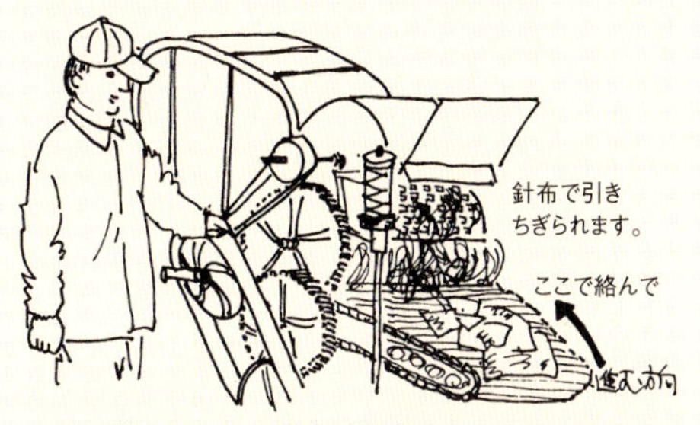

スノコ台が動いてセーターが針布に送り込まれ、くい込んでいきます。

⑤人の手でほぐれたセーターのワタが投げ入れられます。

⑥大きなシャベルでかきあげます。

⑦左右均等な量にしてローラーに送り込みます。

⑧何十もある針布のローラーを通り抜けます。

⑨薄いベールのように美しくカードをかけられた反毛ワタが出てきます。

⑩麻袋などに100kgずつ入れて梱包します。

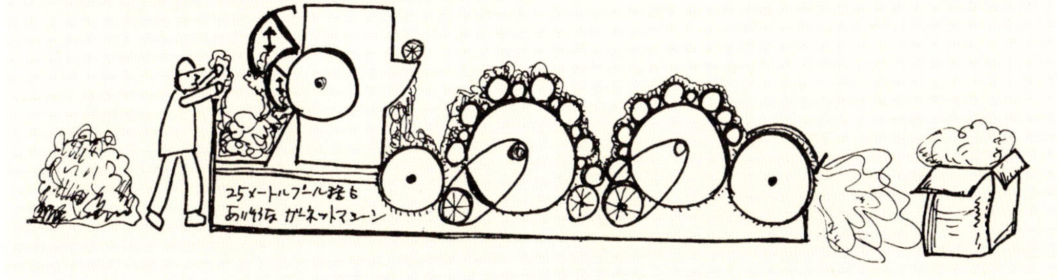

脂から

7：ラノリン・羊脂―羊毛の脂と体脂肪

羊から採れる脂には、羊毛に付着している分泌脂質「ラノリン」(Lanolin)と、羊肉の体脂肪(皮下脂肪)である「羊脂」の2つがあります。

1882年にドイツのリーバイヒとブラオンが羊毛を洗うときに出る汚水を遠心分離機にかけて精製、滲み出る脂を抽出精製することに成功し、ラノリンと命名しました。皮下脂肪や植物油脂は高級脂肪酸のトリグリセライドですが、ラノリンは高級脂肪酸と高級アルコールとのエステルを主な成分とする「蝋」で、羊毛の表面に存在して外界から内部を保護する役割をしています。精製度の高いものは、口紅や化粧品に使われます。(→78～79ページ「洗毛工場の洗い方」)

左：ラノリン　右：羊脂

羊脂の採り方

［作り方］

①脂肪はなるべく小さく切り、少量の水を鍋に入れて、加熱します。始めは焦げ付かないように攪拌(かくはん)します。羊脂の融点は約41℃です。

②脂肪が溶け出したら、フタをして、弱火でゆっくり溶かします。溶けた脂肪が、透明になったらざるで濾して、容器に流し込みます。

column

脂付ニットの帽子

「オイルドセーター」や、「カウチンセーター」といった、脂付のニットについて聞いたことがありますか。1970年代にネイティブアメリカンの鷲の編み込みをしたセーターが、ずいぶん流行ったことがあります。

ある時、せっかく毛刈りしたての羊の毛(フリース)から紡いでいるのですから、元々羊毛についている脂(ラノリン)をそのまま生かして脂付の糸を作ってみたいと思いました。その糸を使ってワッチキャップ(ヨットマンの帽子)を作り、使い心地を試してみるという実験をしてみました。

［素材と技法］

①羊毛はオーストラリアのコリデールを、モノゲンは使わずぬるま湯に漬けただけで、脂を残して洗います。

②糸はハンドカードし、紡毛に紡いでから双糸にします。強撚と甘撚りの2種用意します。

③編み方も機械編みと手編み。二目ゴム編み、一目ゴム編みと、編み方を変えて、ヨットマンの頭のサイズに合わせて編む。

④10人のヨットマンに11～3月の冬の4ヶ月間使ってもらい、使い心地のアンケートを取りました。

［ヨットマンのコメントから］

・被り心地はグリースのせいか、最初は固くて落ち着きませんでしたが、使えば使うほどぴったりと自分の頭の形になって、かぶる角度が違うと違和感があるほど馴染みました。

・今までの帽子と比べると伸縮性に欠けるので、折り返しのゴム編みは問題があります。伸び縮みしない編み方の方が良いと思いました。特に二目ゴム編みはダレてきてしまいます。

・保温性、耐久性は、かなり厳しい状況でも良好です！意外だったのは、一度沈(ちん)して(船が傾いて横転すること)ぐっしょり濡れても、絞れば暖かいということ。ウールの、それも脂付の良さが出ています。

・問題は脂の匂い。防水性というメリットであるはずの脂に、不快感を覚える人もいて、香水をかけている人もいました。手にべたつくと言った人もいました。

［まとめ］脂付のニットの特徴についてまとめてみました。

使用前と使用後では、ほとんどの人のサイズが大きくなっていました。ただしこれは被る人の頭の大きさになったということです。そして縦よりも横に伸びやすく、元に戻りにくいので、ゴム編みは不適です。伸縮性を期待しない編地にするべきだと思いました。しかし使えば使うほど体の一部になり、使用頻度の高い人ほど柔らかく使いやすくなっていることがわかりました。

あらためて英国のガンジーセーターの、薄手で目の詰まった固く伸縮性の無い編地が、脂付のニットには最適なのだということを、実感しました。

紡ぎ・編み：鈴木佐途子

8：石けん―ラノリンから石けんを作る

石けんの作り方　岡ゆかり

ラノリンの量を多くすると石けんの固さが出ないので、使いやすい固さの石けんを作るため、ラノリンの割合は20%程度に押さえています。他にも溶けくずれを防ぐパームオイル、泡立ちをよくするココナッツオイル、保湿成分と洗浄成分を併せもつオリーブオイル、泡持ちをよくするひまし油、殺菌効果がある蜂蜜を配合してラノリンの石けんを作りました。お好みでエッセンシャルオイルで香りをつけても良いでしょう。

［材料］
・精製ラノリン…130g
・苛性ソーダ…85g
・精製水…210g
・オリーブオイル、パームオイル、ココナッツオイル、ひまし油、蜂蜜…合計520g

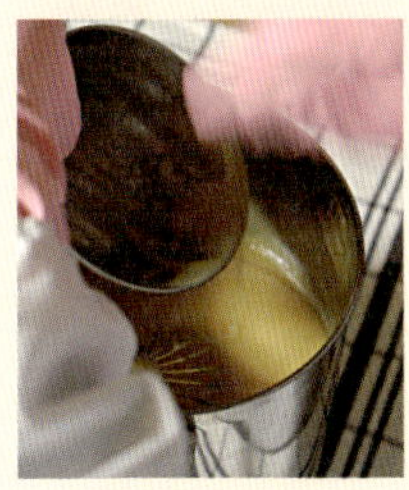

［作り方］
①苛性ソーダと精製水をそれぞれ量ります。
②2つを合わせてかき混ぜます。自然に60～80℃に温度が上がるので換気に注意しましょう。40～45℃になるまで放熱します。

③湯せんしながらすべてのオイルをボウルに入れ、40～45℃まで温度を上げます。
④②と③の温度を合わせたら、③のオイルに②の苛性ソーダ水を入れます。

⑤白っぽくなり線が描ける固さになるまで一気にかき混ぜます。
⑥牛乳パックなどの型に流し入れます。
⑦発泡スチロールに入れて毛布にくるみ、24時間保温。
⑧型から出してカットします。
⑨1ケ月以上熟成させてできあがり。
※苛性ソーダは劇薬です。取扱いには細心の注意を払い、換気に気をつけながら作業してください。目や肌に付かないように注意します。

9：ろうそく―羊脂からろうそくを作る

ろうそくの作り方　近藤知彦

［材料］（直径2.2cm、長さ15cmの例）
・羊脂…80g
※パラフィンを15%程度加えると気温が高くても溶けにくくなります。

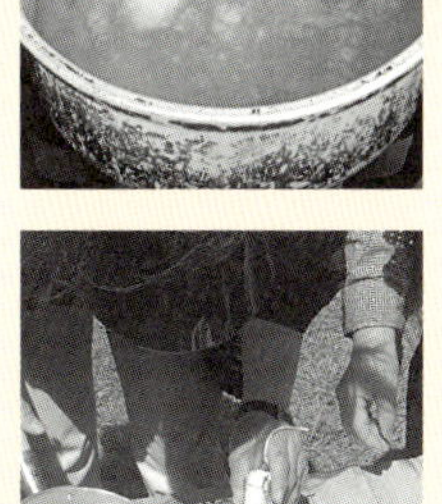

・型紙…幅15cm、長さ20cm
※カレンダーの紙が適当です。
・木綿糸…直径3㎜、20cm
・輪ゴム又はセロテープ
・竹楊枝…1本
・クリップ

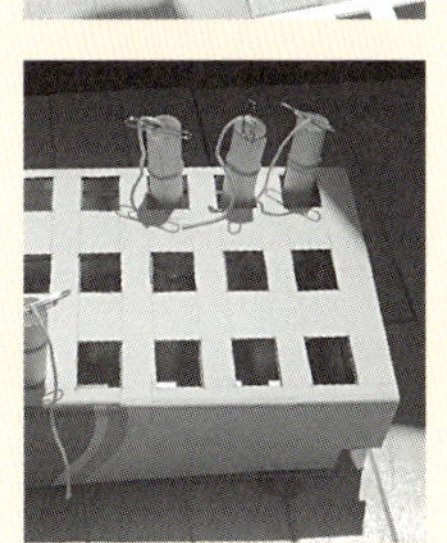

［作り方］
①型紙で直径2.2cmの筒を作り、輪ゴム又はセロハンテープで固定します。
②筒の中心に木綿糸を吊るします。下部に竹楊枝を刺し、中央に固定します。
③羊脂を溶かし、35℃程度まで冷やして、筒に流し込みます。
④固まったら、筒をはがし取り出します。

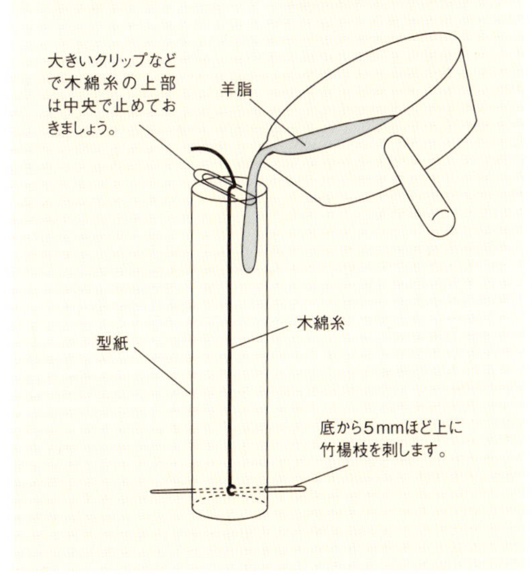

乳から

10：ヨーグルト・バター・チーズ

シリアの遊牧民ベドウィンはミルクを様々な食品に加工して、一年の糧にしています（→260ページ「アラブの牧畜民ベドウィンの 羊と共にある暮らし」）。

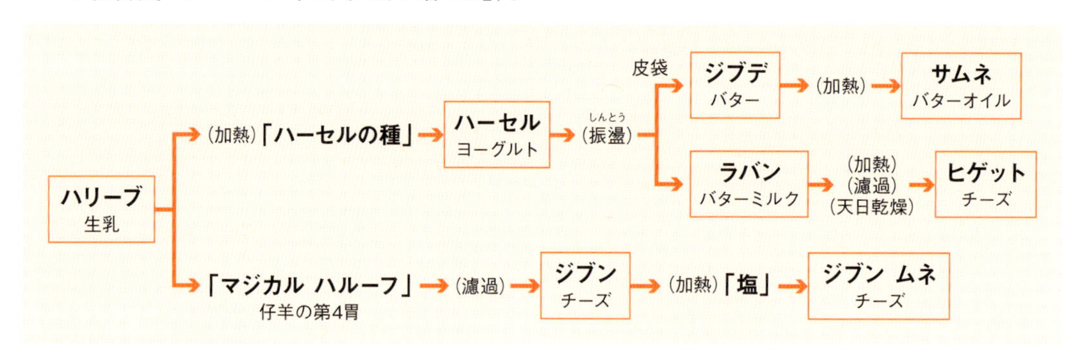

皮・毛皮から

11：シープスキン—羊の毛皮

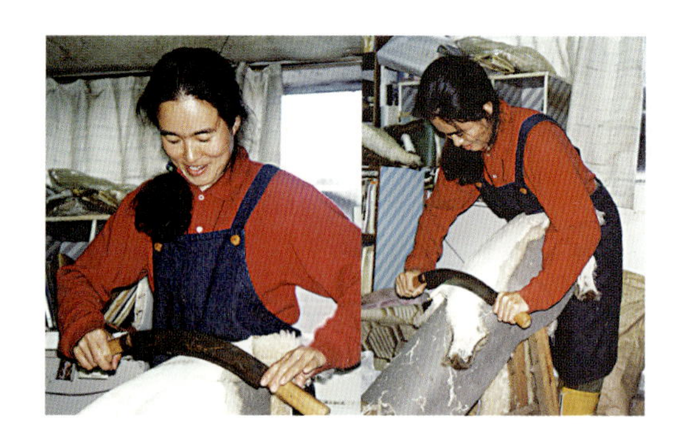

羊を屠殺したときに剥いだ皮は、塩漬けしておくと長期保存ができます。その皮をなめすとシープスキンとして敷物にできます。また縫製加工すれば防寒のコートにもなります。

皮なめしは、塩漬けされた皮を水洗いした後、ミョウバンなどのなめし液に皮を漬け、充分にしみ込ませてから、ベニヤ板に均等にピンで張り付け、加工用の油を塗り、乾燥させた後、作業台のかまぼこ台（右上写真）の上でせん刀（丸くカーブさせた刀）で裏から皮を削り整え、表面を均一にして仕上げます。

12：羊皮紙—中世ヨーロッパの書写材料

羊の皮は「羊皮紙」に加工されて文書の紙としても使われてきました。石灰で毛を抜き取った皮を石灰液に8〜16日漬け込んだ後、水洗いし、木枠に張って乾燥させて、半乾きの時に小刀で表面を削り整えたものが「羊皮紙」です。紀元前2世紀頃にはエジプトや小アジアで使われていたといわれています。ヨーロッパでは紙の製法が伝わる西暦14世紀頃まで最も重要な書写材料の一つでした。

13：スライプ ウール—皮から抜き取った羊毛

塩漬けではなく、剥いだ皮を石灰液に漬けると羊毛を抜き取ることができます。この方法で抜き取った羊毛はスライプ ウールといわれ、紡績糸に加工されます。毛を抜き取られた皮は水洗いし、なめされた後バッグなどの革製品に加工されます。

ニュージーランドの羊皮加工の工場

column

羊毛は、マイナス60℃でも凍らない 写真：今岡良子

モンゴル北部のタイガ地域の自然保護官の写真。マイナス50℃でも、テントなしで、寝袋に、羊毛をはったデールをかぶって、さらに毛布をかけて寝ています。こんな環境で羊が生きているのですから、羊毛にまさる防寒着はないということなのでしょう。（今岡良子）

羊毛は、繊維の中でも特に多量の水を含むことができます。湿度100%で27.1%もの水分を吸着します。湿度65%での公定水分率（→63ページ「イギリスの空気の値段」）では、羊毛17%、木綿8.5%、ポリエステルが最大でも0.4%です。ポリエステル製の吸湿発熱繊維の肌着は、冬の戸外でも0〜10℃という都会生活だから使用可能な肌着であって、マイナスの温度の環境では真っ先に凍結してしまいます。

羊毛の特徴は、繊維の表面を覆うスケールが鎧のように水を弾き、羊毛表面は乾いた状態ですが、スケール内は親水性で充分に汗を吸い、汗冷えせず、マイナス60℃でも繊維は凍結しません。

木綿は8.5%水分を含むことができますが、マイナス20℃になると水分は繊維表面に浮き上がり、そこから凍結していきます。ここから考えると、羊毛の肌着がいかに人の体を守るかがよくわかります。登山をする人が、ウールの肌着を身に着けるのは、凍結しにくいという性質があるからなのです。

近年、私たちの衣類は、様々な付加価値が付けられ、素晴らしい素材がどんどん発明されているように思われがちですが、まだまだ天然繊維がもつ多様な特徴をすべて超越する化学繊維はできていません。写真のように自然保護官が長年使っていた寝具が羊毛であったということ。自然の厳しい環境の中で、何千年と人は、羊そして羊毛に守られて生きてきたことを実感します。（本出）

肉から

14：料理―羊一頭余すことなく食べ尽くす

日本で羊肉料理といえば「ジンギスカン」を思い浮かべるかもしれません。1950年代には農家の庭先に羊が1～2頭いるという時代があり、その頃一般の家庭でも羊肉が食べ始められました。羊は体重が50～80kgと女性でも扱える家畜であったこと、羊毛も肉も採れ、戦後の物資が不足している時代にはとても役に立つ家畜でした。その後、日本での飼育頭数減から、羊そのものの存在感が薄れた時期もありましたが、羊肉の人気は根強く、ジンギスカンは珍しい料理ではなくなりました。せっかくなので、ジンギスカン以外の羊肉の食べ方も紹介したいと思います。世界には羊肉を使った美味しい料理が他にもたくさん存在します。

［内臓処理の仕方］

屠殺場では内臓を取り出し、食品検査後、各部位を水洗いします。胃袋は第1・2・3胃を裏返しにして簡単に洗い流します。胃酸がたくさん含まれていて、消化物などの臭いが移るので、他の内臓とは一緒にしません。

脳 1頭から約100～150g

①頭蓋骨の中にあるので、熟練した人でなければ取り出せません。取り出したらすぐ冷水（氷水）に入れ一昼夜漬けておき、血抜きをします。脳が白っぽくなったら良いでしょう。

②鍋に水をはって、しょうがスライスと塩少々を加えて沸騰。その中に脳を入れ、約10分ほどボイルします（水10ℓに対してしょうが大1個、塩10gほど）。ボイル後、氷に入れ、熱をとります。冷たくなったらよく水をきりましょう。

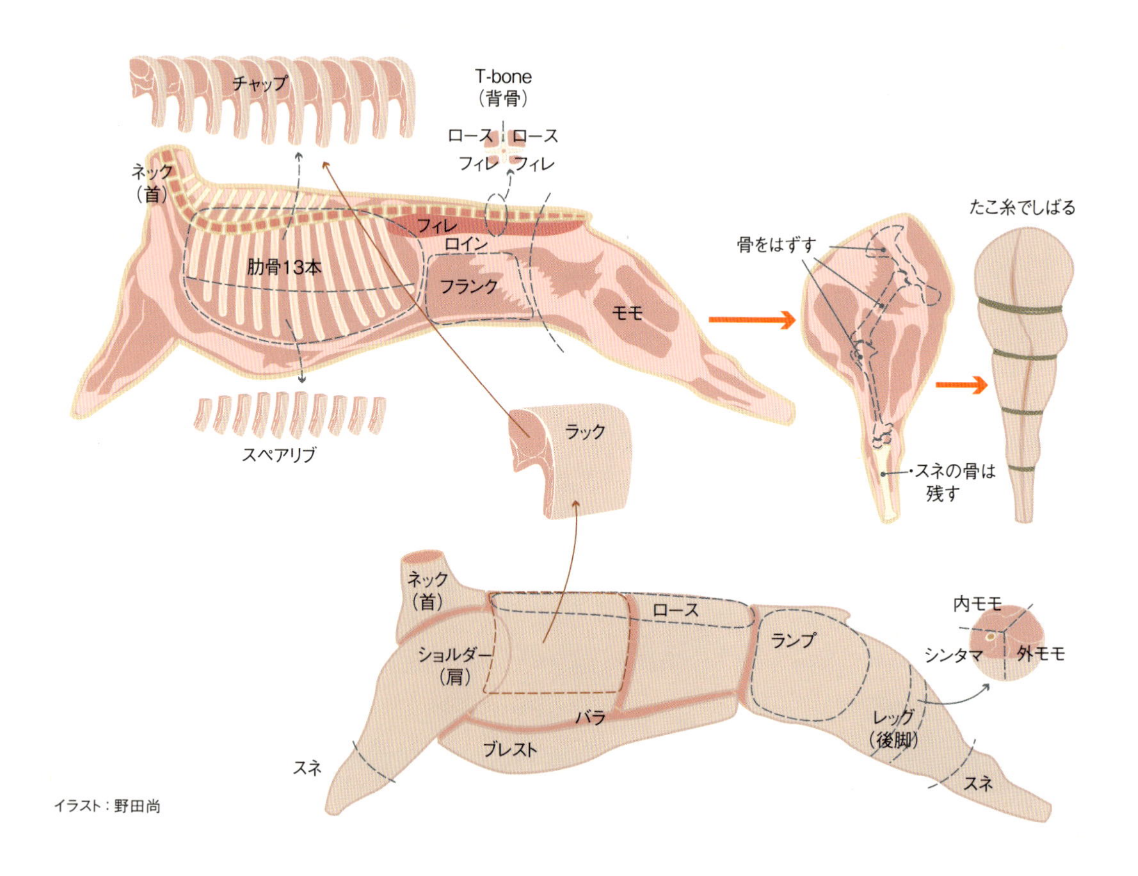

イラスト：野田尚

心臓 1頭から約200g

屠殺場から来るときは、検査のために切り広げられています。外側の上部に厚くかたい脂と血管が付いているので、切り取っておきましょう。内側の無数のスジもできるだけ丁寧に切り取ります。後は料理に合わせたサイズにカットして使います。心臓はクセがなく扱いやすいので、色々な料理に合います。串焼、煮込み、ボイルしてサラダなどにも。

胃袋 1頭から第1胃と第2胃で約1〜1.5kg

①屠殺場から来るときは、1度しか水洗いされていないので、大きな水槽を使いたくさんの水で洗濯する要領で洗いましょう。第1、第2胃を使います。よく洗った後、手で脂をできるだけ取り、ナイフで手のひらサイズにカットし、再び脂やゴミなどをきれいに取りましょう。

②大きな鍋に水を入れ、80℃の温度にし、1分ほどボイル。手で胃袋の内側のぬめりがはがれるようになったことを確認し、冷水に漬け温度を下げます。まな板に胃袋をのせ、ぬめりをスプーンでこそげ取り、乳白色に仕上げましょう。その後、また水道水でよく洗い、水に漬けて一昼夜血抜きをします。

③乳白色になった胃袋を大きな鍋でセージの葉と一緒に1.5時間ほどボイルします。冷水に漬け温度を下げ、水気をよくきりましょう。

舌 1頭から約100〜150g

牛舌から見れば、とても小さく1頭で1人前ほどの量です。煮込み料理を作る場合は10分ほどボイルし、外皮をむいてから、各料理に使用しましょう。羊のタンシチューは舌の形をそのまま出すことができるので面白く仕上がります。

腸 1頭から約1.5〜2kg

腸はソーセージの皮（ケージング）やモツ鍋の材料としても使われます。

レバー 1頭から約700g〜1kg

牛、豚のレバーは「牛乳に漬けて臭いをやわらげてから各料理に使う」と本によく書かれていますが、羊レバーはその必要はありません。

屠殺場から来たらもう一度水洗いし、レバーをフックで吊るし、冷蔵庫内で乾かします。吊るすことができない場合、トレーに網をのせ、その上に置き、乾かしましょう。ラップなどでくるんではいけません。表面が乾いたら付け根の部分はナイフで切り取り、外側の薄い膜は指先でむいていきます。後は料理に合った大きさにカットします。

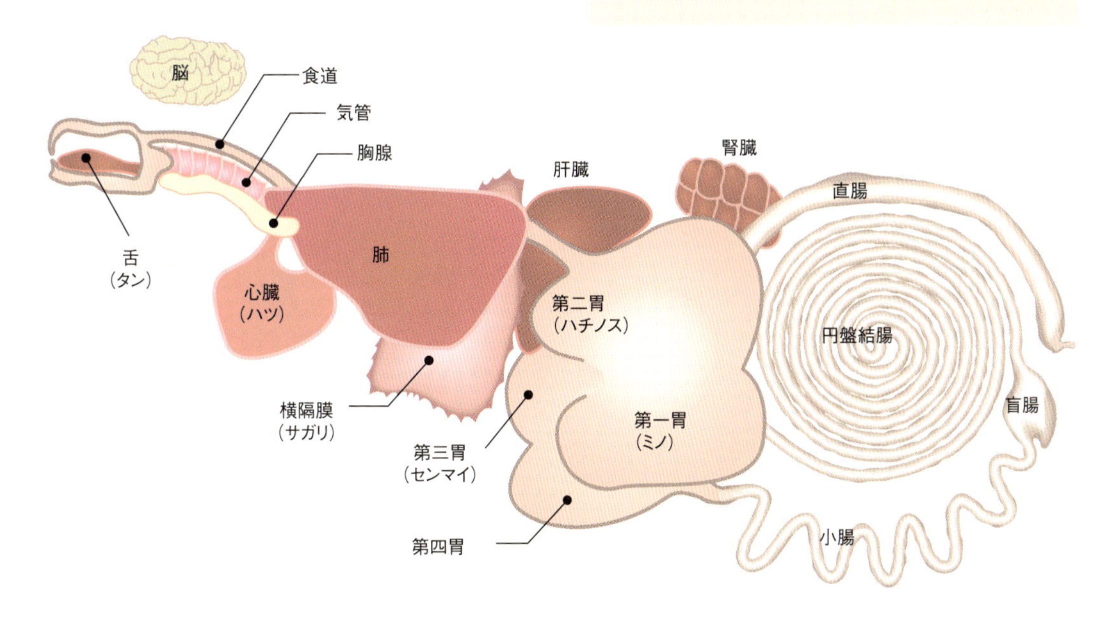

recipe

モンゴル風骨付き肉の塩煮 シュウパウロウ

シュウパウロウ
(内蒙古ではシュウパウロウといい
モンゴル語ではチャンスンマハという)

羊の国モンゴルの遊牧民がゲルの中で大鍋を使い骨付きのぶつ切り肉を塩味だけで煮込む豪快な料理。シェフの河内忠一さんが内モンゴルから持ち帰りアレンジしたところ、羊飼いの間ではよく知られるレシピとなり、私たちのレストランでも定番メニューです。飾りのない、肉そのものに食らいつくこのお料理は「シンプル イズ ベスト」という言葉がぴったり当てはまります。

部位はどこでもいいのですが、長時間の煮込みでも形のくずれないスネや首、あるいは脂ののったバラなどがお薦めです。

ほどよく塩味がしみ込んだ肉が、骨髄から出汁をとった煮汁に浮かび、ナイフを骨に沿って入れると難なく肉がほぐれます。煮汁は塩味が強いですが、野菜を丸ごと煮込めば、つけ添えになります。また適度に薄めれば、最高の羊骨スープになり、ラーメンスープや水餃子、ミネストローネにもアレンジできます。

イノシン酸をはじめ、旨味成分のアミノ酸が豊富な羊肉、羊骨の出汁は、胃袋から体全体をぽかぽかと温めてくれるので、羊を体で食べるという感覚を覚えさせてくれます。 (武藤浩史)

[材料](10〜12人前)
<シュウパウロウ>
・骨付きネック・バラなど…2kg(→30ページ「肉から」)
・しょうが(汚れを落としスライスしたもの)…50g
・長ねぎ(青い部分も使う、ぶつ切り)…60g
・塩(3〜4回に分けて加える)…75g
・水(材料が全部漬かる量)…2.5〜3ℓ
<モンゴル風酸味のきいたタレ「少料(シャウリョウ)」>
・醤油、みりん、酒、酢…各180cc
・しょうが、にんにくのみじん切り…各40g
・長ねぎ…80g
・ごま油…大さじ2杯
・生のコリアンダー…適量(みつばやパセリでも可)
※すべての材料をよくかき混ぜます。

[作り方]
①骨付き肉を水でよく洗い、汚れを落とし大鍋に入れ、水(2.5〜3ℓ)から煮ていきます。
②しょうが、長ねぎを加え、塩は3〜4回に分けて加えます。煮込み時間は約1.5〜2時間が目安。
③部位により柔らかくなる時間が少々違いますが、柔らかくなれば食べられます。そのままでも塩味がきいて美味しいですが、モンゴル風タレ「少料」をつけるとなお美味しく味わえます。

レシピ:河内忠一(イタリアンレストラン「ラ・ペコラ」元オーナーシェフ)

recipe

仔羊胃袋（トリッパ）のトマト煮込み

牛や羊などの反芻動物は4つの胃袋をもちます。通称1胃はミノ、2胃はハチノス、3胃がセンマイ、そして4胃はギアラと呼ばれます。煮込み料理にする場合は、あらかじめ下処理をします。

[下処理]
①汚れや余分な脂肪を取り除きます。
②80℃の温度を保ったお湯の中で数十秒泳がすようにして、湯通し後、流水で冷やします。
③スプーンを使って、内面の絨毛を乳白色になるまで軽くこそげ落とします。
④大きなものは手のひら程度の大きさにカットして、セージやローリエ、セロリなど、香味野菜と一緒に1.5時間程度煮込み、流水で冷やします。　（武藤浩史）

[材料]（4人前）
・胃袋（第1〜2胃）…1頭分 ※生で約2kg前後。
・完熟トマト…2個
　※湯むきしておく。ホールトマトの缶詰めでも良い。
・玉ねぎ…中玉1/4個
・しいたけ…2枚 ・白ワイン…90cc
・塩、こしょう…少々 ・セージの生葉…2枚
・エキストラバージン オリーブオイル…適量

[作り方]
①胃袋は7cmほどの棒切りにし、玉ねぎ、しいたけはみじん切りにします。
②鍋にオリーブオイルを熱し、玉ねぎ、しいたけを炒め、胃袋を加えてさらに炒めたら白ワインを注ぎ、水気が無くなるまで煮込みましょう。
③トマトのみじん切りを加えて約20分煮込み、途中でセージの葉を入れ、最後にエキストラバージン オリーブオイルをふりかけます。

レシピ：河内忠一

recipe

アイリッシュ シチュー

アイルランドの伝統的な家庭料理です。日本の肉じゃがの感覚で作ってください。

[材料]（2人前）
・骨付き羊肉（ラムでもマトンでも）ぶつ切り…500g
・じゃがいも…4個
　※1個は薄切り、残りは丸ごとで使います。
・玉ねぎ…1.5個
・タイムの枝…1本
　※なければホールかパウダー。ローリエで代用しても良い。
・水…500cc
・塩こしょう…適量

[作り方]
①厚手のスープ鍋（そのままオーブンに入れられる鍋）に薄切りのじゃがいもを並べ、その上に薄切りの玉ねぎを入れ、その上に羊肉をのせ、軽く塩こしょうをふりかけます。
②タイムを入れ、丸ごとのじゃがいもを入れ、塩をふり、水を入れます。アルミホイルで内ブタをして、鍋のフタをしましょう。
③170〜180℃に熱しておいたオーブンに鍋ごと入れて、2時間煮込み、味を整えましょう。底に入れたじゃがいもは溶け、上のじゃがいもは形がくずれずに煮え、とろりとしたシチューに仕上がります。

レシピ：河内忠一

recipe

ラムレッグのロースト ローズマリー風味

中はピンクに仕上げるのがポイント。

[材料](10人前)
・ラムレッグ(モモを含む後ろ足)…1本(2〜2.5kg)
・ローズマリー(生枝)…3本
・にんにく…3片
　(肉に差し込めるように、縦割にして棒状にする)
・塩、ブラックペッパー…適量
・オリーブオイル…180cc
・にんじん…1本
・玉ねぎ…1個
・セロリ…1本
　※野菜はそれぞれ乱切りにする。

[作り方]
①骨をはずした内側部分にみじん切りにしたローズマリー、にんにくを入れ込み、塩とブラックペッパーをふりかけて、肉を巻き込みます。外側にローズマリーの枝をはりつけ、たこ糸でしばりましょう。そして全体に塩、ブラックペッパーをふりかけます。
②ペティーナイフでモモの所に切り込みを入れ、にんにくをさし込みます(専門用語で「ピケする」といいます)。
③鉄板に90ccほどのオリーブオイルをひき、モモをのせ、にんじん、玉ねぎ、セロリをまわりに散らし200℃のオーブンで1〜1時間20分焼きます。焼きながら時々オリーブオイルをかけ足しましょう。
④焼きあがったら20分ほど室温で休ませます。たこ糸を取り、モモを広げ、三分割し、1cmほどの厚さでカットし、皿にきれいに並べましょう。
⑤最後に肉汁のソース(グレイビーソース)をかけて食べます。

[グレイビーソースの作り方]
①焼きあがったラム肉を取り出した後の鉄板に赤ワイン180ccをふりかけ、まわりをこそげながらガス台の上で少し煮込み、その後水90ccを加え、煮汁のみを片手鍋に移して、脂をていねいに取りながら煮込みます。
②ラム肉をカットしたときに出るドリップ(肉汁)も一緒に煮込んでいる鍋に入れます。コーンスターチ(又は片栗粉)でとろみをつけ、塩、ブラックペッパーで味を整えるとグレイビーソースになります。

レシピ:河内忠一

recipe

ジンギスカン 近藤知彦オリジナルレシピ

北海道のソウルフードとして誰もが認めるのがジンギスカンです。ルーツは諸説あり、昭和初期からその名称は散見されますが、北海道に広まったのは戦後の1950年代です。

元々は羊毛目的に羊が盛んに飼育されていた中で、役目を終えた老廃羊を食用として活用するために考案された料理です。

しかし、皮肉なことに1950年代後半に羊毛輸入が自由化され、日本の羊飼育が衰退していく中で、羊の多くはソーセージなどの加工品の原料になりましたが、北海道では各地でジンギスカンとして好んで食されました。当時は花見や集まりの度に、ジンギスカン鍋を囲んだようです。最盛期（1957年）全国に約100万頭いた羊は不要のものとして、10年間で10分の1に、20年で100分の1の約1万頭に激減しました。地物の羊が消滅した後は冷凍の輸入肉を原料にジンギスカン料理は残りましたが、初期の頃のジンギスカンを知るジンギスカン通には物足りないようです。ラムよりは充分肥育したマトンの、深みのある肉の味と真っ白な脂が半円形のジンギスカン鍋の縁に盛り付けた野菜にしみ込んで、ちょっと焦げ目がつくほどに焼きあがったものをご飯に乗っけるとモリモリ食欲が湧くのです。

このレシピは、滝川畜産試験場の初代めん羊科長として、道内各地で羊の飼育管理全般の技術指導と普及に従事された近藤知彦さんが、1951年に考えられたものです。ジンギスカンは当時種羊場で来客接待用に行われていた調理方法を手本にして、りんご、みかん、酒、醤油などの材料を使ったタレを作り、農家の奥さんたちが手軽に作れるように工夫したレシピなのだそうです。（→206ページ「日本緬羊協会の果たした役割」）（武藤浩史）

［材料］（3～5人前）

・羊肉…1kg
・長ねぎ…好みの量
・漬込液
　りんご…中玉2個
　　※酸味のある小ぶりのりんご。
　みかん…中玉1個
　　※缶詰め可。シロップは除く。
　玉ねぎ…中玉1個
　しょうが…親指大1個
　にんにく…好みによる
・タレ
　醤油…150cc
　酒…50cc
　砂糖…20g

［作り方］

①りんご、みかん、玉ねぎ、しょうが、にんにくをすりおろし、木綿布で濾して漬込液を作ります。
②肉は薄く切り、常温で約2時間漬込液に漬けます。
③タレは材料を鍋で沸かし、冷ましてから漬込液に漬けた肉にかけて軽く混ぜ、30分置いておきましょう。
④羊脂を鍋に塗り、サッと肉を焼いて長ねぎを添えて食べます。うま味調味料、こしょう、七味唐辛子などを好みで食べる前に加えます。

レシピ：近藤知彦

recipe

羊脂のカレールーと羊肉のカレー

カレーは日本の家庭でも定番の人気レシピです。しかしビーフ、チキン、ポークは当たり前ですが、羊カレーはあまり馴染みがないかもしれません。でもカレーの本場インドではビーフやポークは宗教上使われることが少なく、山羊や羊のカレーは普通に食べられています。

今は店頭で様々なインスタントルーが売られていますが、ここで紹介する羊脂を使ったカレールーは近藤知彦さんが当時、羊の副産物の利用方法として考えられたものです。羊脂は羊肉嫌いの方が気にする羊臭の元と思われていますが、本来羊の旨味は脂にあるといえます。脂の甘味が羊の特徴ともいえます。高級なレストランで、ほとんど脂をそぎ落としたラムチャップのローストがお皿に華奢にちょこんと盛り付けられて出てきますが、個人的には脂も適度についた肉塊こそ、羊の旨味だと思います。甘味=旨味ともいわれますが、良質な羊脂を原料にすれば、旨味の詰まったカレールーができあがります。(武藤浩史)

羊脂のカレールー

[材料](15人前)
・羊脂…100g　・小麦粉…200g　・カレー粉…25g

[作り方]
①鍋に羊脂を溶かし、一旦煮立てます。
②小麦粉、カレー粉を加えて焦げ付かないように弱火で攪拌しながら加熱します。初めは、脂肪が小麦粉を吸い込んで、パサパサしていますが、馴染んでどろどろするまで根気強く続けます。
③型に入れて冷ますと固まります。

レシピ:近藤知彦

羊肉のカレー

[材料](6人前)
・羊肉…500g
・塩…大さじ1
・こしょう…適量
・玉ねぎ…2個
・トマト…500g
・鷹の爪…半分
・ローリエ…1枚
・カレールー…100g ※目安の量
・白ワイン…50cc
・水…600cc

[作り方]
①角切りにした羊肉に塩こしょうをします。
②鍋に油(分量外)をひき、肉を入れ片面をゆする程度にしてしっかり焼き色が着くまで炒めます。裏側も同様に焼き、油が出すぎたらザルできります。
③玉ねぎを5mmにスライスして、肉を炒めた鍋でそのましんなりするまで炒めます。
④鷹の爪とローリエを加え、肉と合わせて白ワインを入れ、強火でアルコールを飛ばし、トマトと水を加え、フタをして弱火で2時間煮込みます。
⑤途中、焦げ付かないようにかき混ぜたり、水分を足したりしましょう。肉が柔らかくなったら好みの量のカレールーを入れ、味を整えます。

レシピ:武藤浩史

recipe

レバーステーキ

表面はカリッと、中はジューシー。

［材料］（2人前）
- レバー…200g
- にんにくスライス…2片
- 塩、こしょう、オリーブオイル…適量

［作り方］

①レバーを2cmの厚みで切り、キッチンペーパーで、水分を吸収してから塩こしょうをします。

②フライパンににんにくスライスを入れ、オリーブオイルをたっぷりめに入れて熱してから、レバーを入れ強火で表面にしっかり焼き色が着くようにソテーしましょう。にんにくは焦げたら取り除きます。

③皿の上に盛りつけてから少し休ませましょう。レモンを絞ったり、マスタードを好みでつけたり、和風にするなら少し醤油を使うなど、好みでアレンジできます。

［ポイント］

ジューシーさを保って、旨味を逃さないように、厚切りにして、しっかり表面を強火で焼き、焼き上げてから少し休ませて余熱を通して仕上げます。

レシピ：河内忠一

写真：茶路めん羊牧場

モンゴル　肉うどん

神戸市立六甲山牧場

book 「羊の恵み―衣食住」で参考にした本

山根章弘『羊毛文化物語』講談社、1979年
大内輝雄『羊蹄記―人間と羊毛の歴史』平凡社、1991年
羊をめぐる未来開拓者共働会議編『羊は未来を拓く―記録集・羊シンポ'89・盛岡』農山漁村文化協会、1990年
未来開拓者共働会議編『まるごと楽しむひつじ百科』農山漁村文化協会、1992年
農山漁村文化協会編『地域素材活用　生活工芸大百科』農山漁村文化協会、2016年
日本羊毛産業協会編『羊毛の構造と物性』繊維社企画出版、2015年
『ウールの本』読売新聞社、1984年
『ウールのすべて』チャネラー、1986年
『ウールブック―ウールがみえる。ウールが読める。』平凡社、1989年
『創作市場研究所編01 羊のスケッチ』マリア書房、2008年
宇土巻子『ファブリック・ワーク』山と渓谷社、1983年
宇土巻子『カントリー・キッチン―自然の味・香りを生かした料理』山と渓谷社、1983年
吉田全作・吉田千文・吉田原野・吉田睦海『チーズのちから―フェルミエ吉田牧場の四季』ワニブックス、2010年
武藤浩史・河内忠一『羊料理の本』スピナッツ出版、2001年
『SYNERGY 第6号』未来開拓者共働会議、2003年

羊の飼い方

羊飼いを夢見る前に、知っておきたいこと

童謡の『メリーさんの羊』や、絵本の『ペレのあたらしい服』に登場する羊は、かわいく牧歌的で、夢を抱かせます。しかしひとたび具体的に羊を飼うことを考え始めると、犬や猫のようにはいかないことがたくさんあります。
この章では元滋賀県畜産技術振興センター所長の三木勇雄さんに、羊飼いになる前に知っておきたい心構えと、その準備、そして毛刈りの方法までを紹介していただきます。

羊の飼い方

文：三木勇雄

[自然循環]

「羊飼いたぁ〜い」あちこちからそんな声が聞こえてきます。どうしたら飼えますか？日々羊毛と共にある人やモコモコに魅せられた人から問われることがあるのです。私の答えは「難しく考えなくていいですよ」なんです。タブレットの説明書を1字残さず読んでから使っている人はいるのでしょうか。触りながら使い方を学んでいく人は多いはずです。それと同じで、羊も飼ってみないとわからないことが沢山あるのです。でも、大原則があります。羊は草を食べて、羊毛を提供してくれ、ウンコをして、最後は肉を与えてくれます。ウンコや羊毛、肉だって最後は土に還るのです。土が健全だったら、大きな問題は起きません。でも、羊・羊毛はくさいと思っている人の攻撃は別物です。最も大切なのは、羊の住まいや周辺の土の健康を損ねないことでしょう。土の上に居た動物を、土のない所に住まわせるには、それなりの覚悟・知識？が必要です。健康な土とは、草が育っている状態の土で、本当に綺麗に循環をしてくれます。問題が起きるのは、草の生えていない所、コンクリートの上など、循環能力をもっていない場所で飼う場合です。糞尿の除去、敷料（しきりょう）（寝藁）の交換、そして堆肥作り、野菜作りを欠かすことはできません。エサの確保？草作りが理想ですが、宅配便の時代なんだからお金さえ出せばOK…実はこれが自然循環のバランスを崩す元かもしれません。毛刈り技術？心配しないでください。上手な人も最初は、時間たっぷりの格闘を楽しんだのですから。

[羊飼いになる前に…]

「難しく考えなくていいですよ」と書きましたが、最低限の準備は必要ですし、また、何も考えなくていい訳ではありません。そして何よりも大切なのが、羊の心を読むことです。これが、飼ってみないとわからないことで、一番難しく、大切なことのように思います。

羊は、弱くて臆病、怖がらせたり追っかけ回さないようにしましょう。肉食獣にも弱く、野犬や狩猟犬に襲われるとひとたまりもありません。弱みを見せると襲われると思っていますので、飼い主にさえ弱みを隠そうとします。そのために、具合の悪い羊を発見するには注意深い観察が必要です。羊は、群れになりたがるので、少なくとも2頭（できればそれ以上）で飼うのが良いようです。

羊小屋の構造、羊の世話などの技術的なことを知っておくことは欠かせませんので、一般社団法人・畜産技術協会発行の『めん羊・山羊技術ハンドブック』『めん羊・山羊飼育のすべて』などを手元に置かれるといいでしょう。でも技術の勘どころは、文字で書き尽くせないことが多いものです。飼いながら感じ取りましょう。ベテラン飼育経験者の直伝は貴重です。技術の解説は、この専門書を見ていただくこととし、専門書に出てこないことを紹介します。

さて、準備の1番目、どこで飼うのでしょう。広〜い野原は夢ですが、現実は、どんな羊小屋を、どこに作るかです。飼育環境が維持し続けられる場所が必要です。「街中で飼いたい」との思いの方もいらっしゃるようですが、実は、『化製場等に関する法律』なんて厳めしいのがあって、市街化している所では飼育許可が必要な場合もあるのです（同法第9条・右文章）。都道府県・市区町の公衆衛生担当の部局（主に保健所）が申請や問合せ先です。もう一つ、動物へ好意を寄せる方、そうでない方、いろいろな方がおられますので、ご近所さんとの良い関係作りが重要なカギになることもあり…です。

羊の寝起きの場所は、湿らないことが大切で、排水、地下から毛細管現象で上がってくる水の遮断などの工夫をします。そして掃除がしやすい構造にしましょう。1頭あたり1坪（3.3㎡）以上といわれています。忘れてはいけないのが、世話をする人が作業する場所、飼料を保管する場所が必要です。飼料に雨水が降りかかるようなことはもちろん、土間置きで湿気させてもいけません。水飲みの設備も必要です。水が減ると自動で給水できる装置を使いたい場合、「フロート式ウォーターカップ」などが羊には好都合でしょう。羊の運動場も確保したいです。これとは別に、汚れた敷料（寝藁（ねわら））や糞を処理する場所も必要です。この処理を手抜きすると、ハエの発生や臭気の問題でご近所さんの機嫌を損ね修復不可能になることを知っておくべきでしょう。いい堆肥を作って近所との交流ができればこの上ないことです。

化製場等に関する法律 第9条
動物の飼養・収容許可

知事が指定する区域において、次表に掲げる種類の動物について、それぞれ定められた数以上に飼養又は収容しようとする場合は、あらかじめ、施設の所在地を管轄する保健所に申請し、許可を受けなければなりません。（牛、馬、豚、めん羊、山羊、犬、鶏、あひる　について各都道府県毎に決まりがあります。）

第9条 都道府県の条例で定める基準に従い都道府県知事が指定する区域内において、政令で定める種類の動物を、その飼養又は収容のための施設で、当該動物の種類ごとに都道府県の条例で定める数以上に飼養し、又は収容しようとする者は、当該動物の種類ごとに、その施設の所在地の都道府県知事の許可を受けなければならない。

2 前項の場合において、都道府県知事は、当該施設の構造設備が都道府県の条例で定める公衆衛生上必要な基準に適合していると認めるときは、同項の許可を与えなければならない。
3 第1項の区域が指定され、又は当該区域、動物の種類若しくは種類ごとの動物の数が変更された際現に動物を飼養し、又は収容するための施設で、当該動物を飼養し、又は収容している者であって、当該指定又は変更により同項の許可を受けなければならないこととなる者は、当該指定又は変更の日から起算して2月間は、同項の規定にかかわらず、引き続きその施設で当該動物を飼養し、又は収容することができる。
4 前項の規定に該当する者が、同項に規定する期間内に、動物の種類及び数、施設の構造設備の概要その他都道府県の条例で定める事項をその施設の所在地の都道府県知事に対し届け出たときは、その者は、第1項の許可を受けたものとみなす。
5 第5条から第7条までの規定は、第1項に規定する区域内において同項の政令で定める種類の動物を当該動物の種類ごとに同項の規定に基づく条例で定める数以上に飼養し、又は収容するための施設について準用する。この場合において、第6条の2中「第4条の規定に基づく政令で定める基準」とあるのは「第9条第2項の規定に基づく政令で定める基準」と、第7条中「第3条第1項の許可」とあるのは「第9条第1項の許可」と読み替えるものとする。
6 第1項から第4項までの規定は、家畜市場その他政令で定める施設には、適用しない。

つぎに、羊はどこから手に入れましょうか。初心者が羊の市場に出向いて購入するのはハードルが高すぎるかも知れません。口コミネットが一番かも知れません。でも、突然「仔羊譲ってください」では入手できません。先方の牧場さんの羊の年間飼養計画に組み込んでもらう必要があるので、仔羊が生まれる季節に来年の譲渡をお願いしておきましょう。

動物も植物も生き物はみんな病気をします。どう見抜くのでしょう。例えば、1歳未満の幼児が"ぐずる"とき、体調が悪いのか、眠いのか、文章や絵では説明できません。子どもに聞いても当然本人は答えてくれません。原因が何かを判断するのは経験なのです。

代表的な病気の症状などは子育てマニュアルにも書いてあります。羊も同じで、一度目を通しておくといいと思います。でも早く気付くためのカギは観察だけです。ポイントは、いつもと様子が違うか、顔色は悪くないか、どこか痛そうにしていないか、立ち上がれるか、歩き方がおかしくないか、咳をしていないか、鼻水を出していないか、下痢をしていないか。そして心配なときは必ず熱を測ります。日頃のそれぞれの羊の様子を知っておけば異常に気付けます。異常を見つけたら、獣医師の診察を受けます。羊の診察をしてくれる動物病院をあらかじめ知っておくと安心です。地域によっては農業共済組合の診療獣医師にお願いできる可能性もあります。各都道府県に家畜保健衛生所がありますので、病気（伝染病など）の検査を依頼することも可能です。でも治療は一部の地域を除いてお願いできません。

さて、どんな餌をどれだけ与えるのか？も知りたくなります。答えは、「草を腹一杯食べさせる」です。羊はいろいろな草を食べます。育ち盛りの草（できれば多くの種類の）を腹一杯食べ、わずかな塩そして水があれば他に何もいりません。それをどう調達するかは、飼育場所の条件次第です。放牧する、刈り取って与える、干し草（乾草）を購入して与えることもできます。草の質が悪ければ、腹一杯食べませんし、栄養価値も低いので、栄養不足が起きます。栄養たっぷりの草かどうかの見分け方は、文字では説明できません。「羊が喜んで食べる」が正解です。草の質以外に栄養不足が起きるのは、妊娠末期と仔羊への授乳期です。その時には、穀物系の栄養密度の高い飼料（濃厚飼料）で補います。

塩は、雨に濡れない場所に、好きなときに舐められるようにしておきます。普通の食塩を与えれば充分です。羊に銅の成分を多く与えてはいけません。銅の成分を加えた牛用の塩として販売しているものは使用しないようにしましょう。また、豚用の濃厚飼料は銅の成分を強化しているものがあるので羊に流用してはいけません。

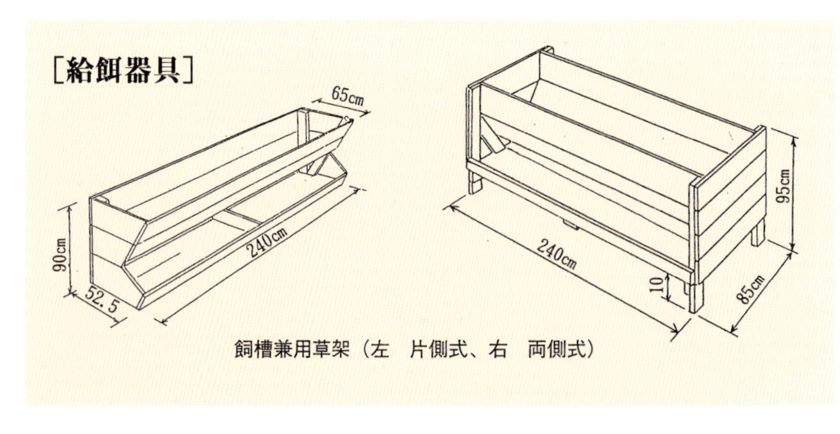

飼槽兼用草架（左　片側式、右　両側式）

仔羊の餌は特に質のいいものを与えます。成羊に横取りされない場所で濃厚飼料を与え、良好な発育を確保します（クリープフィーディングといいます）。

ついでに、乾草を購入するときの考え方を紹介します。草は、育ち盛りを過ぎ栄養が低下すると同時に、茎が硬くなって羊も好んで食べなくなります。葉だけを食べ、茎を残します。食べ残しの茎の重量は圧倒的に重く、2割くらいの食べ残しは簡単に生じます。食べ残しは、寝藁（敷料）の役目にしかなりません。少し単価高でも羊がよく食べてくれる乾草を購入し、思いきり安価な敷料を調達したいものです。高価なものを奨めているのではありませんが、質が悪いものは結果的に高くつくことになる場合があるからです。

ところで、実際に飼育を始めると、「どうしよう？」の事態が少なからず起きることでしょう。飼育を始めるときも、スキルアップを図るときも、困ったときも一番的確な助言ができる人、それは経験豊かな羊飼いさんだと思います。そんなときのために、遠慮せずに聞ける繋がりを作っておきたいですね。高度に専門的なアドバイスは、前出の一般社団法人・畜産技術協会や国の畜産研究機関の独立行政法人・家畜改良センター十勝牧場でしょう。

いろいろ書きましたが、念押しにもう一つ。人はいつもご馳走を食べたい願望がありますので、美味しいものを食べさせるのが一番と思い込んで間違いを引き起こすことがあります。

[こんな思い違い]

「栄養があると思うし、喜ぶから沢山与えました」という相談がありました。不稔米モミ（しいな）の過食でした。モミ殻は消化しないので胃に詰まって、可哀想に命を落としてしまいました。

また、別の農家では下痢をしていました。尋ねてみると「美味しいもの沢山食べさせました」とのこと。考え違いで、下痢をさせてしまったのです。

羊には草をしっかり食べさせるのが一番安全です。草だけで栄養が足りないときに足りない分だけ穀物を与えます。穀物は喜んで食べますが、与え過ぎては危険です。また、羊の胃袋は、食べ

バーベキュー白樺 伊藤政義

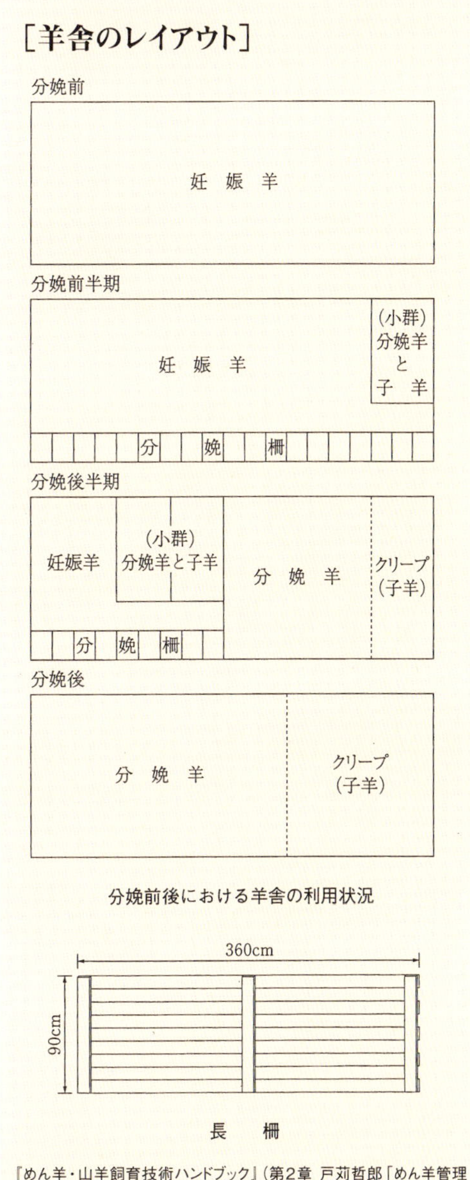

分娩前後における羊舎の利用状況

長柵

『めん羊・山羊飼育技術ハンドブック』（第2章 戸苅哲郎「めん羊管理の形態と施設」より）

毛刈りの方法　文：三木勇雄

［場所］
・毛刈り（Shearing）にはシート敷など、羊毛にゴミなどが付かない対策は不可欠
・作業スペースはコンパネ上がお薦め

［道具］
・バリカン ※刃のセッティングは正しく
※上から電源コードを下ろせば作業は能率的（→45ページ「コードバランサーの作り方と使い方」）
・バリカン用の油

［服装］
・袖口、腰回りの締まった服装
・首回り、腰回り、袖口などにヒモがぶら下がったものは禁物
・手袋は基本的には使わない

［方法］
①保定（羊が動かないように支えて姿勢を安定させること）：保定が最も重要な技術。次が道具捌きです。羊に苦痛を与えないことが重要。
②道具捌（さば）き：羊毛を皮膚際で刈ることが重要。左手で常に皮膚を引き延ばすようにする。

③胸から下腹部を刈り、股間へと進む。乳頭、生殖器を傷つけないように。左後肢から腿を刈り、尾の付け値が出るまで臀部（でんぶ）を刈る。

④右下に寝かせ、左体側面から体上部へと刈り進む。背筋を越えるまで刈る。体軸に平行に、尻から首方向へ長い刈り動作で。

⑤首を引き上げた形で、体の右側を前方から体軸に斜めに刈り進める。さらに体を引き上げ体後方へと刈り進める。体右側が外に張り出すように保定がコツ。

⑥右尻部・臀部へと刈り進め終了。
⑦刈り終わった羊毛はすぐスカーティング（→52ページ「汚れた毛を取り除く スカーティング（Skirting）」）。重量を量り、布で包み終了。

るものの種類が急に変わるのが苦手です。

羊って複胃動物なんです。牛科の羊には胃袋が4つある。大抵、皆さん知っているのですが、意外と知られていないのが、一番目の胃が発酵タンクだということです。羊は、食べたものを一番目の胃で発酵、分解して、もう一度栄養素に作り替えているのです。そのお陰で、雑草も栄養になるし、いろいろなものがエサとして利用できるのです。

分解して栄養を作り替えるのですが、原料の中身のバランスが良くなければいけません。マメ科の草ばかりを食べさせたり、穀物ばかりを与えるようなことをしてはいけません。

[いろんな体験でスキルアップ]

夕方近く、携帯の着信メロディーが。「お産が始まったんですが、子羊がなかなか出てこないんです」と電話を受けたものの、400kmほども離れた場所からは仕方ありません。手を良く洗って、指をそっと入れてみてください。爪が下向きになって2本の足があったら、無理をしないで引っ張ってみてください。しばらくして、農場の熱心な担当さんから、感激のコールがありました。よかったね。

コードバランサーの作り方と使い方　文・イラスト：三木勇雄

[材料] DIYや園芸店で普通に販売されている商品です

・プラスティックコーティング鉄パイプ（商品名：ヤザキのイレクター）φ28mm×150cm…3本
・3方向直角型ジョイント（J4）…1個
・園芸用グラスファイバー（トンネル栽培用資材、商品名：ダンポール）φ5.5mm×180cm…4本
・フック…4個　・針金…適量

[作り方]

グラスファイバー4本を、両端と約45cm間隔に5カ所を針金で縛ります。縛った位置（片側の端は除く）にフックを縛り付けます。

[使い方]

①3方向直角ジョイントにパイプを差し込み、毛刈り作業スペースを挟むように立てます。（毛刈り作業中にパイプがはずれないようにジョイントとパイプを粘着テープで軽く止めておきます）
②直立したパイプの上から縛ったグラスファイバーを差し込みます。
③グラスファイバーのフックにバリカンのコードを架け、バリカンを腰の位置に持ち上げてもコードが弛まない程度に調整します。

コードバランサーがあると、毛刈りのときにコードがからみにくくなります。ちょうど良いテンションでバリカンのコードを吊しておけば、羊や、羊毛にコードが絡まないので作業がとても快適ですよ。

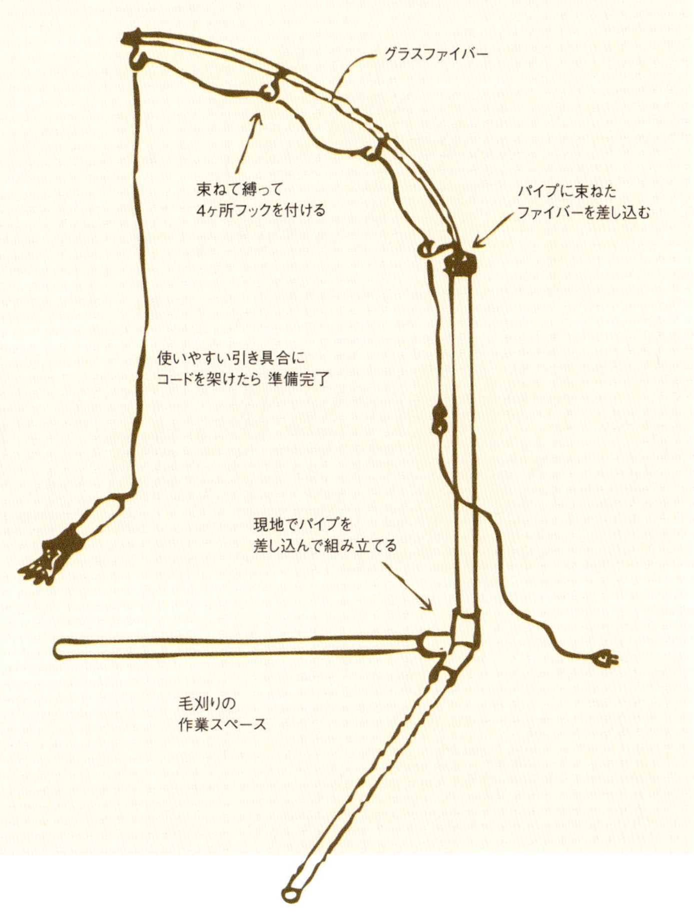

農業生産法人 有限会社 親和

book 「羊の飼い方」で参考にした本

平山秀介『めん羊─有利な飼育法』農山漁村文化協会、1982年
未来開拓者共働会議編『まるごと楽しむひつじ百科』農山漁村文化協会、1992年
田中智夫・中西良孝監修『めん羊・山羊飼育技術ハンドブック』畜産技術協会、2005年
田中智夫編『シリーズ<家畜の科学>5─ヒツジの科学』朝倉書店、2015年

羊毛のクラス分け

分ければ資源、分けなければゴミ

春は羊の毛刈りの季節。もし人が毛刈りをしなければ、羊の毛は伸び続けてしまいます。羊を家畜化する長い歴史は、まず抜けた毛を拾うことから始まり、羊を捕まえ手で毛を抜いたり、そのうち鋏で刈るようになりました。それほど人は羊の毛が欲しかったのです。その結果、羊は脱毛しなくなりました。そして人は羊の柔らかい毛で肌着を、ごわごわした毛で敷物を作るようになりました。この章では用途に合わせて羊毛を使い分けるための、毛質の見方を紹介します。

羊毛の特徴

ナバホ(上)とメリノ(下)のステイプル

[羊毛とは]

羊毛・ウール(Wool)は羊から刈り取った動物性の繊維です。羊を毛刈りすると、まるで一枚のコートのように羊毛を広げることができます。これをフリース (Fleece)といいます。フリースとは元々、毛刈りしたての一繋がりの羊毛を指す言葉です。

[羊毛には内毛・外毛・ケンプがある]

(→189ページ「野生羊から家畜羊へ」)

動物の毛は、大きく分けて3種類あります。①太く真直ぐな毛=外毛・上毛・ヘアー(Hair)、②柔らかく細い毛=内毛・下毛・産毛・ウール(Wool ※一般的にウールは羊毛を指しますが、元々は羊を含む動物の内毛全般を指す言葉です)、③固く太く中心の毛髄(メデュラ・Medulla)が中空の繊維=ケンプ(Kemp)です(写真下)。

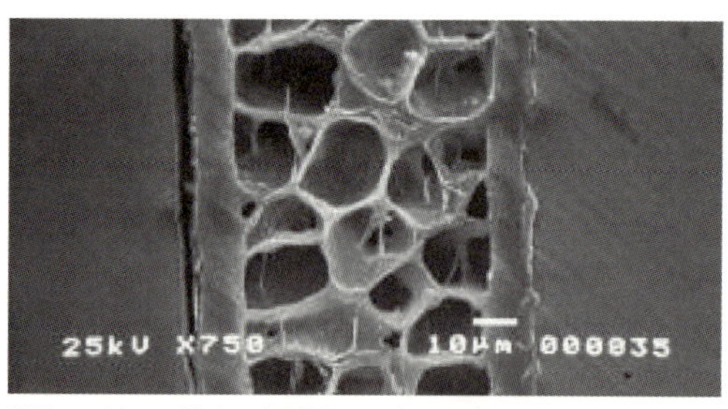

英国ハードウィック羊毛の毛髄質(×750) 写真:奥村 章

毛は毛根・フォリクル(Follicle)から発生し(下図)、ヘアーの太い毛を囲むようにウールの細い毛が密生して一つのグループとなり、一房・ステイプル(Staple)(上写真)を形成します。原種に近い品種ほど、ヘアーとウールの二重構造となり、肩とお尻など、部位によって毛質が違ってきます。これは、野生の動物がヘアーで雨の雫を落とし、肌に密生した柔らかいウールで体温を保っていたからだといえます。

そして歴史の中で、人間は柔らかいウール・内毛を産する羊を残し、より白く細番手に品種改良していきました。その代表がスペインで品種改良されたスペイン メリノです。極細繊維を産するメリノはオーストラリアなどで多く飼われていて、現代羊毛産業において最も重要な品種です。

[羊毛は動物性繊維]

羊毛は爪や皮と同じタンパク質からできていて、ケラチンといわれる19種のアミノ酸と、1種のイミノ酸が組み合わさっています。自然に存在するアミノ酸は約20種のため、ケラチンにはそのほとんどが含まれています。

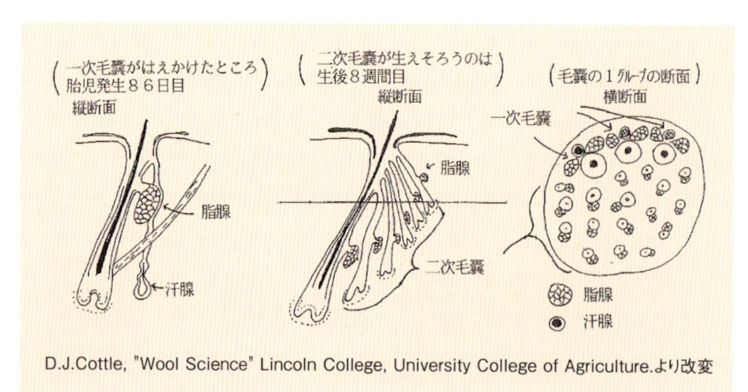

D.J.Cottle, "Wool Science" Lincoln College, University College of Agriculture.より改変

羊毛繊維の表皮部分はスケールといわれる鱗状のものが、根元から毛先に向かって重なり合っていて、空気中の湿気・酸・アルカリに反応し開閉します。これが「羊毛は呼吸する」といわれる

理由です（下写真）。スケールは、表面がエピキューティクルという薄い膜で覆われており、水を弾く性質をもっています。反対に内側のエンドキューティクルやエキソキューティクルは親水性の膜で、細かい孔を通過した湿気を羊毛繊維の芯に伝えます。そのため羊毛は、水を弾くが湿気を吸う、という矛盾した特徴をもっているのです（下図）。

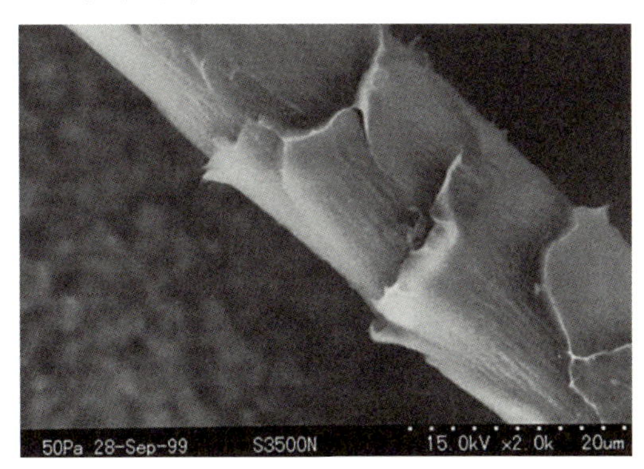

開いているスケール　写真：日本毛織株式会社 長澤則夫

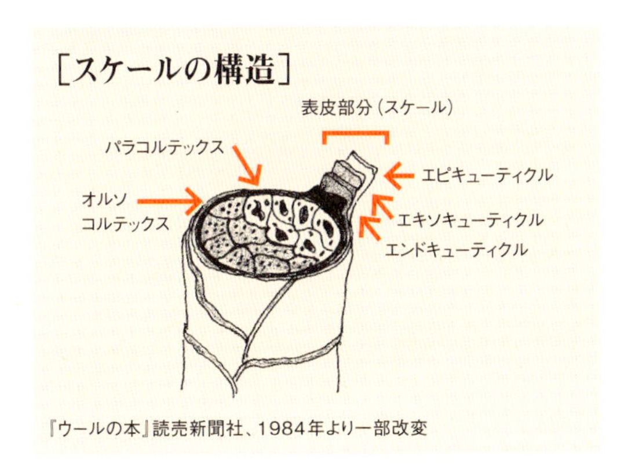

『ウールの本』読売新聞社、1984年より一部改変

［吸湿性］

羊毛は気温20℃・湿度65%のときに17%の湿気を吸います。羊毛の吸湿性は、綿7%、ナイロン4.5%、ポリエステル0.8%という中でずば抜けているといえます。それが、雨を弾いても、体温を保ち、汗を吸うため肌にはサラサラして、汗冷えしない理由です。

また、羊毛はマイナス60℃でも凍りません。そのため、極寒地で暮らす人、そして登山やスポーツをする人にとってウールの衣服は欠かせないものといえるでしょう。

［スケール］

しかし、鱗状のスケールが肌にチクチクすると感じることもあります。山羊の一種であるカシミヤの毛にもスケールが存在しますが、厚みは薄くエッジが滑らかなためチクチクしにくい毛質といえます。

［フェルト化・縮絨性（しゅくじゅうせい）］

スケールは湿度や酸・アルカリにより開閉します（左写真）。湿気によりスケールが開いたときに摩擦すると、スケール同士が絡み合いフェルト化します。例えば、羊毛のセーターを洗濯機で洗うと固く縮んだりするのは、このフェルト化によって起こります。フェルト化は羊毛の欠点ともいわれますが、この特徴を利用するからこそ、毛織物は織り上げた後、フェルト化（縮絨）させれば、糸がほつれにくく丈夫なものにすることができるのです。遊牧民のゲル（ユルト）といわれる家も、そこで使われる敷物も、フェルト化させて作られています。

しかし洗濯で縮んでは困る衣料品には、フェルト化しないよう防縮加工されるものもあります。例えば、スケールを塩素で除去したり、樹脂加工することによって、繊維の表面を滑らかにして、フェルト化を防ぎます。

［クリンプ・捲縮（けんしゅく）］

スケールの下の皮質部分はコルテックスという、性質の違う2種類のタンパク質が交互に貼り合わさっています。片方のパラコルテックスは好酸性皮質組織、もう片方のオルソコルテックスは好塩基性皮質組織です。この2種のタンパク質が、空気中の温度や酸、アルカリに違う反応をするため、繊維が弓なりに縮み、半波長に1回の周期で反転している「半波長反転」（→50ページ下図）に伸びていきます。この縮みを捲縮（巻縮・クリンプ・Crimp）といい、引き伸ばしてもすぐに戻る性質があり、弾力性に富んでいます。この捲縮が羊毛の特徴の中でも極めて重要なポイントといえます。捲縮という特徴があるため、絡みやすく糸に紡ぎやすく、膨らみのある、しわになりにくい、こしのある、型くずれしにくい、空気を含むため保温性が良く、伸び縮みするため肌馴染みの良い衣服を作ることができるのです。

[難燃性]

また羊毛は難燃性にも優れています。羊毛は発火点が570〜600℃と繊維の中で最も高く、加えて燃焼熱が4.9cal/gと低いため、燃焼した場合でも、溶融せず炭化し、皮膚を火傷から守ってくれるため、消防士の制服や、飛行機のシートやカーペットなどにも羊毛が使われています。

[染色性]

羊毛は染色性が良いことでも秀でています。染色性の良し悪しは、染料とアミノ酸が良く合うかどうか、そして酸性と塩基性が関わって決まるのですが、羊毛のアミノ酸は、酸性・中性・塩基性とそれぞれの性格に分かれており、19種のアミノ酸から成り立っているため、広範囲の染料と結合することができるのです。

そして近年知られるようになった特徴として、羊毛には呼吸する繊維としてホルムアルデヒドなどを分解する「消臭機能」があります。(→21ページ「3：空気の浄化―羊毛の消臭機能」)

[長所と短所]

羊毛は人間の肌の組成にとても近く、人間を守ってくれる繊維です。

動物性の繊維であるクリンプやスケールのある羊毛の利点は、吸湿性が良く(汚れや水滴は弾くが蒸発した汗は吸う)、弾力性に富み、空気を含み温かく、空気を浄化し、燃えにくく、染めやすく、色落ちしにくく、紡ぎやすく、復元性があるためシワができにくく、型くずれしにくく、何より毎年毛刈りすることによって収穫し続けられる持続可能な繊維である点です。また、羊毛で作られた古着・セーターをリサイクルして、「反毛」という紡績原料に再生するシステムが、日本では1960年代から稼働しています。現在では愛知県一宮が主な産地です。

欠点としては、虫に食われ、アルカリに弱く、フェルト化(洗濯機で洗うと縮む)する点です。しかし、虫に食われる繊維だからこそ、土中の微生物によって分解できるため、堆肥にしたり土壌改良にも使えます。つまり、羊毛は再生できるエコロジーな繊維なのです。

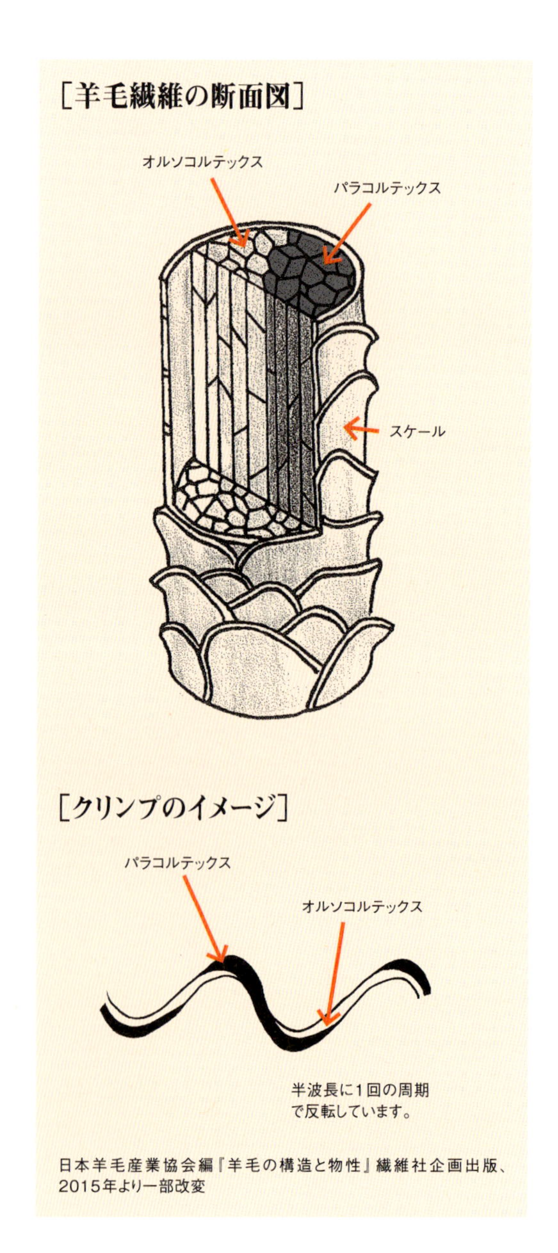

日本羊毛産業協会編『羊毛の構造と物性』繊維社企画出版、2015年より一部改変

毛刈り
シェアリング(Shearing)

毛刈りは羊毛を使うための技術です。晴れた日を選んで、落ち着いて作業ができるよう、柵を調え、作業スペースを確保します。セカンド カッツ(二度刈り)や刈り残しがないよう、またスカーティングから袋詰めまでの作業が効率よくできるように準備してから始めます。(→287ページ「ヤードの仕事の流れ―春の毛刈りバージョン」)

毛刈り (→44ページ「毛刈りの方法」)

①毛刈りはよく晴れた日を選びます。

②ベリー(お腹の毛)は最初に刈ってすぐに取ってはずします。

③二度刈りせず、毛刈りの後で爪も切りましょう。

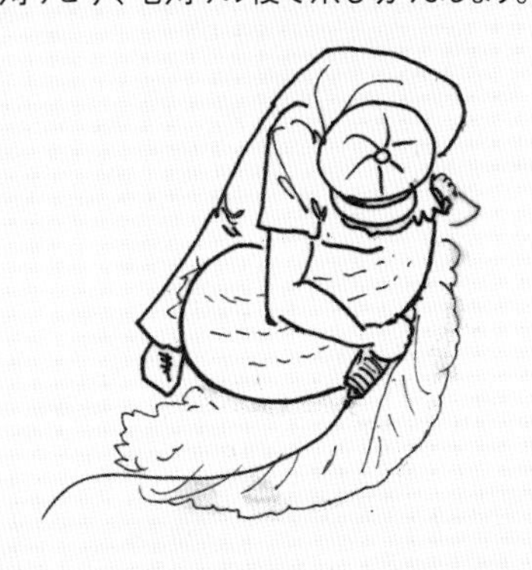

④刈り終えたら、その場ですぐにスカーティング(ゴミや裾物を取る)をします。毛刈りしたまま袋に詰めると、糞尿や泥の汚れが全体にまわってしまいます。

⑤ゴミを取ったらできれば1頭ずつデータをとります。毛長(手で測る)/毛量/色ツヤ/できれば毛の太い・細いなどの特徴も記録します。データは羊群管理に役立ちます。

⑥フリースをたたんで丸めたらどこに出荷するか考えます。コンテスト/スピナー/セカンド クラスとして出荷、そしてベリーとダメージ ウールは肥料にするなど。

⑦行き先が決まってから袋に入れます。綿布か紙袋、又はシーツなどの布に包んでも良いでしょう。

汚れた毛を取り除く
スカーティング（Skirting）

毛刈りをしたらすぐに、フリースをすのこ台やグランドシートの上に広げ、ゴミや汚れのひどい所（裾物）を取り除く作業をします。これをスカーティング（→51ページ「毛刈り」④）といい、毛刈りの直後に必ずおこなうべき工程で、スカーティングによって次の工程を格段に楽にすることができます。

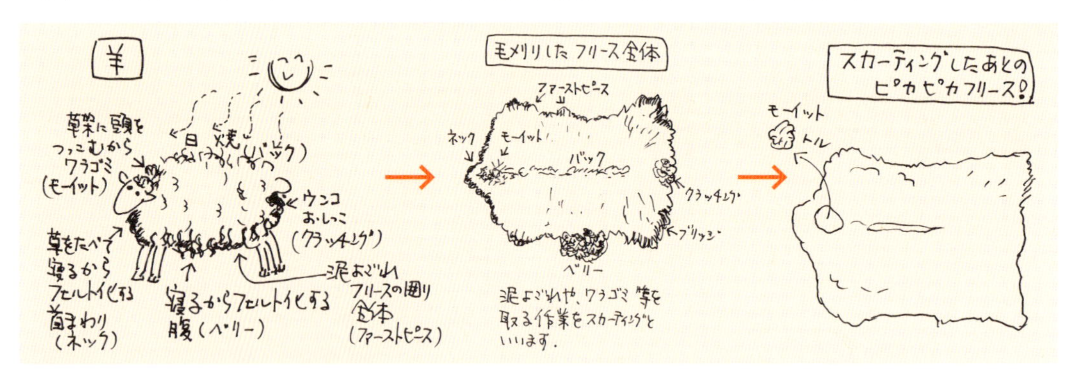

［スカーティングによって取り除く所］

ネック：肩の毛に近い毛質。毛先がややフェルト化していますが比較的細めの毛質。藁ゴミなどの含有も多い。

ファースト ピース：フリースのまわり全体。泥の含有が多く毛先に泥がこびりついていることが多く黄ばみなど色ツヤはやや悪いものの、毛足は長い。

ベリー：腹部のプレスされた毛。泥・夾雑物（きょうざつぶつ）の含有は多く、色ツヤの悪い毛です。しかし、見た目よりも実際の毛長が長い場合もあります。

クラッチング：お尻まわりの毛。泥や糞がこびりついている場合があります。毛足は比較的短く、ケンプが混ざっていたりします。

モーイット：藁ゴミなど夾雑物の多い所。主に背筋（バック）や首のまわり。

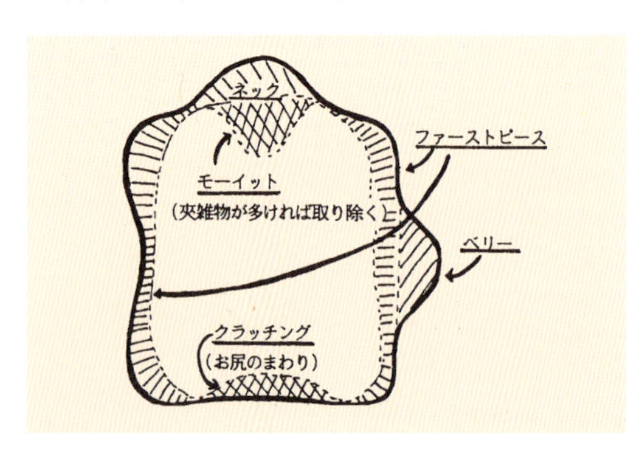

［スカーティング テーブルの例］

スカーティング テーブルは天板をスノコにしておくと、短い毛やゴミは下に落ちます。金網のフェンスに、会議用の机などを下に置いて固定して、スカーティングの簡易テーブルにしてもいいでしょう。

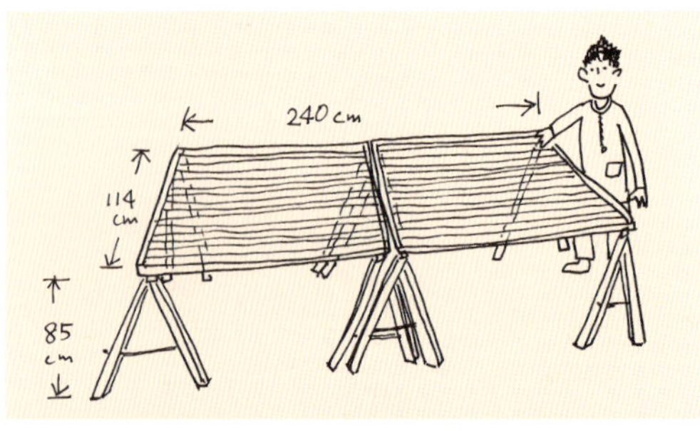

滋賀県畜産技術振興センター　毛刈りの研修会

羊毛の行き先を決める格付け(Grading)

羊毛の品質をチェックしてクラス分けし、グレーディングする目的は、毛刈りしたすべての羊毛に価格を決め、用途や行き先を決めることにあります。価格を下げる要素(ゴミやダメージ ウール)を取り除き、品質の良いフリースが何kgあるかわかると販売しやすくなり、牧場の増収に繋がります。

“分ければ資源、分けなければゴミ”といわれるように、グレーディングは資源を無駄なく使うことにも繋がるのです。

また、毛質のデータを一頭一頭記録しておくと、個体の特徴や健康状態を把握できるようになります。ひいてはどの羊を種オスにするか、どの母羊が優秀か、といった牧場全体の群れの管理にも役に立つのです。

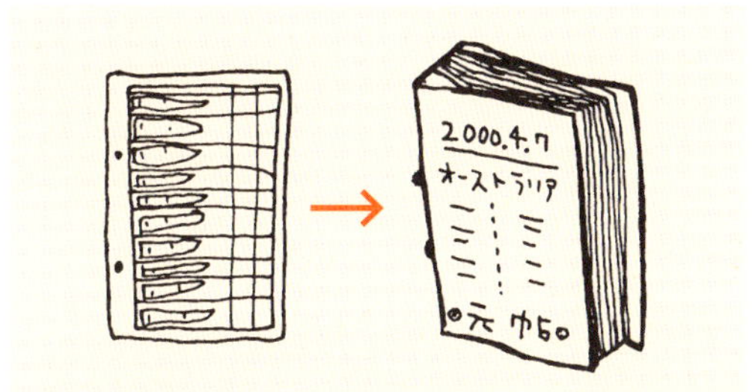

毛番手や毛長、特徴、グレードをフリースごとに記入し、ステイプル(1房)をサンプルとして取り出します。ステイプルをホッチキスで留め、国別などでファイルに綴じるとサンプル帳ができます。

[ニュージーランドにおけるグレード分けの基準]

グレード0:色ツヤが良く、クリンプも明瞭。スカーティングも充分にされていて、ファイバーもサウンドネス(Soundness・引張強度)の充分にあるフリース。夾雑物もなく、として羊毛の品評会などに出せるレベル。

グレード1:色ツヤが良く、クリンプはグレード0ほど明瞭ではないが、スカーティングは充分。夾雑物もほとんどなく、ファイバーの長さと細さが少しばらつく。サウンドネスも充分ある羊毛。

グレード2:平均的な品質。まあまあ良い色ツヤ。スカーティングはされていますが、少しフェルト化していたり、テンダー(切れる毛)や夾雑物が含まれます。

グレード3:まあまあの色ツヤ。スカーティングがされていない場合もあるので、夾雑物を含み、テンダーやソフト コッツ(フェルト化)・黄変も見られる羊毛。

グレード4:あまり色ツヤが良くない。スカーティングがされていないため、かなり夾雑物も含み、フェルト化して黄ばみが激しい羊毛。

グレード5:色ツヤが悪く、フェルト化している部分や夾雑物を多く含んでいて、黄変も激しい羊毛。化炭処理が必要なことがあります。

グレード6:カーボ(Carbo)と呼ばれる山火事などにより炭焼けしたフリースなど、汚染やゴミの多いフリース。

［ニュージーランドにおける全羊毛の格付けのカテゴリー］

	カテゴリー	繊維の断面の直径(μ)	グレード						
			0 最上等	1	2 標準	3	4	5	6 最下等
フリース(全集毛量の約70%)	**スピナー用フリース** **ペーパー フェルト用** (製紙工程中、圧搾と吸水のために、紙と紙の間に入れるフェルト)	18～23	○	○					
		24～33	○	○					
		31	○						
		32	○						
		33～37	○						
	メイン ボディー ウール (スカーティング後の裾物を取り除いたフリース全体のこと)	18～33		○	○	○	○	○	
		21～31		○	○	○	○	○	○
		31～40	○	○	○	○	○	○	○
		32～41		○	○	○	○	○	
	ペレンデール	31・33・35		○	○	○	○		
	ソフト コッツ (少しフェルト化した羊毛)	22～40		○	○	○	○		
	ハード コッツ (解毛が困難な羊毛)	22～40		○	○	○	○		
	短毛種の毛	25・27・28・30		○	○	○	○		
	仔羊の毛(1stクラス) 35mm以上	22～41	○	○	○	○	○	○	○
	仔羊の毛(2ndクラス) 50mm未満	22～38		○	○	○	○	○	○
裾物(全収毛量の約30%)	**ネック**(首のまわりの毛)	19～38		○	○	○	○	○	○
	ピース(脇腹の毛)	19～38		○	○	○	○	○	○
	ベリー	19～38		○	○	○	○	○	○
	クロージング(50mm以下)	22～38		○	○	○	○	○	○
	2ndピーシス&ロックス (落毛)	22～38			○	○	○		
	1stクラッチング(尻の毛)	22～41	○	○	○	○	○		○
	アイクリップ(目のまわり)	22～38		○		○			○
	ステイン(汚染された毛)	22～38				○		○	
	デッド(死んだ羊の毛)	22～38		○	○		○		
	マッド(泥の多い毛)	28・35							○
	ブラック(有色の毛)	28・35			○		○		
	ブランド(牧場のマーク)	28・35			○				
	ダブル フリース (2年以上の毛)	22・28・35			○		○		
	短毛種の裾物	25・27・28				○		○	

Lincoln University Wool Manualより

部位による仕分け ソーティング（Sorting）

フリースを広げると、頭の方は毛が細く、お尻の方は太くゴワゴワしている場合があります。この部位によって違う羊毛を、作りたい作品に合わせて分ける必要があります。この仕分け作業のことをソーティングといいます。毛質がほとんど均一なフリースの場合、必ずしもソーティングする必要はありません。

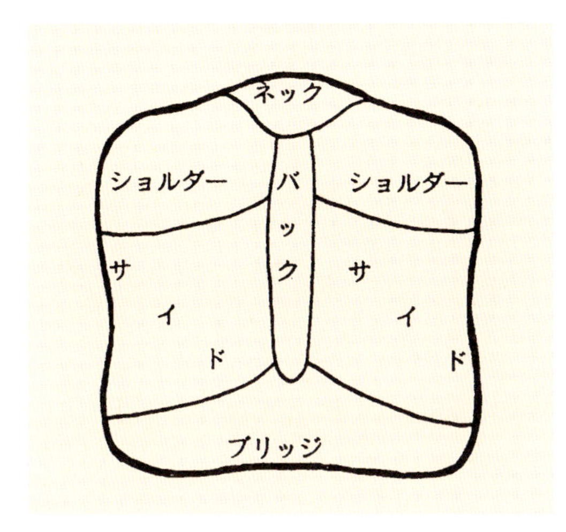

[フリースの部位による毛質の違い]

ネック：毛先はややフェルト化していますが比較的細めの毛質。

ショルダー：フリース中一番良質の毛が採れます。

サイド：フリース中、平均的な毛質。ショルダーよりは、毛足も短く太番手になり色ツヤもやや劣ります。

バック：雨風にさらされ、根元に脂やゴミが入っていたり、毛先はやや乾燥しています。

ブリッジ：毛質も太くなり、ヘアーやケンプを含むこともあります。

フリースの管理

羊毛に湿気は禁物です。畜舎の環境が、湿気た泥や糞尿の汚れがひどい場合、羊の毛先が汚染され、洗っても落ちない黄ばみが付いてしまったり、バクテリアが発生して緑や茶やピンクに変色することがあります。一旦バクテリアが発生すると、夏場など2〜3日で湿気た所が変色し、しかも色がつくだけでなく、サウンドネスに欠けブチブチと切れる「テンダー」といわれるダメージ ウールになることがあります。

毛刈りした後のフリースの保管でも同じです。スカーティングをしないまま袋に詰め込んだ場合、ベリーに付いた糞尿汚れから羊毛全体が黄ばんでいくことがあります。また洗った羊毛でも、ビニールに密封して日の当たる所に放置するのはやめましょう。羊毛は呼吸するので、ビニールの中で結露してフェルト化してしまうこともあります。

スカーティングしたフリースを保管する場合は、紙袋や布袋に入れるか綿布（古いシーツなど）で包んでおきます。長期保存するときは、樟脳などの防虫剤を入れ、冷暗所で保管します。

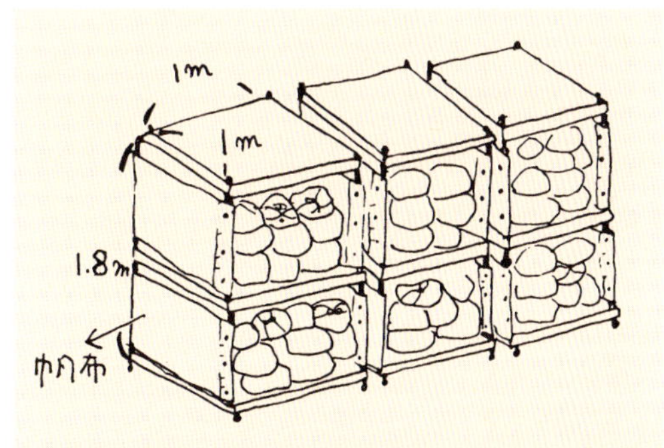

スピナッツでは布で包んだ羊毛を収納するのに、アルミのパイプと帆布で作ったラックを使用しています。足にキャスターを付けているので、重くなっても移動させることができます。収納する際には、細番手・中番手・太番手の分類や、国別、年度別などで分けておくと、取り出す際に便利です。

羊毛の品質の見方 羊毛の特徴を判断するポイント

1:繊度・毛番手—ファインネス(Fineness)

羊毛の毛質を判断するときに、一番に見るポイントは繊度です。これはファイバーの細さ太さ(繊維の断面の直径)のことです。この繊度によって用途や、糸や作品にしたときのでき具合が違ってきます。肌に触れるマフラーなどに適した細番手から、ラグなどに適した太番手まで。細いものは柔らかくて手に吸い付くようだったり、太いものはガサガサと硬かったりします。基本的には繊度で用途が決まります。例えば、一番細いメリノがどんなに手触りが良いからといって、耐久性の要求される敷物には向いていません。適材適所で羊毛を選ぶには、まず繊度で大まかに判断できます。

毛番手は、まずは目で見て、そして手で触って判断します。特に目で判断するときのポイントはクリンプ(捲縮)の頻度です。1cm間にいくつクリンプの山があるか数えます。始めは判断しにくいかもしれませんが、たくさんのフリースを見て触っていくうちに判断できるようになります。目で見れば捲縮の頻度から毛が細いか太いかを判断でき、さらに手で触れば、弾力のあるものやカシミヤなどのぬめり感の判断ができるようになります。

何を作りたいかによって、目的に適した品種の羊毛を選びます。例えば、マフラーを作りたいと思ったら、その羊毛を自分の首筋に当てて、チクチクしなければ「適している」と判断できます。そして敷物を作る場合、柔らかい繊維では耐久性に欠けるため、丈夫な太い繊維を選びます。

羊毛の繊維の太さは、旧来はセカント(s又は's)で表示されていましたが、現在はマイクロン(μ)で表示されることが多くなりました。

セカント(s又は's)とは英国のブラッドフォード(Bradford)式の羊毛毛番手(クオリティー ナンバー)の単位で、オーストラリアやニュージーランドでは「s」、英国では「's」と表記されます。1ポンド(約450g)の洗毛トップ状の羊毛から560ヤード(約512m)の糸カセがいくつできるか、という単位です。「60s」と表示されている羊毛なら、60カセの糸ができるというわけです。

マイクロン(μ)とは、1/1,000mmのことで、羊毛繊維の断面の直径です。羊毛の国際取引ではマイクロン表記が使われています。例えばメリノの20μからドライスデイルの40μまで、極細と極太では2倍も繊維の直径が違うということがマイクロン表記を使うとわかりやすくなります。

ニュージーランドでは、エキストラ ファイン メリノ〜クオーター ブレッドまでが細番手。エキストラファイン ハーフブレッド〜ストロング ハーフブレッドまでが中番手。エキストラ ファイン クロスブレッド〜スペシャリティー カーペットまでが太番手に分類されます。それ以外に用途が違う、ダウン種と、チェビオットが別のカテゴリーとして扱われます。このように羊毛が品種別ではなく、カテゴリー別に分類される理由は、品種の特徴よりも、繊度や弾力で用途が決定されるからです。細番手は肌着、薄手の高級服地やニットなどに、中番手は衣料品全般、ブランケットなどに、太番手は敷物、椅子張り、カーテンなどインテリア製品などに、ダウン種とチェビオットはブランケット、ツイード、布団の中ワタなどに使われます。このようにニュージーランド羊毛は、羊の品種ではなく、用途に合わせて分類され、グレードによって価格が決められています。

2:毛長—レングス(Length)

羊毛とは羊の毛を刈り取った繊維です。1年に1回毛刈りをするのが一般的なので毛長とは1年間に伸びた毛の長さです。品種別の平均毛長は、一番短いもので英国希少品種

[ニュージーランドにおける全羊毛の繊度によるカテゴリー]

	ニュージーランドの羊毛のカテゴリー	平均繊度（μ）※1	平均羊毛番手（s）※2	クリンプ数（回/cm）	ステイプルの形状	品種例
細番手	**エキストラ ファイン メリノ**	18−	80+	9~10	毛先がまっすぐで、ステイプルは均一でコンパクト	Merino
細番手	**ファイン メリノ**	19	70+	6~8	毛先がまっすぐで、ステイプルは均一でコンパクト	Merino
細番手	**ミディアム メリノ**	21	64+	4~5	毛先がまっすぐで、ステイプルは均一でコンパクト	Merino
細番手	**ストロング メリノ**	23+	60	3~4	毛先がまっすぐで、ステイプルは均一でコンパクト	Merino
細番手	**クオーター ブレッド**	24+	58~64	2.5~4	やや毛先が開き気味	Polwarth
中番手	**エキストラ ファイン ハーフブレッド**	24−	60~64	3~4	毛先がやや開き気味で、ステイプルは不均一	Halfbred Corriedale
中番手	**ファイン ハーフブレッド**	26	58	2.5~3	毛先がやや開き気味で、ステイプルは不均一	Halfbred Corriedale
中番手	**ミディアム ハーフブレッド**	28	56	1.5~2.5	毛先がやや開き気味で、ステイプルは不均一	Halfbred Corriedale
中番手	**ストロング ハーフブレッド**	30+	54−	1.5~2.0	毛先がやや開き気味で、ステイプルは不均一	Halfbred Corriedale
太番手	**エキストラ ファイン クロスブレッド**	31−	52+	2.0~2.5	やや尖がって、広がっている	Perendale Borderdale／Romney
太番手	**ファイン クロスブレッド**	33	50	1~1.5	やや尖がって、広がっている	Perendale Borderdale Romney／Coopworth
太番手	**ミディアム クロスブレッド**	36	46~48	0.8~1.5	毛先が尖がって、広がっている	Perendale Romney Coopworth
太番手	**ストロング クロスブレッド**	38+	44−	0.5~0.7	毛先がとても尖がって、広がっている	Romney Coopworth
太番手	**ラスター**	37+	46−	0.3~0.7	毛先は尖っている、時々広がっている	Border Leicester English Leicester Lincoln
太番手	**スペシャリティー カーペット**	37+	—	—	とても尖っている	Drysdale Tukidale
	ダウン	25	58~64 50~64	明瞭ではない	フラットで、やや広がっている	Southdown／Suffolk South Suffolk Hampshire Dorset Down／Dorset Sth Dorset Down
	チェビオット	30	50~56	1.5~2.5	フラットで、やや尖っている	Cheviot

※1：平均繊度（μ）は数値が大きいほど太くなるため、「18−（マイナス）」は「18μよりも細い」ことを表し、「23+（プラス）」は「23μよりも太い」ことを表します。
※2：平均羊毛番手（s）は、数値が大きいほど細くなるため、「80+」は「80sよりも細い」ことを表し、「54−」は「54sよりも太い」ことを表します。

D.A.Ross, "Lincoln university Wool manual" Wool Science Department Lincoln University, 1990.

column

毛番手—見て触れば、繊維の太さがわかる…？

あなたは今着ている服が、絹、麻、木綿、羊毛、もしくは化学繊維か、どんな素材でできているのか見分けることができますか。

調べるには燃やすという方法もあります。糸端を燃やしてみて、ちりちりとタンパク質の焦げた匂いがしたら動物性繊維です。そして手触りや伸縮性、光沢、ハリ、コシ、ドレープ性などの見た目で、なんとなく「絹かな？」「羊毛かな？」と思っても、見た目だけでは素材がわからないものもたくさんあります。ましてや繊維の太い細いなど、見ただけでは絶対わかるはずがない、と思われることでしょう。ところが羊毛、特にまだ洗っていない原毛は、その一房を見ただけで、ほぼ毛の細さがわかるのです。

どうするかというと、天然の捲縮「クリンプ」を見るのです。クリンプの山が1cm間に何回あるか数えましょう。その数は品種によって違います。メリノは1cm間に7つのクリンプ、コリデールは3つ、ロムニーは2つ、リンカーンは1つ…と、概ねクリンプを見ればわかるのです。

それと「手触り」も大事なポイントです。前ページの表［ニュージーランドにおける全羊毛の繊度によるカテゴリー］にある、羊の品種名とクリンプの数と繊度を比較してみてください。繊維が細いほど、クリンプの数は多くなります。この繊度と手触りの関係を覚えていくのです。指先はどんどん慣れていきますので、手触りで羊毛の太い細いがわかってきます。もっと慣れてくると、58s（26μ）のポロワスと、56s（28μ）のコリデールの違いもわかってきます。たった2～3μの違いでも、人間の手はわかるのです。「目で見えないものでも、触ればわかる」と私は思います。これは手を使って仕事をしている人は、体験として体で覚えていることかもしれません。

では羊毛取引の現場や試験所では、どのように繊度を測定しているのでしょうか。

羊毛の価格は細番手であるほど高くなるので、証明書（Certificate）が発行されてから取引されます。こういった現場では、エアーフロートという繊度の測定器で平均値を計測します。しかしあくまで平均値ですから、メリノのような均質な羊毛には有効ですが、ハードウィックやナバホチュロなどの、ヘアー（外毛・太い毛）とウール（内毛・細い毛）の二重構造になっている羊毛の場合は、平均値が意味をなさなくなります。

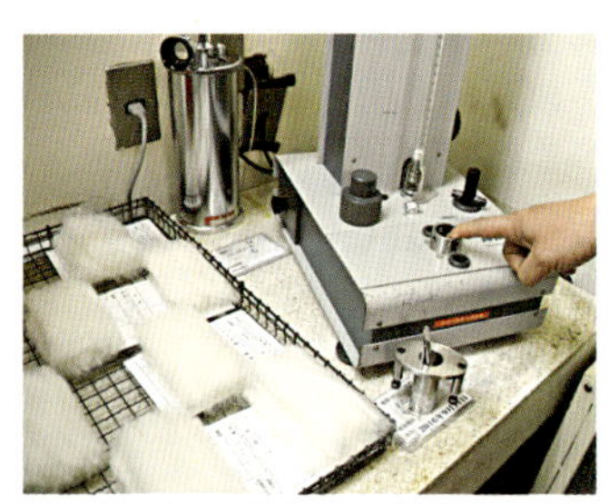

一般財団法人ケケン試験認証センター

どんなに機械が発達してもすべて機械だけで判断できるわけではありません。やっぱり人間が機械を使って毛番手を測り、用途を判断するからこそ、羊毛の特徴に合わせて羊毛製品を作ることができるのです。

ソアイ（もしくはソーエイ）の3～5cmや、短毛種の5cmから、長いものでウェンズリーディールの20～30cmまでの幅があります。

また牧場によっては、毛足の長い品種は1年に2回毛刈りすることもあります。またホゲット（→64ページ「年齢による毛質の違い—ペレンデール」）の、初めて毛刈りしたフリースの場合、ウェスティ ティップ（Wasty Tip）といって、胎児の時にお腹の中で生え始めた毛先が硬く尖るというダメージになります。その毛先を、生後数ヶ月で1度刈ってから、改めて生後15ヶ月まで伸ばした毛先の美しい数ヶ月分の短い毛を集毛するときもあります。この毛をアーリーショーン（Early Shorn・E/S）といいます。仔羊らしい柔らかい毛質で、かつ毛先のダメージがない、ということで上質の毛になります。

毛刈りしてすぐの毛長は、品種による違いや、毛刈りの仕方によって色々な長さになります。

では毛長は何に影響を与えるのでしょうか。長い毛と短い毛によって「梳毛糸（そもうし）」と「紡毛糸（ぼうもうし）」という用途の違う糸ができます。

梳毛糸とは繊維の方向が平行に揃った状態で撚りがかけられた、均一で太さのむらがない糸で、「ウーステッド（Worsted）」と呼ばれます。

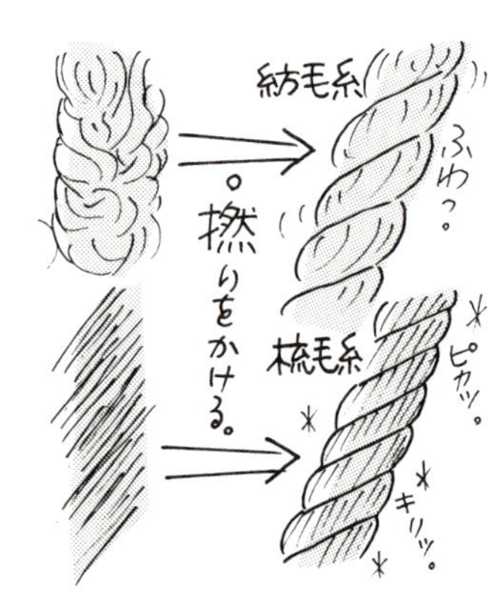

紳士背広やズボン地など薄くて目の詰んだ耐久性に富んだ生地用の糸として使われる物です。繊維は長く、75mm以上でテンダー（切れる毛）ではない、引張強度（ひっぱりきょうど）の充分にある毛を用います。撚りもたくさん入れます。

紡毛糸は「ウールン（Woolen）」と呼ばれます。使われるのは30〜75mmの短い繊維で、繊維の方向はランダムでよく絡み合う分、撚りも甘く、空気を含んだ糸になります。ツイードやブランケットなど膨らみのある布にできる糸です。紡毛糸は材料の質、毛長をそれほど問いません。

3：引張強度（ひっぱりきょうど）—サウンドネス（Soundness）

一房の羊毛（ステイプル）の両端を持って、引っ張った時に切れる毛を「テンダー（Tender）」、切れない毛を「サウンドネス」のある毛といいます。

この繊維が切れる「テンダー」というダメージは、羊が病気や妊娠によって栄養不足になったり、天候不順で牧草が十分でなかったり、又は羊のストレスなどによって起こるものです。

毛長は、洗ってカードとギリング（→127ページ「ギリングとは」）にかけた後の紡績する直前の繊維の長さを「バーブ長」といいます。そこでは

column

繊維の長さが用途を決める、工程を決める

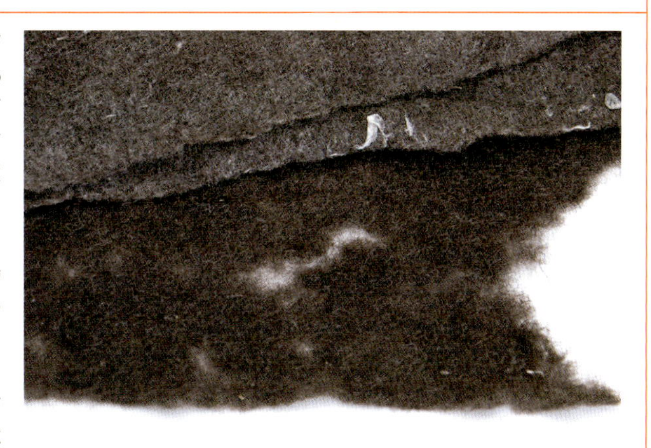

スピナッツにやってきたフリースは、まず1フリースずつチェック。お腹の毛やダメージのある毛ははずしてから出荷しているので、どうしてもクズ毛が溜まっていきます。ある時、ボロ布から紙を漉いているという手漉和紙の研究家山口力さんの工房が京都市内にあると聞き、さっそく訪ねてみました。

和菓子職人が山口さんの生業。仕事場の横に、灰汁だきされた紙漉きの原料が入った大鍋が置かれていました。

山口さんにお話を聞くと、蚊帳、麻ボロ布、ジーンズなど、植物繊維なら何でも紙漉きできるのですが、使い古された布であるほど良いといいます。

紙漉きの工程も教えてもらいました。まず、それぞれの布を水にひたします。そしてまな板の上にのせた布を包丁で方向を変えながら何度も切り刻みます。最終的には10〜15mmの繊維長になるようにします。その後、煮熟、打解、ミキサーで繊維をほぐして灰汁を抜きます。糊成分の「とろろあおい」を加えて紙漉き、重しをのせて圧搾、乾燥、圧搾。山口さんは根気強く布を包丁で切っていきます。

こうして目の前にある漉きあげられた紙が元々布だったということに驚きました。私の頭の中では布は布の世界で、紙の世界とは全く違う所にあると思っていたからです。布も紙も同じ素材から作れるなんて思っても見ませんでした。中でも羊毛の紙を見た時に「これフェルトじゃないか…」と思い、より一層混乱しました。見た目はまさに「フェルト」なのに「紙」の工程で作られた物がそこにあるのです。ところが引っ張るとちぎれました。漉き込まれた羊毛の繊維長は10mmほどでした。

山口さんは「繊維長が10〜15mmくらいだったら紙にできます。それ以上の長さになると紙漉きのスクリーンの上で繊維同士が絡まったり、よれたりしてデコボコになり、均一な厚みの紙にはならないのです」と言います。彼の資料の中にあったのは、楮（こうぞ）、三椏（みつまた）、雁皮（がんぴ）だけでなく、木綿、苧麻、亜麻など。麻糸の原料だとばかり思っていたものも紙に漉かれていたのです。

短い繊維は紙に、長い繊維は糸から布に。同じ素材でも加工プロセスが違えばできあがりの質感も違ってきます。そして用途も違っていきます。繊維長が自ずとプロセスと用途を導いていくのです。これこそ「糸」に導かれていく…ということなのだろうと気付かせてくれた、布から作った紙との出合いでした。

テンダーかどうかが大きく影響してきます。

スピナーの中には、テンダーが羊毛の一番大きな欠点と考えている人もいるようですが、母羊（Ewe）の毛は、泌乳により栄養状態が悪くなるとテンダーになりやすいので、実際にはよく起こることなのです。

繊維長は短くてもサウンドネスのある毛であればコーミングをしても、元々の繊維長とバーブ長はほとんど変わらないということです。しかし長くなるにつれ、どんなにサウンドネスのある毛でも切れやすくなりますし、もちろんテンダーになるほど毛が切れて落ちる割合が高くなっていくということもわかります。

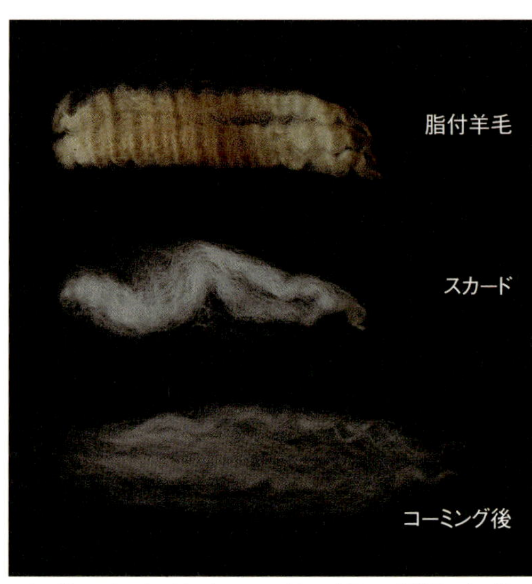

サウンドネスのある毛であれば、コーミングをしても元々の繊維長とバーブ長はほとんど変わらない。

4：弾性・嵩高性（かさだかせい）ーバルク（Bulk）

羊毛の特徴には「弾性」と「嵩高性」という要素もあり、メスシリンダーと重しなどを使って測ることができます。

①断面の面積が50㎠のメスシリンダーに10gの洗毛カード済み羊毛を入れ、ピストン（500g）と重し（1kg）を合わせて1.5kgの負荷をかけて30秒圧縮します。②一旦、負荷（1.5kg）を取り、30秒間回復させます。③再び羊毛に負荷（1.5kg）をかけ、30秒後の高さをまず測定します。④負荷（1.5kg）を取り、30秒放置して羊毛を回復させます。⑤羊毛の上に500gのピストンのみを乗せ、30秒後の高さを測定します。

⑤での1gあたりの体積が嵩高性を表し、⑤から③を引いたものが弾性を表します。

嵩高性は品種により±4cm^3/gぐらいの幅があって、メリノ29〜33cm^3/g、ペレンデール22〜26cm^3/g、ロムニー20〜24cm^3/gです。このように、嵩高性は手触りには関係がないことがわかります。

一般に繊維の柔らかさを表すには、毛番手・繊度の単位であるsやμを用います。同じ54s（30μ）のコリデールとチェビオットは、繊維の太さは同じでも、嵩高性が違うため毛質（キャラクター）も違ってきます。

［羊毛の嵩高性の平均値］

品種	嵩高性の平均値（cm^3/g）
英国短毛種	34〜38
短毛種の雑種	34〜37
チェビオット	31〜35
メリノ	29〜33
ニュージーランド ハーフブレッド	28〜32
コリデール	24〜29
ペレンデール	22〜26
ロムニー	20〜24
クープワス	19〜23
リンカーン	16〜20

D.A.Ross, "Lincoln university Wool manual" Wool Science Department Lincoln University, 1990.

［嵩高性の測り方］

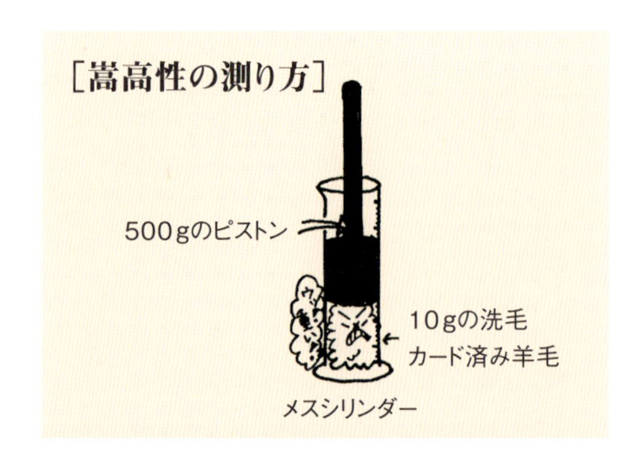

5：色ツヤ―ラスター(Luster)

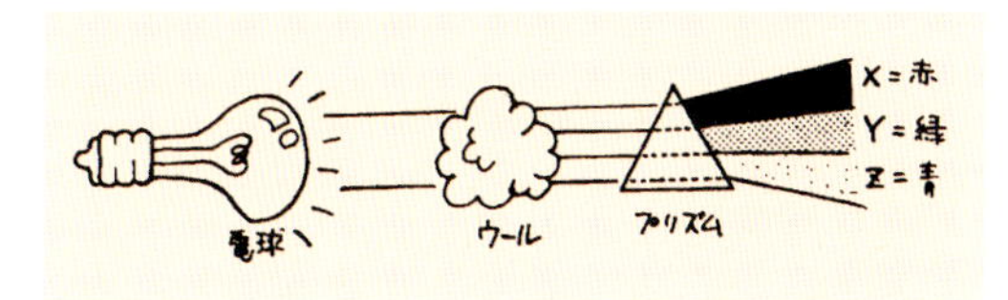

羊毛は、同じ白でも少しずつ色が違います。これを正確に表すには、羊毛にライトを当て、プリズムを通して、光をX（赤）、Y（緑）、Z（青）の3つに分解し、カラーバリエーションを数字で置き換えることによって表現できます。特に羊毛の白さと輝きは、Y（緑）とZ（青）の数字を比較することによってわかります。すなわち、「輝き」はY(緑)によって、「白さ／黄色さ」はY(緑) −Z(青)によって表現できます。

下の表からわかることは、メリノのようにY(緑)の数字が大きいほど輝きがあり、ロムニーのようにY(緑)－Z(青)の数字が大きいほど黄色（クリーム色）が増すことです。このクリーミーな色ツヤをラスター（Luster)といい、ロムニーやリンカーンなどの長毛種らしい特徴といえます。この白の色ツヤは、染色したときに色目を大きく左右することになります。同じ染料で染色しても、メリノとロムニーでは違う色目に染めあがるのは、元の繊維の色が違うからです。

［羊毛の品種による白さの違い］

品種	Y（輝き）	Y−Z（白さ）
メリノ	67.5～65.0	1.5～2.0
コリデール	65.0～62.0	2.5～3.0
ロムニー	62.0～58.5	4.5～5.5

D.A.Ross, "Lincoln university Wool manual" Wool Science Department Lincoln University, 1990.

column

白髪っぽい毛の魅力 ―粗にして野なれど卑ならず

羊も人と同じで、年を取れば白髪が生えてきます。羊の白髪っぽい毛は髄（メデュラ・Medulla）に中空がある太く軽い繊維で、ケンプ（Kemp）といいます。原因は加齢や栄養不足。お尻の部位に見られることもあります。また、品種の特徴の場合もあります。英国のハードウィック、ウェルシュマウンテン、中東の脂尾羊、モンゴルの蒙古羊などが代表的な品種です。

毛の髄が中空になっている羊毛には下記の種類があります。

・ヘアー：外毛のこと。原種に近い品種ではヘアー（外毛）とウール（内毛）の二重構造になっています（→48ページ「羊毛の特徴」／189ページ「野生羊から家畜羊へ」）。ヘアーは直毛で太く、通年で成長します。

・ケンプ：発生後しばらくすると成長が止まり抜け落ちることもあります。繊維は太短く乳白色で（まれに有色の場合もあり）、クリンプはなく弾力に欠け、足のスネや、高齢の羊に見られます。

このようなケンプの毛は37μ以上の太い毛で、価格も低く、主に敷物に使われますが、ハリスツイードなど英国の狩猟用のツイードには無くてはならない羊毛でもあります。ハードウィックなどのケンプ タイプの羊毛がチェビオットなどにブレンドされ、紡績されます。髄が中空なので空気を含むため軽くて温かく、よく雨を弾くので全天候に対応する狩猟用のツイードには最適なのです。あのチカチカとしたケンプ混じりのツイードは英国紳士の真骨頂、“粗にして野なれど卑ならず”、野趣溢れる中にも風格が感じられます。

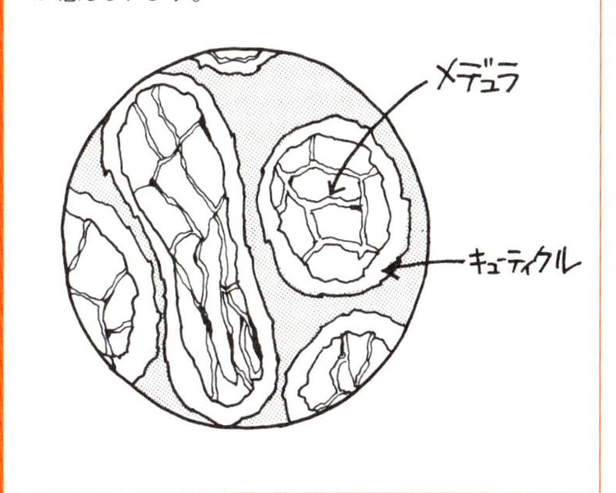

6：歩留まり—イールド(Yield)

歩留まりとは、フリース(脂付羊毛・Greasy Wool)に対する、洗いあがった羊毛の割合のことです。フリースを洗うと約70～50%に目減りします。割合は品種ごとの脂分含有率の違い、汚れ具合によって変わります。洗いあがりの目減り率を歩留まり・イールド(Yield)といい、%で表します。

汚毛に含まれるものは、繊維以外に脂・汗・泥汚れ・水そして藁ゴミなどの夾雑物です。特に汚毛の中に含まれる脂と汗の割合は、品種によってほぼ一定のプロポーション(割合)が見られます。

下のグラフからわかることは、ロムニー→コリデール→メリノと、繊維が細くなるほど、脂の含有率は高くなるということです。これは繊維の本数と同じ数だけ脂腺があるからです(→48ページ「羊毛には内毛・外毛・ケンプがある」)。そして汚毛に含まれる汗や泥は水に溶けますが、脂は洗剤か湯の温度を上げることでしか洗浄できません。メリノの脂は17.5%、コリデールは11.4%、そしてロムニーは5%と、繊維が太くなるほど脂は少なくなります。逆に水と汗を足した水に溶けるものは繊維が太くなるほど、メリノ16.6%、コリデール21.2%、ロムニー23.5%と多くなります。

7：縮絨—フェルト(Felt)

羊毛繊維の表皮部分はスケールといわれる鱗状の物が、根元から毛先に向かって重なり合っていて、空気中の湿気・酸・アルカリに反応し開閉します。湿気によりスケールが開かれ、そこに摩擦が加わると、スケール同士が絡み合いフェルト化します。例えば、羊毛のセーターを洗濯機で洗うと固く縮んだりするのは、このフェルト化によって起こります。フェルト化は羊毛の欠点ともいわれますが、この特徴を利用するからこそ、毛織物は織り上げた後、フェルト化(縮絨)させれば、糸がほつれにくく丈夫な布にすることができるのです。遊牧民のゲル(ユルト)といわれる家も、そこで使われる敷物も、フェルト化させて作られています。

しかし洗濯で縮んでは困る衣料品には、フェル

[汚毛における繊維・脂・汗・汚れ・水の平均的な割合]

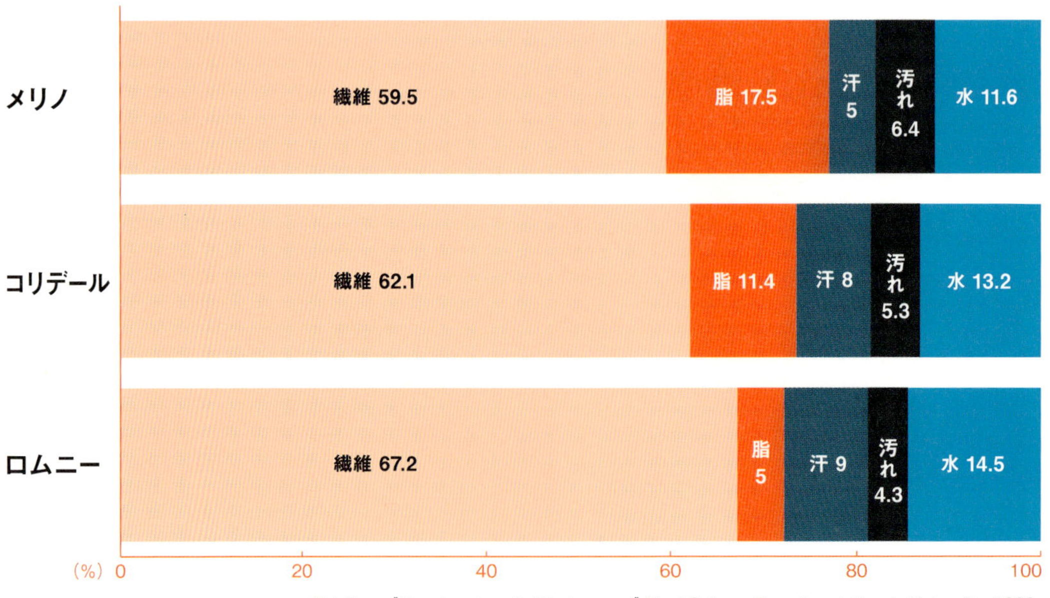

D.A.Ross, "Lincoln university Wool manual" Wool Science Department Lincoln University, 1990.

column

イギリスの空気の値段

羊毛は繊維の中で一番吸湿性が良く(→49ページ「吸湿性」)、そして温度や湿度によって呼吸しています(→48ページ「羊毛は動物性繊維」/49ページ「スケール」)。たとえば20℃・湿度65%の大気中で、羊毛は17%の水分を含みます。これを公定水分率といいます。

羊毛は、気温が低く湿度が高いときに最も多く水分を含み(27.1%)、温度が高く乾燥しているときに最も水分が少なくなります(10.4%)。その差はなんと約17%にもなります。しかし、「なるほど」と感心していられないときもあるのです。

私が英国から原毛を輸入し始めた頃のことです。春に毛刈りされたフリースが英国羊毛公社に届き、格付けされて、さらに最上質のスピナークラスをセレクトして、10種余りを荷作りし船積みする頃にはもう冬。飛行機に積んで日本に着くのはたいてい年明けになっていました。京都の冬は底冷えするとはいえ晴れた日も多く、そんなお天気の日を選んで、スタッフ総出で届いた英国羊毛のスカーティングをしていました。羊毛はベール(1㎥ほどの麻袋で約180kg詰め)に圧縮されてやってきます。ベールを開けると盛りあがり、ペチャンコになり冷えきったフリースを、1頭ずつスノコ台の上で広げてスカーティング(→52ページ「汚れた毛を取り除く スカーティング(Skirting)」)すると、さらに膨れてふわふわになります。ずいぶん大きくなるもので、3倍くらいになります。あまりに軽く感じたので重量を測りなおしてみました。すると、英国で測った重量と比べて5〜10%ほど違ったのです。その後、羊毛はお客さんの元へ発送、乾燥した東京で、さらに重量は軽くなったと連絡が入りました。

この重量はどこに消えたのでしょうか。後から調べてみると、冬1月のロンドン—京都—東京では、気温は3〜4℃と同じくらいでも、湿度は92%—71%—53%と、なんと40%も違いました。羊毛にじっとりと吸い込まれたロンドンの水分は、日本の冬の青空の下、ジュワンと蒸発してしまいました。"イギリスの空気、ウン十万円也"。「含有水分率」という教科書でしか知らなかった言葉を、ひしひしと実感したできごとでした。

[梳毛糸の含有水分率の変化(%)]

湿度(%)	温度(℃)					
	10	16	21	27	32	38
40	12.8	12.4	12	11.5	10.9	10.4
50	14.7	14.3	13.8	13.2	12.6	12.1
60	16.7	16.1	15.6	14.9	14.4	13.8
70	18.7	18	17.4	16.8	16.2	15.6
80	20.9	20.2	19.4	18.7	18.2	17.7
90	23.5	22.7	21.8	21.1	20.9	20.8
100	27.1	26.2	25.4	24.8	24.7	24.6

大野一郎『毛糸紡績汎論』丸善株式会社、1953年

[英国と日本の1月の平均気温と平均湿度の比較]

	東京	京都	英国(ロンドン)
月平均気温	4.7℃	3.9℃	3.6℃
月平均湿度	53%	71%	92%

国立天文台編『理科年表 第65冊(平成4年)』丸善、1991年

ト化しないよう防縮加工される物もあります。例えば、スケールを塩素で除去したり、樹脂加工することによって、繊維の表面を滑らかにして、フェルト化を防ぎます。

また、羊毛は品種によって縮み率が違います。縮みやすい品種で代表的なものはコリデール、縮みにくいものにはブラック ウェルシュ マウンテンが挙げられます。計画的に作品作りをするには、まず徹底的に縮めてみて、元のサイズから何%縮むかというデータを作っておくと良いでしょう。(→150〜151ページ「品種による縮絨率の違い」/152ページ「フェルト化しやすいコリデール フェルト化しにくいブラック ウェルシュ マウンテン」)

ばらつき
バリエーション
（Variation）

羊毛の毛質のばらつきは、大きくわけると3つあります。1つめは年齢・性別などの個体差によるばらつき、2つめは一頭の中での部位差によるばらつき、3つめは羊毛の一房の中でのばらつきです。個体差だけでなく、一頭の中でも毛質にばらつきがあるとしたら、どのように判断し作品に生かしていけば良いでしょうか。それぞれのばらつきについて詳しく紹介していきます。

［年齢による毛質の違い—ペレンデール］

ラムの毛（Lamb・仔羊・4ヶ月齢）

ショーン ホゲットの毛（12〜15ヶ月齢）

ウーリー ホゲットの毛（12〜15ヶ月齢）

ユーの毛（Ewe・メス）

ラムの毛（Ram・種オス）

5歳齢の毛

1：年齢・性別・個体差などによるばらつき

ラム（Lamb・仔羊）：3〜6ヶ月齢の毛。短くて柔らかく、クリンプが明瞭。硬く尖ってカールした毛先（ミルキー ティップ）が見られます。

ショーン ホゲット（Shorn Hogget）：仔羊の時一度毛刈りされた後の2回目の毛刈りだが、ウーリー ホゲット（12〜15ヶ月）と月齢は同じ。ミルキー ティップがないので良質の毛が採れますが、8〜10ヶ月分の毛なので毛長が短い。

ウーリー ホゲット（Woolly Hogget）：12〜15ヶ月齢の初めての毛刈り。仔羊と同じミルキー ティップで、普通より毛足は長く、毛先が筆の穂先のように尖って、ちぎれやすい欠点があります。

ユー（Ewe・成羊）：ホゲット以降の羊から採れる、メスの毛。ただし妊娠後期や泌乳の時期には仔羊に栄養をとられて、毛が切れやすくテンダーになることがあります。

ラム（Ram・種オス）：交配に使うオス。毛は一般的に粗くかつヨーク（脂）の含有量が多く、特有の臭気をもちます（→76ページ「オスの羊の匂い」）。メスよりも毛量が多いのも特徴です。ラム（Ram）の毛はユーやウェザーの毛に混入せず、別に扱います。

ウェザー（Wether・去勢オス）：1〜3週間目で去勢されたオス羊（特にオーストラリアのメリノ種の場合は採毛を目的に去勢がおこなわれます）。去勢するとラム（Ram）のような匂いも無くなります。メスと比べると弾力に富み、毛量も多く、妊娠・分娩・授乳時の栄養不足からくる毛質の劣化がほとんどありません。しかし柔らかさはユーの方が優れています。

※羊は5〜6歳まで採毛します。しだいに毛も太くなり、ケンプも混じり、色ツヤもなくなっていきます。

このように個体差のばらつきがある羊毛を使いこなすには、そのフリースの最も特徴的なキャラクターをつかみつつも、あくまで使う人の判断で糸を作って良いと思います。毛番手と毛長で用途の大筋は決まっていきますが、どんな糸にしていくかは、スピナー一人一人の考えしだいなのです。

2：部位によるばらつき

フリースは、部位によって、ショルダー、サイド、ブリッジ、ネック、バックと呼ばれ、それぞれに毛質が違います。また、部位による毛質のばらつきは、原種の羊と、品種改良されたメリノとでは大きく違います。（→52ページ「汚れた毛を取り除く スカーティング（Skirting）」／55ページ「部位による仕分け ソーティング（Sorting）」）

原種の羊

品種：シェットランド、ウェルシュ マウンテンなど
毛質：毛先が尖っています。一房がヘアーとウールの二重構造になっていて、毛の太細が混在しています。
部位によるばらつき：あります。
個体差によるばらつき：同じ品種内、牧場内でも個体差が激しいことがあります。
色：有色も多い　体格：小さめ　毛量：少ない

品種改良された羊

品種：メリノ
毛質：毛先が真横に切ったようにまっすぐ。毛の繊度も長さも均質。
部位によるばらつき：あまりない。
個体差によるばらつき：群の均質化、個体の大型化が図られているので個体差は少ない。
色：ほとんど白で有色の羊は淘汰されます。
体格：大型化　毛量：多い

メリノの部位による平均繊度

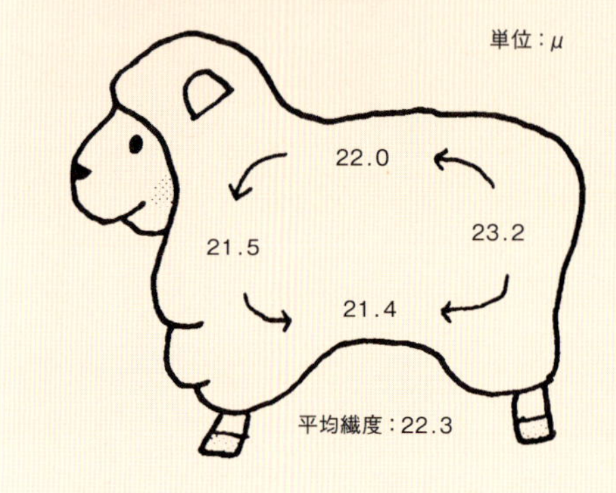

［一頭のフリースの中でのばらつき
―チェビオット］

ショルダー

サイド

ブリッジ

ネック

バック

ベリー

column

部位による毛質の違いを使い分ける　編み：笹谷史子

英国チェビオット1頭分のフリースを毛質の違いで仕分けし、その特徴を生かして作った作品です。

一番柔らかいショルダー（56's）で毛糸のパンツ。一番量の多いサイド（54's）でニットとフェルトを組み合わせたワンピース。ごわごわした手触りでケンプ混じりのブリッジ（48's）でルームシューズ。羊1頭分の羊毛から、用途の違う物を作ることができるのが、フリースを使った物作りの醍醐味です。

肌触りが柔らかいショルダーはオーガニックコットンと合わせて毛糸のパンツにしました。（2.2番手双糸 20回/m撚り+綿糸 6号棒針）

ケンプ混じりのブリッジで最強に温かいルームシューズを作りました。（1.9番手紡毛双糸 20回/m撚り アフガン10号針）

ネップが入ったサイドはリネン（麻糸）を芯に糸を紡ぎ、布フェルトと合わせてワンピースにしました。（4.5番手単糸 20回/m撚り+リネン糸 機械編み）

3：一房の中の ばらつき

このように個体差、部位差だけでなくステイプル（一房）の中でもばらつきがあるのが羊毛です。ではどうやってその毛の番手を決定するのでしょうか。

まず、目で見て判断する方法があります。ステイプルの形を見れば、一房中のばらつきがわかるのです。毛先がメリノのようにまっすぐで円筒形のステイプルはばらつきの少ない均質な毛。毛先が筆穂のように尖っていればいるほど、ばらつきが大きいといえます。

より詳細に調べるには、エアーフロートという測定機を使う方法があります。エアーフロートを使うと、繊維全体の平均値が何μかを知ることができます。このμの数値は、国際的な羊毛取り引きの上で必要な数字ですが、その後、紡績工場の現場では測定された数値を参考に人間の判断で「これで何を作るのか」を決めていきます。（→58ページ「毛番手―見て触れば、繊維の太さがわかる…？」）

［羊毛（一房）の中に含まれる典型的な繊維の断面の直径の幅］

羊種	繊維の断面の直径					
	平均値（μ）	クオリティナンバー（s）	一番細い繊維（μ）		一番太い繊維（μ）	幅（μ）
スーパーファインメリノ	17	80	7	～	27	20
メリノ	20	64	9	～	38	27
サウスダウン	24	60	9	～	40	31
ハーフブレッド	26	58	10	～	50	40
ロムニー	32	50	12	～	58	46
ロムニー	37	46	14	～	62	48
ドライスデイル	38	―	15	～	110	95
レスター種	42	40	18	～	72	54

D.A.Ross, "Lincoln university Wool manual" Wool Science Department Lincoln University, 1990.

［一房の中のばらつき］

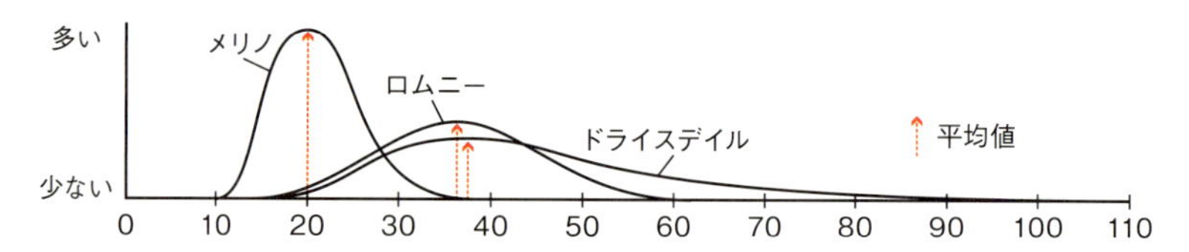

［一房の中のばらつき］

メリノ
ロムニー
ドライスデイル

ダメージ(Damage)

ダメージ ウール(欠点羊毛)という言葉は、正確に言うなら適切な表現ではありません。すべての羊毛は、それぞれその羊毛が最も効果的に使われる可能性をもっています。あえて言うなら、その欠点(特徴)によって、一つ用途が制限される、もしくは一つ加工プロセスが増えるということです。
A.H.Henderson, "Wool Damage" Lincoln University.

欠点羊毛について書こうとすると、加工プロセスや大量生産システムに影響されることになります。羊毛の「欠点」は、単に良い悪いとか、素材として使い物にならない、という意味ではないからです。用途が制限されてしまいますが、欠点羊毛はそれぞれが最も効果的に使われる可能性をもっています。それでは欠点羊毛について一つずつ紹介していきましょう。

テンダー(Tender):切れる毛。栄養状態が悪いなどで毛が細くなり切れる毛になることがあります。加工プロセスで毛が切れてネップになりやすく、落毛が多いため歩留(ぶどまり)まり(フリースを洗った後にどの程度の重量になるか)が悪くなります。ネップや短い毛をコーミングで取り除いていく梳毛糸には使えませんが、毛が短くても紡ぐことができる紡毛糸なら使うことができます。

ステイン(Stain):洗っても落ちない汚れのこと。黄ばみやマーキング、カラード ウール(有色羊毛)などが少しでも白い羊毛の中に入っていると色ムラになってしまいます。特に薄い色を染めるときには色ムラが目立つので、濃い色に染めなければなりません。中には、黄ばみが激しいものの毛質自体は悪くないウールもあります。しかも価格を低く抑えられますから、使いこなせるのであれば、価格的にはメリットがある羊毛だといえます。

コッツ(Cotts):絡みついた毛のこと。よほどフェルト化していない限り解毛作業をおこなえば、時

[ダメージ ウールのサンプル]

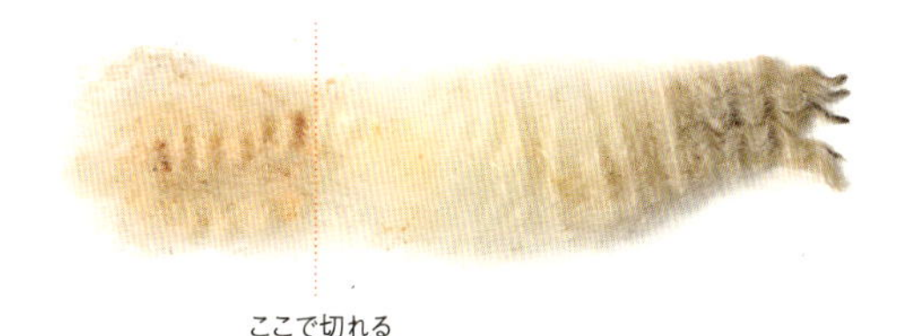

テンダー(切れる毛)

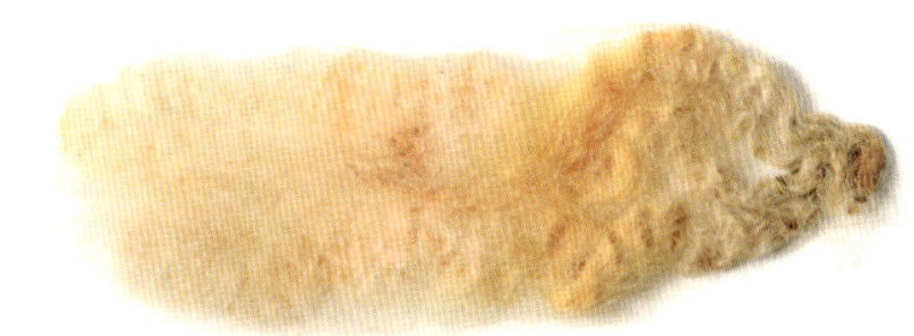
ステイン(黄ばみ)

夾雑物(トゲ・藁ゴミ)

歩留まりの低い毛(泥・汚れ)

コッツ(フェルト化した毛)

間はかかりますが使えます。ひどく絡みついたものは、その部分を切ってほぐれた所だけ使い、後は詰め物や堆肥にすることもできます。

コンタミネーション（Contamination）：夾雑物（きょうざつぶつ）のこと。やっかいなのは藁ゴミ・トゲ・種などの夾雑物。大きな物は手で取れますが、細かい藁ゴミ・トゲは取り除くのがたいへんです。洗毛・カードのプロセスでも完全に取り除けませんし、手紡ぎをしているときに手に刺さると楽しみが半減してしまいます。手紡ぎをする程度の羊毛の量の場合は、見えたトゲを手で取っていくしかありませんが、工場のように大量に処理するときには「化炭処理」をします。化炭処理とは、7%の硫酸溶液に洗いあがり羊毛を漬けた後、羊毛から液をしぼり、約90℃の高温で乾燥させます。硫酸と高熱で植物繊維を炭にして、その炭をローラーで砕いて粉末にして振り落とし、羊毛を水で洗って汚物を取り去ります。さらに炭酸塩の水溶液にひたして、残っている酸を中和して乾燥させます。このような工程は家庭ではできません。また、化炭処理をすると羊毛の強度や伸度が低下し、毛がパサついて光沢が鈍くなりますので、これらの欠点を減らすため化炭工程で非イオン剤を混入することもあります。

ヨーク（Yolk）：脂汚れのこと。脂質はモノゲンの%を上げるか、温度を上げるか（80℃まで）でほとんど取ることができます。

フケ：皮質と脂が混ざったもの。取りにくいフケ状の場合キシレンに入れると、フケは落ちますがスケールが傷つき脂分が抜けきってガサガサになってしまいます。化学処理をすると羊毛本来の良さがなくなってしまうので、手作業で落としていきましょう。コーム、もしくはフリッカーではたき落とします。フリースの段階でフケや脂のたまった根元をはさみで切ります（シェットランドの場合は換毛（かんもう）［毛が抜け換わること］で根元が切れやすくなっているのでちぎっていきます）。毛ほぐしと、カード段階でははたき落とします。紡ぎながら見つけたらつまみとります。織りあげてからもゴミを取ります。

ダメージ ウール

［有色ダメージ一覧］

ダメージ名		説明	原因
スコアラブル デフュー イエロー	Scourable Diffuse Yellow	洗えば落ちる油ぎった黄ばみ。羊の体から分泌されるヨークによって油っぽいバター色になります。原因はエサの質。肥育すると油っぽくなります。長毛のロムニーなどに多い。	エサの質
イエロー バンディング	Yellow Banding	主に細番手の羊毛の背筋のステイプル中に黄ばみの横スジが見られます。雨の多い湿った夏にフリース中の水分が蒸発しないことが原因。	夏の多湿
カナリー イエロー	Canary Yellow	高温多湿。フリース中の汗に含まれるアルカリ性に反応して黄ばみになります。ベリーやお尻まわりなどフェルト化した毛はほとんど黄ばみのダメージを伴います。	汗と高温多湿
アプリコット ステイン	Apricot Stain	牧場の草が常に湿っていることで、フリースの下部（ベリーやブリッジ）の毛先がアプリコット色（オレンジ色）になります。これを防ぐには、湿気が多くなる季節の前に尻・腹の毛刈りをすると良いでしょう。	多湿　牧草の湿気
グリーン& ブラウン バンディング	Green and Brown Banding	細番手で密度の高いフリースに発生しやすいダメージです。多湿からバクテリアが発生して、グリーンやブラウンのラインが入ります。	多湿→バクテリア
ピンク ロット	Pink Rot	ステイプルの真ん中あたりでピンク色の繊維が1cmほど固まった状態になります。多雨多湿バクテリア発生によるもので、特に細番手の羊毛に見られるダメージです。	多湿→バクテリア
ピンク ティップ	Pink Tip	毛先がピンク色に硬く尖ったようになります。長毛種の背筋の毛先によく見られ、冬場に雨が多く多湿のときに起こりやすいダメージです。	低温多湿
ファーン ステイン	Fern Stain	多雨肥沃な草地で通年飼育している所で見られます。牧草の中の枯れ枝や種が粉状になったものが染み付き茶色っぽくなるダメージ。	牧草
ログ ステイン	Log Stain	山火事などで炭化した牧地に羊が入り込んだことによる黒色の汚染。	炭化した草地
ブルー ステイン	Blue Stain	フリースの背筋や尻に見られるブルーのライン。バクテリアによるものです。	バクテリア
カパー ステイン	Copper Stain	腐蹄症防止の薬浴の液による汚染で、毛先が緑色になります。	薬浴
ブランド ステイン	Brand Stain	牧場のマーキングによる汚染で、色は様々です。	マーキング
シェド ステイン	Shed Stain	毛刈り小屋が汚れていることによるダメージです。	羊舎管理
ケッド ステイン	Ked Stain	外部寄生虫によるもので、皮膚から吸った血と混ざって洗っても落ちない赤茶けた色の汚染が起こります。仔羊の貧血症はこれが原因の場合があります。	外部寄生虫

"Sheep Farming : Assignment 1" New Zealand Technical Correspondence Institute.

［有色ダメージ］

ダメージの中に「有色」というカテゴリーがあります。先天的に毛が発生する段階で有色になることもありますが、後天的に環境・天候・病害・人為的なものが原因で色がつくこともあります。

天候の変化による黄ばみはやむをえないとしても、環境の整備・毛刈りの時期の工夫によって防げるものもあります。牧場や羊飼いがどのように羊を世話したのかは、すべてフリースに表れています。フリースを見ることで、牧場の1年の日記を見るように、様々な情報を読み取ることができるのです。

ポンタチャート・1 羊毛の品種別毛番手と弾力の分布

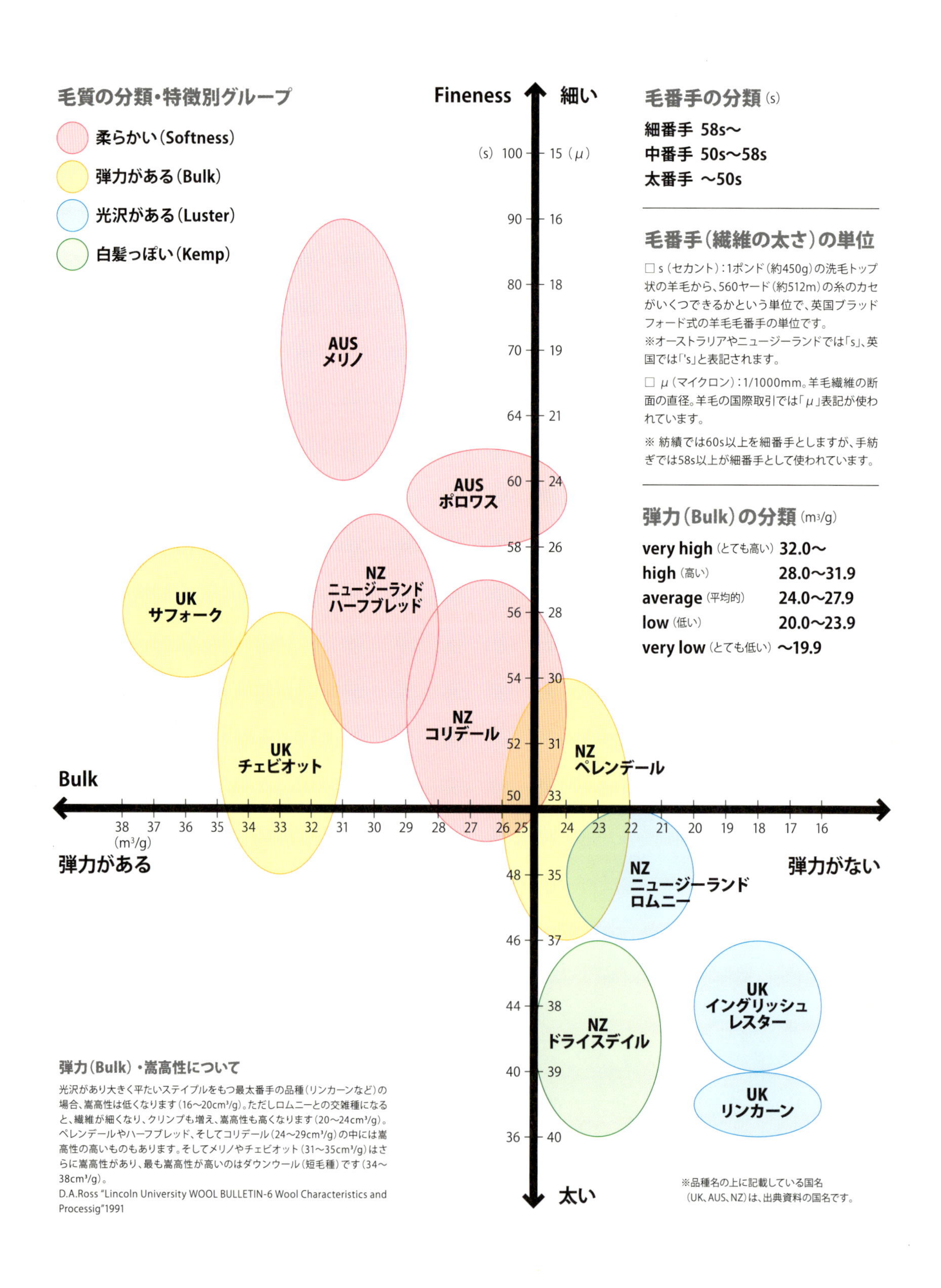

ポンタチャート・2 用途に合わせてフリースを選ぶ

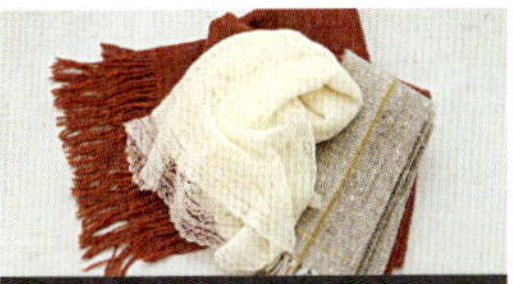

マフラー・ショール

58s以上の細番手から選ぶ

柔らかさや肌ざわりの良さで選ぶ

初心者なら	ポロワス（54〜52s）	難易度 ★
イチオシ！	ポロワス（58s）	難易度 ★★
ふくらみなら	ニュージーランド ハーフブレッド	難易度 ★★
ふだん使いのタフなやつ	コリデール	難易度 ★★
極細の柔らかさ	メリノ	難易度 ★★★
ハリと光沢のレース用	シェットランド	難易度 ★
弾力なら	国産サフォーク（58〜56s）	難易度 ★★
しなやかさと光沢のレース用	ブルーフェイス レスター	難易度 ★★★

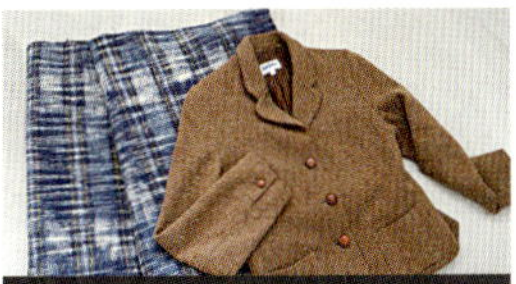

服地・ブランケット

56〜48sの弾力系から選ぶ

弾力とハリのある中番手を選ぶ

原種の羊	シェットランド	難易度 ★
光沢なら	コリデール	難易度 ★★
もちろん筆頭	チェビオット	難易度 ★
弾力なら	国産サフォーク	難易度 ★
人気のモーリット（甘茶）色	マンクス ロフタン	難易度 ★★
弾力なら	ブラック ウェリッシュ マウンテン	難易度 ★★
セーターでもブランケットでも	ジェイコブ	難易度 ★
初心者なら	ペレンデール	難易度 ★

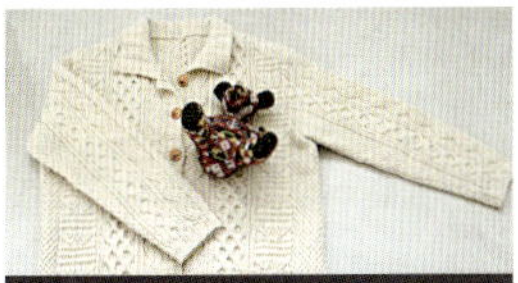

ニット

60〜46sなら何でもOK

結局ニットは何を選んでも良いのです

薄物・インナー	メリノ	難易度 ★★★
薄物・インナー	ポロワス	難易度 ★★
ふくらみなら	ニュージーランド ハーフブレッド	難易度 ★★
光沢としなやかさなら	コリデール	難易度 ★★
憧れのフェアアイルセーター	シェットランド	難易度 ★
光沢とふくらみなら	ペレンデール	難易度 ★
アランセーターなら	チェビオット	難易度 ★
超人気のブチ	ジェイコブ	難易度 ★
光沢があるのでレースも可	ニュージーランド ロムニー	難易度 ★
毛先クリクリ	ゴットランド	難易度 ★★
アートヤーンなどにも適	キッドモヘヤ	難易度 ★★

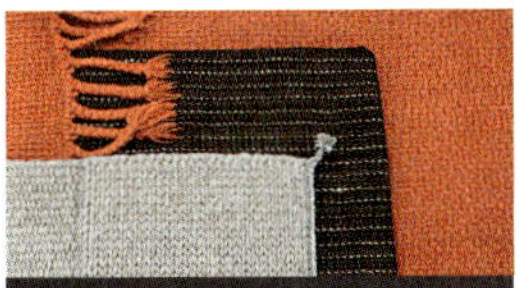

ラグ

50s以下の太番手で選ぶ

光沢系？それとも軽くてタフなケンプ系？

光沢なら	ニュージーランド ロムニー	難易度 ★
光沢なら	リンカーン	難易度 ★★
クリクリ長毛で光沢アリ	ウェンズリーディール	難易度 ★★
しっかりとした梳毛に適	ドライスデイル	難易度 ★★
ふくらみなら	ハードウィック	難易度 ★★
5色から色を選べる	トルコ羊毛	難易度 ★

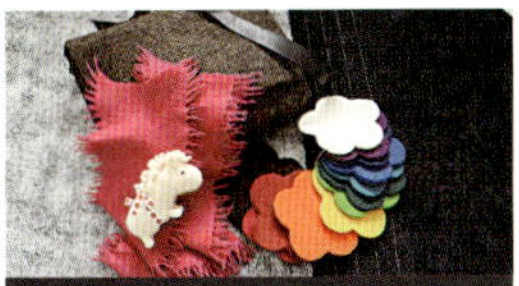

フェルト／ニードルパンチ

短い繊維で選ぶ

細くて短いほど速くフェルト化するよ

帽子・バッグのベースに適	メリノバッツ（64s）	難易度 ★
繊細な文様にも	イタリアメリノ（80s）	難易度 ★★
立体を作るなら	コリデール	難易度 ★★
ニードルで人形の中ワタに	国産サフォーク カード済	難易度 ★
光沢アリ 靴・バッグに適	ゴットランド	難易度 ★★
敷物・バッグなら	トルコ羊毛	難易度 ★

book 「羊毛のクラス分け」で参考にした本

M.L.ライダー著、加藤淑裕・木村資亜利訳『毛の生物学』朝倉書店、1980年
D.A.Ross, *"Lincoln University Wool Manual"* Wool Science Department Lincoln University, 1990.
"British Sheep and Wool" The British Wool Marketing Board, 1985.
"British Sheep and Wool" The British Wool Marketing Board, 2010.
D. J. Cottle, *"Australian Sheep and Wool Handbook"* Inkata Press, 1991.
"New Zealand Sheep and their Wool" The Raw Wool Services Division, and New Zealand Wool Board, 1983.
"Wools of Europe" The Consorzio Biella The Wool Company, and ATELIER-Laines d'Europe, 2012.
Deborah Robson, and Carol Ekarius, *"The Field Guide to Fleece"* Storey Publishing, 2013.
亀山克巳『羊毛事典』日本羊毛産業協議会「羊毛」編集部、1972年
森彰『羊の品種―図説』養賢堂、1970年
百瀬正香『羊の博物誌』日本ヴォーグ社、2000年
田中智夫編『シリーズ<家畜の科学>5―ヒツジの科学』朝倉書店、2015年

羊毛を洗う

ポイントは湯の温度と洗剤の量、そして押し洗い

目の前にある毛刈りしたての羊の毛（フリース·Fleece）を、どうすれば糸やフェルトにできるのでしょうか。それは洗うところから始まります。羊毛洗いのポイントは、洗剤の量、温度、手順です。実は洗濯機が登場するまで羊毛は一番手間いらずの繊維で汚れが目立たないといわれていました。何しろ羊毛は洗剤に漬けこむだけで揉み洗いする必要はありません、というよりむしろ揉み洗いしてはいけない繊維なのですから。羊毛の上手な洗い方は、脂分の多い品種の羊毛、泥汚れのひどい羊毛、ゴミの付いている羊毛など、状態を見て判断することです。そして最後に染色の残液処理についても紹介します。

羊毛を洗う前に

羊から刈り取った羊毛=フリース(Fleece・脂付羊毛・汚毛・Greasy Wool)には、繊維以外に脂、汗、泥、水、そして藁ゴミなどの夾雑物が含まれています。ゴミや泥の付いた部分を裾物といい、これを取り除くと(→52ページ「汚れた毛を取り除く スカーティング (Skirting)」)約30%目減りします。そして洗毛すると、さらに30〜50%目減りします。この目減り率のことを洗毛歩留(ぶど)まり(→62ページ「6:歩留まり—イールド(Yield)」)といい、これは羊の品種によって違います(→62ページ「汚毛における繊維・脂・汗・汚れ・水の平均的な割合」)。なぜなら、品種によって脂の含有率が違うからです。

おおむね細番手の羊毛であるほど脂を多く含み、メリノが17.5%に対して、コリデールは11.4%、ロムニーは5%と違います。逆に、泥や夾雑物は品種による違いではなく、その土地の気候風土、その年の天候、そして飼育された牧場のコンディションによって大きく違ってきます。

[基本の洗い方]

フリースを洗うとき、そのまますぐに湯へ漬けず、まずフリースを広げて全体を見ましょう。そしてゴミの多い所、フェルト化している所は先に取っておきます。これを怠ると、洗毛中にゴミは取りきれませんし、その後のカード段階でも、糸にしてからも取りきることはできません。洗い方を判断するうえでもまず、フリース全体を把握しましょう。

[羊毛を洗う洗剤]

羊毛は動物性の繊維ですので、できれば中性に近い洗剤「液体モノゲン」が良いでしょう。市販のおしゃれ着洗いの洗剤には漂白剤や柔軟剤、香料などが入っている場合が多く、それが染色などに影響する場合もありますし、衣類とは汚れの状態が違うのでお勧めできません。また市販の洗濯用の粉状純石けんを使っても良いでしょう。この場合の使用量や洗い方は、液体モノゲンと同じです。

column

オスの羊の匂い

私が原毛屋を始めてまもなくのことです。ニュージーランドからやってきた羊毛のベール(麻袋)から、とびきり大きなフリースが出てきました。色ツヤよく、明瞭なクリンプが大きく波うつグレーのロムニー。一瞬袋から出てきた時の匂いに「オヤッ?」と思ったものの、それほど気にせずにいました。そしていつものようにフリースを囲んで盛りあがり、とりわけ美しいクリンプにうっとりした若者2人が、その大きな羊を背中で半分ずつに分けて、嬉しそうに持って帰りました。

それからしばらくしてのことです。「ポンタさーん、何回か洗ったんですけど、なんだか匂いが取れないのです。まだ匂うんですけど、どうしたらいいですか?」と2人から相次いで電話が入りました。急いで見に行くと、なるほどこれは紛れもないオスのフリース。カルダモン系の甘い匂いが、強烈に放たれています。かなり高い温度でもう一度洗い直したものの、また湧き出すように匂いが出てくるのです。それで、オーストラリアの紡ぎの先生に質問したところ、ユーカリのエッセンシャルオイルを奨められました。何とか手に入れることができたので、水で薄めてエタノールで乳化し(※)霧吹きで羊毛にふりかけ、爽やかな香りをプラスして、ようやくオスのフェロモンたっぷりの匂いを紛らわせることができました。

この時のオスの匂いは紛れもなく種オス(Ram・ラム)の匂いです。羊には去勢したオス(Wether・ウェザー)と、種付用のオス(Ram)がいます。また、それぞれの年齢や性別によって毛質が違い呼び名も違います。

※エタノール大さじ1、ユーカリのエッセンシャルオイル10数滴、水100mlを入れてよく振り混ぜる。

洗いの手順

汚毛は下記の手順を基本にして洗います。水温や洗剤の濃度などは品種や汚れ具合で変える必要があります。例えばロムニーは長毛種で太番手、脂の含有率は約5%と低く、洗いやすい羊毛です。対してメリノは羊毛の中で最も細番手で、脂の含有率は約17.5%と高い羊毛です。汚れがきつく、脂分が多いほど、漬けこむ湯の温度を上げ、洗剤の量を増やします。

予洗い　1時間漬けこみ

汚毛（50g）の30倍量の湯（1.5ℓ・40℃～60℃）に1時間漬けこみ、余分な泥を落とします。
ザルにあげた後、洗濯機で脱水（3分）をかけ、水気をきります。

本洗い　1時間漬けこみ

洗剤は脂の含有量によって5～10%と加減し、30倍量の湯に1時間漬けこみます。
ザルにあげ、洗濯機で3分間脱水し、水気をきります。

毛先のつまみ洗い

40℃の湯と洗剤をタライに入れ、毛先の泥や脂を指で押し洗いします。洗剤はその都度分けて使います。湯が濁ってきたら、湯と洗剤を入れなおしながらこの作業を繰り返します。

すすぎ・脱水

40℃の湯で2回すすぎ、十分に洗剤を洗い流します。
ザルにあげ、洗濯機で3分間脱水し、水気をきります。

干す・乾燥

下に新聞紙などを敷き、ざっくりとほぐしてから干して乾燥させます。

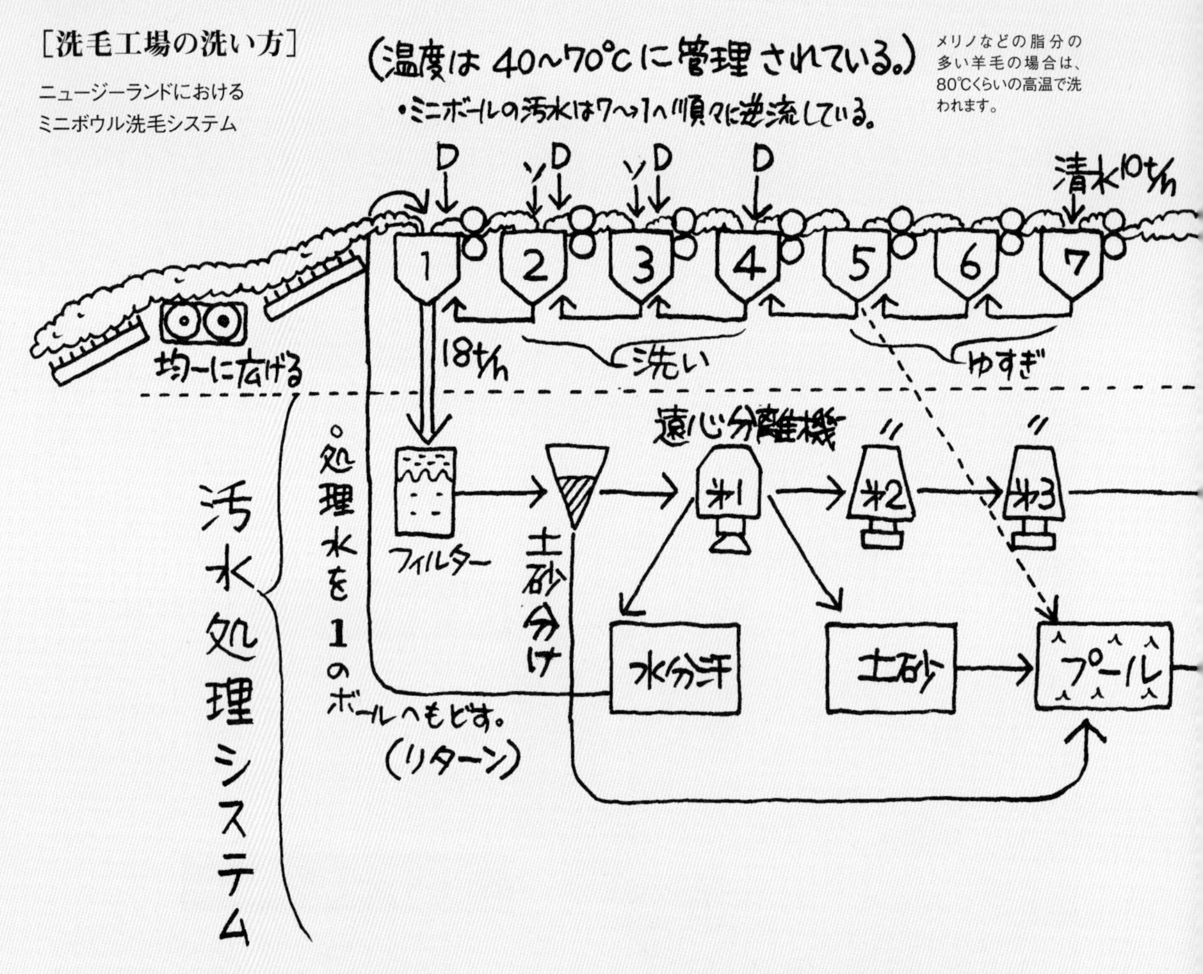

・この図はニュージーランドの洗毛工場でのプロセスを表したものですので、ロムニーの洗毛に適した条件（温度・洗剤量）をメインに考えられています。
・ミニボウル洗毛システムでは、1時間に約2tの汚毛が洗えます。
・それぞれのボウルとボウルの間隔は2m、ボウルの幅は2mです。
・新しい温水が使われるのは、すすぎの最後のボウル7と、その前のボウル6だけで、それ以外のボウルは使用済の水をリサイクルしながら使いまわしています。
・洗剤を使う1と2のボウルから出た汚水の汚泥を取り除いた後、ラノリン脂を抽出します。
・廃水から熱交換で熱をとり出して、新しい水を温めるのに使っています。水量コントロール。温度管理・洗剤の調整・脂と泥を取り除いた後の温水リサイクルなどはコンピュータによって制御されています。

[泥汚れの多いフリースの洗い方]

最初の予洗いが大切です。60℃の湯に漬け、40℃くらいまで下がったらザルにあげます。湯に溶ける泥が落ちてから、洗剤を入れて本洗いします。基本は羊毛の5%の洗剤を60℃の湯（30倍量）に溶かし、そこに羊毛を入れ、1時間漬け込みます。そして毛先のつまみ洗いも大切です。工場ではローラーで押し洗いします（上図）。

[脂の多いメリノの洗い方]

まず予洗いで60℃の湯に1時間漬け込み、脱水。そして本洗い60℃・10%の洗剤液に1時間漬け込んだ後、脱水。毛先のつまみ洗いは40℃・5%の洗剤液の中で一握りずつ洗います。すすぎ40℃を2回、そして脱水。メリノは細い繊維なので、温度が冷めないよう手早く作業します。

[脂の少ないロムニーの洗い方]

ロムニーは脂分より汗などの水分の方が多い羊毛です。予洗い40℃で1時間漬けこみ、脱水。

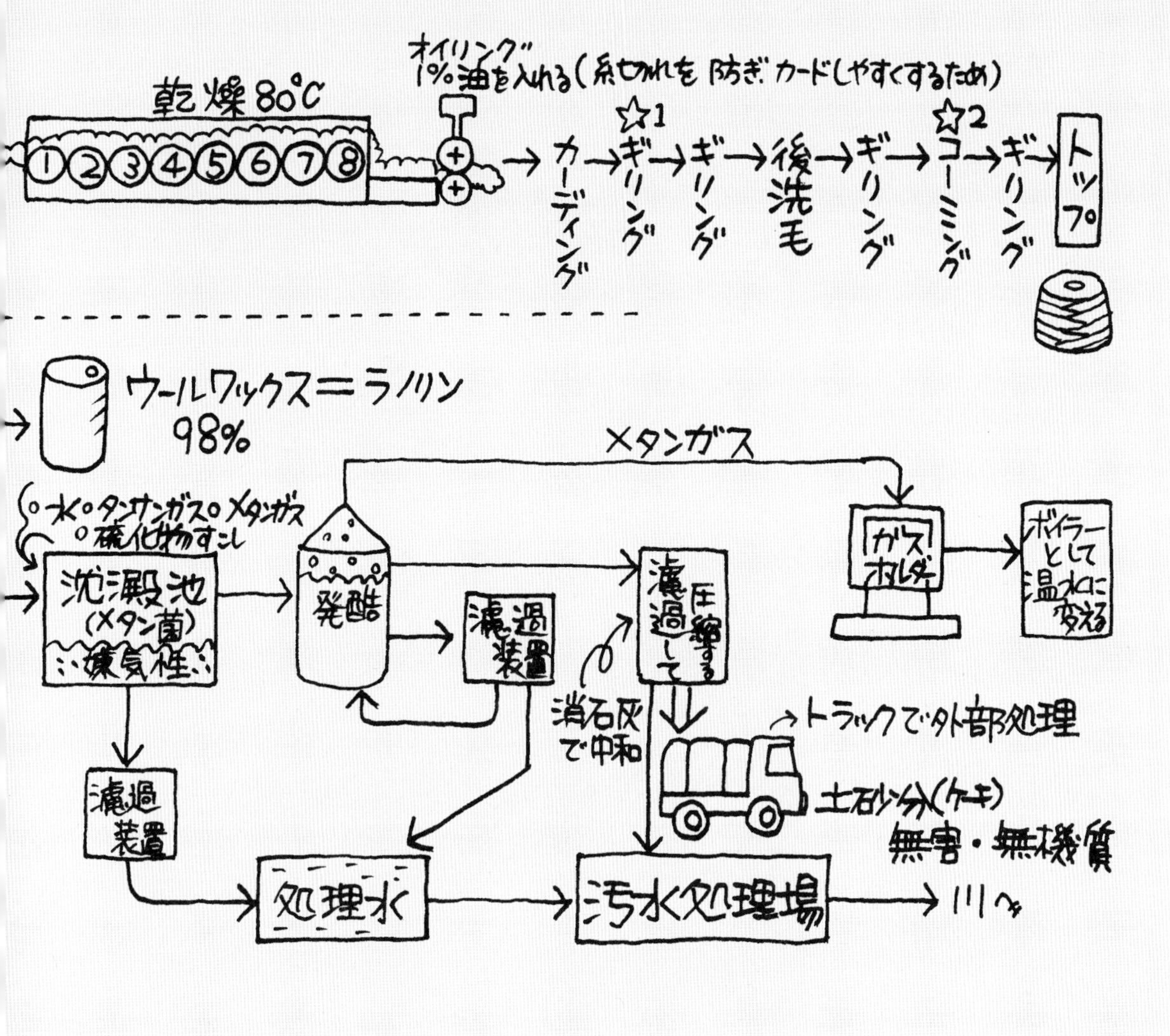

イラスト：湯浅徳子

本洗い40℃・5%の洗剤液に1時間漬けこみ、脱水。そして、すすぎを40℃で2回、その後脱水することで、充分脂を落とせます。

［根元に脂肪片があるフリースの洗い方］

原種の羊の場合、春になって換毛の特徴が残っているせいか、根元に脂肪片が付いているときがしばしばあります。脂肪片かフケ状の皮膚片かわからないときは一つかみ羊毛を洗ってみて試してみると良いでしょう。ボウルに液体モノゲンを溶かした湯を用意し、ゆっくり加熱し、沸点まで上げます。それで溶けたら脂肪片だと判断できます。それから、本番で10%の洗剤液を用意し、羊毛を入れ、ゆっくり沸点まで温度を上げていきます。このとき、途中でかき混ぜたりして羊毛を動かさないようにします。ひと煮立ちしたら火を止め、放冷。40℃くらいに下がってからザルにあげ、すすぎます。

しかし、モノゲンで溶けないときはフケなどの皮膚片ですから、その場合はフリースの段階で根元をハサミなどで切りましょう。毛先の泥汚れがきつい場合も洗う前に切ってしまった方が後の作業が楽になります。

column

昔、羊毛は尿で洗っていた？

取材・写真：飯山美香

羊毛を洗うとき、現在の私たちはモノゲンなどの界面活性剤を使います。

しかし、私が羊毛の仕事を始めた頃から、度々「日本でも昔は羊毛を人間の尿で洗っていた…」と耳にすることがありました。実際に実験してみることはなかったのですが、飯山美香さんから、それを裏付ける貴重なお話を聞くことができました。

オランダ南部のティルブルグという町。ここはかつて「オランダ羊毛の主都」といわれていた所で、現在でもオランダで6番目に人口の多い都市です。もともとは羊の餌の牧草が集められた土地で「家畜の地」ともいわれていたそうですが貧しかった農夫たちは羊毛を売ることをやめ、自ら紡ぎ、服地やブランケットを織り始めました。それを国王のヴィレム2世（1792〜1849年）が支援し、羊の飼育の改善や農場の建設に貢献、やがて紡績工場ができ羊毛産業が発展、1880年代全盛期を迎え、それは1960年代まで続いたそうです。そんな町で飯山さんは250頭余りの羊を連れて町の草刈りをしている羊飼いに会いました。

昔は尿を発酵させて、羊毛を洗い、縮絨し、染色時の色むら防止に使っていたのです。当時、溜めた尿を工場に持って行くと、バケツ1杯で5セントになり、労働者の収入になっていたといいます。今も地元産の酒シュロベラー（Schrobbeler）のラベルには尿瓶を持った男の人の絵が付いていますし、ティルブルグのカーニバル時の別名はKruiken stad（尿瓶の町）になってしまうほど。いかにこの町が羊毛産業が盛んな一大都市だったかが伺えます。

媒染剤の残液処理について　文・図：片岡淳

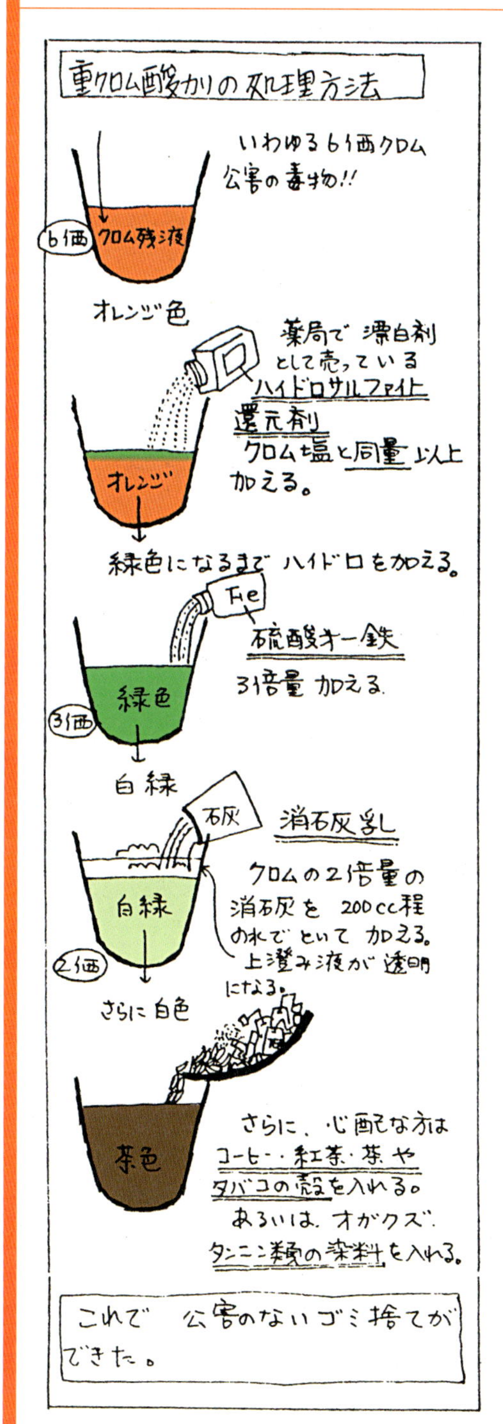

染色は、染める繊維によって、また化学染料か天然染料かによって、それぞれ工程が違います。化学染料は石炭や石油などを原料として化学工場で作られたもので、染色の工程は、煮溶かして染液を作り、染める物を洗って前処理した後、染料液で煮染め、すすいで脱水してから干すのが基本です。しかし天然染料は、まず草や木を煮出して染料を抽出するところから始まります。そして化学染料の工程にプラスして、媒染液で煮沸する工程が増えます。媒染は染料を繊維に定着、発色させるためのもので、鉄、アルミニウム、銅、クロムや錫などの金属塩が使われます。このように染色では多くの水を使い、排液も出ます。ここでは家庭で草木染をする場合の残液処理について考えてみたいと思います。（本出）

媒染剤（金属塩）は羊毛ととても親和性が高い物質です。ということは、我々人間も吸収しやすいということです。6価クロムも、昔に6価クロム公害で恐ろしさが周知されました。硫酸銅も、水に溶けた状態では毒性が強いため、この2つは極端にいうと、家庭では使ってはいけません。

ところが、この媒染剤を用いると、色落ちしにくいうえ、落ち着いた深みのある色に羊毛を染めることができるのです。左表にその劇物処理を図解してみました。いかにも鮮やかな毒々しいオレンジ色の6価クロムも、ハイドロサルファイト還元剤、硫酸第一鉄を加えると、緑色の3価クロムになります。家庭ではこの3価の酢酸クロムを用いることをお薦めします。しかし3価でも安心ではありませんので、さらに消石灰乳、タンニン類を加えて完全に2価にするか、あるいはタンニンと結合させてしまえば安心です。もう二度と6価には戻りません。硫酸銅もクロムと同様、消石灰乳を加え、さらにタンニンを入れて捨ててください。

錫は過剰に用いなければ、毒性の心配をしなくても大丈夫です。羊毛の重量の3%以下の媒染剤を用いれば良いでしょう。（片岡淳）

[主な媒染剤]

元素記号	元素名	主な媒染剤（金属塩）
Al	アルミニウム	結晶ミョウバン $K_2SO_4 \cdot AL_2(SO_4)_3 \cdot 24H_2O$
Fe	鉄	硫酸第一鉄 $FeSO_4 \cdot 7H_2O$ 木酢酸鉄 $Fe(CH_3CO_2)_2 \cdot 4H_2O$
Sn	錫	塩化第一錫 $SnCl_2$　塩化第二錫 $SnCl_4$
Cu	銅	硫酸第二銅 $CuSO_4 \cdot 5H_2O$（劇物） 酢酸銅 $Cu(C_2H_3O_2)_2 \cdot H_2O$（劇物）
Cr	クロム	（3価）酢酸クロム $Cr_2(C_2H_3O_2)_3$（劇物） （6価）重クロム酸カリウム $K_2Cr_2O_7$（劇物）

※羊毛は絹よりも酸に強い繊維ですが、アルカリには弱いため、過剰に媒染剤を使うと光沢がなくなります。※Sn（錫）、Cu（銅）、Cr（クロム）は、現在はほとんど使われない傾向です。

吉岡常雄『工程写真によるやさしい植物染料入門』紫紅社、1982

伊藤久仁子　トワイニング織り

book **「羊毛を洗う」で参考にした本**

D.J.Cottle, *"Wool Science"* Lincoln College, University College of Agriculture, 1990.
小坂育子『台所を川は流れる—地下水脈の上に立つ針江集落』新評論、2010年

羊の品種

毛質の特徴で4つに分ける

羊の品種は世界中に約3,000種あるといわれていますが、羊毛の毛質に注目すると、例えば味覚が「甘い」「辛い」「酸っぱい」「苦い」「渋い」などで表現できるように、羊毛も「柔らかい」「弾力がある」「光沢がある」「白髪っぽい」という毛質の特徴でグループ分けすることができます。この本では、4つの毛質をそれぞれ「柔らかい=ピンク」「弾力がある=黄」「光沢がある=青」「白髪っぽい=緑」に色分けしています。このように大きく分類することによって、品種にとらわれずに、羊毛の特徴を生かして作品作りができるでしょう。

羊の品種
―羊毛の毛質を4つのグループに分ける

世界中には3,000種もの羊の品種があるといわれていますが、毛質はそれほどバリエーションに富んでいるのでしょうか。いいえ、そんなことはありません。羊の品種は違っても、毛質がよく似た品種はたくさんあります。毛の細さ、毛長、光沢、色ツヤ、弾力、そして白髪っぽい毛質かどうか、というポイントで見ていくと、大きく4つのグループに分けることができます。品種によっては、複数のグループの特徴をもっている場合もあります。まずは代表的な品種を挙げてみましょう。

Softness 柔らかい
例：メリノ、ポロワス、コリデール、シェットランド

※シェットランドは、柔らかいだけではなく、弾力も光沢もある毛質ですが、ここではその品種の最も際立っている特徴で分類しています。

Bulk 弾力がある
例：チェビオット、サフォーク、ジェイコブ

Luster 光沢がある
例：ロムニー、リンカーン

Kemp 白髪っぽい
例：ハードウィック、ウェルシュ マウンテン

次に72ページのポンタチャート・1を見てみましょう。上記の4つのグループは、このチャート上の位置が、かなり特徴的であることがわかります。「Softness 柔らかい」は左上あたり、「Bulk 弾力がある」は左側センター寄り、「Luster 光沢がある」は右下に、「Kemp 白髪っぽい」は中央下あたりに位置しています。このように繊度と弾力の座標軸で見ていくと、グループごとにまとまりがあることがわかります。そ

きだて槙江作 絹とポロワスのショール

して毛の細さも、Softness—Bulk—Luster—Kempの順番になっています。羊の種類は約3,000種ありますが、羊毛は毛の細さと弾力を観察すれば、どのグループに属しているかわかるのではないでしょうか。そして自ずと使い方が見えてくると思います。

用途に適した羊毛選び

マフラー、服地、敷物など、羊毛を使って物を作るとき、それぞれの用途に適した品種を選ぶと、作品がより使いやすくなったり、長持ちするようになります。ここでは、代表的な用途と、適した品種を紹介します。73ページのポンタチャート・2も併せて見てください。

[マフラー用]

適した品種：メリノ、ポロワス、ニュージーランド ハーフブレッド、コリデール、シェットランド、ブルーフェイス レスター、チェビオットの細番手など。獣毛のカシミヤも使われます。

解説：首回りに使うマフラーは、まず肌触りの良い柔らかいタイプの品種を選びます。そして首周りは汗をかくので縮絨にも気を付けたいところです。糸の段階や、織りの段階での縮絨が不十分だと、使っているうちに首の当たる所だけ縮んでいきます。「たかがマフラー、されどマフラー」。糸作りから縮絨、仕上げまで、気が抜けないのがマフラーです。

[ストールやショール用]

適した品種：ポロワス、ニュージーランド ハーフブレッド、コリデール、シェットランド、チェビオット、ジェイコブなど。

解説：マフラーと品種がオーバーラップしますが、ストールやショールはマフラーに比べるとより大きく肩に羽織る物なので、やや太番手の羊毛も使うことができます。

木原ちひろ作 帽子と手袋

［ブランケット用］

適した品種：サフォークなどの短毛種、シェットランド、チェビオット、ジェイコブ、ペレンデールなど。

解説：ストールやショールよりもブランケットはサイズが大きいので、軽くて膨らみがあり、肌触りが良く厚みの出る弾力があるタイプ（Bulkタイプ）が適しています。

［服地用］

適した品種：チェビオット、サフォークなどの短毛種、ペレンデール、ブラック ウェルシュ マウンテン、ジェイコブ、マンクス ロフタン、シェットランド、ハードウィック、ウェルシュ マウンテン、ヘブリディアン、ボーレライなど

解説：チェビオットやサフォークなどの短毛種、ハリとコシのある弾力があるタイプを軸足に使うのが基本です。ニュージーランドのペレンデールも使いやすい毛質です。自然色を生かすならこげ茶のブラック ウェルシュ マウンテン、白茶ブチのジェイコブ、甘茶色のマンクス ロフタン、薄手に仕上げたいならシェットランド、男っぽく仕上げたいならチェビオットをベースにハードウィックやウェルシュ マウンテンをブレンドするとハリスツイードのようになります。原種の羊ヘブリディアンやボーレライもツイードには最適です。

［ニット用］

適した品種：60〜46sの品種すべて。メリノ、ニュージーランド ハーフブレッド、コリデール、シェットランド、ペレンデール、ジェイコブ、ニュージーランド ロムニーなど

解説：ニットの場合、羊の品種は問いません。メリノからリンカーンまで、手紡ぎなら糸の作り方を工夫すれば着心地の良いものができるでしょう。しかし軽くて膨らみがある代表的な品種としてはフェアアイル セーターのシェットランド、アラン模様ならチェビオット、ガンジー セー

中嶋芳子作 シェットランドのブランケット

ターならブラック ウェルシュ マウンテンやペレンデールがあります。もちろんジェイコブもマンクス ロフタンも、ニュージーランド ハーフブレッドもニュージーランド ロムニーもコリデールも、それぞれの毛質が違いますので、味わいの違うニットができると思います。

［敷物用］

適した品種：50sより太い、太番手の品種すべて。ニュージーランド ロムニー、リンカーン、ウェンズリーディール、ドライスデイル、ハードウィック、トルコ羊毛など

解説：光沢があるタイプなら、ロムニー、イングリッシュ レスター、リンカーン。白髪っぽいタイプなら、ハードウィック、ウェルシュ マウンテン、ドライスデイル、スウェイルデール、トルコ羊毛など。長毛の房を生かしてシャギーマットのようにしたければ、ウェンズリーディール、リンカーンなどが適しています。

［フェルト用］

適した品種：短い繊維。メリノやコリデールのトップやバッツ。メリノ、コリデール、ゴットランド、トルコ羊毛など

解説：短い繊維であればあるほど引き締まってよくフェルト化します。メリノかコリデールの染色済のトップ、もしくはシート状のバッツ羊毛が入手しやすいでしょう。羊毛なら大抵何でもフェルト化しますが、品種によっても縮絨率が違います。よく縮む品種には、メリノ、コリデール、リンカーン、ゴットランドなどがあります。あまり縮まない品種には、サフォークなどの短毛種、ブラック ウェルシュ マウンテン、モヘヤなどがあります。近年流行しているニードルパンチ（「羊毛フェルト」、「ちくちく羊毛」とも呼ばれる）の人形作りの場合は、あえて品種を問う必要はありませんが、ボリュームを出したいときには、サフォークなどの嵩高性のある品種を使うと良いでしょう。

たんぽぽ作 フェルト

［柔らかい—Softness］

（→72ページ「ポンタチャート・1 羊毛の品種別毛番手と弾力の分布」／84ページ「羊の品種 — 羊毛の毛質を4つのグループに分ける」）

［弾力がある—Bulk］

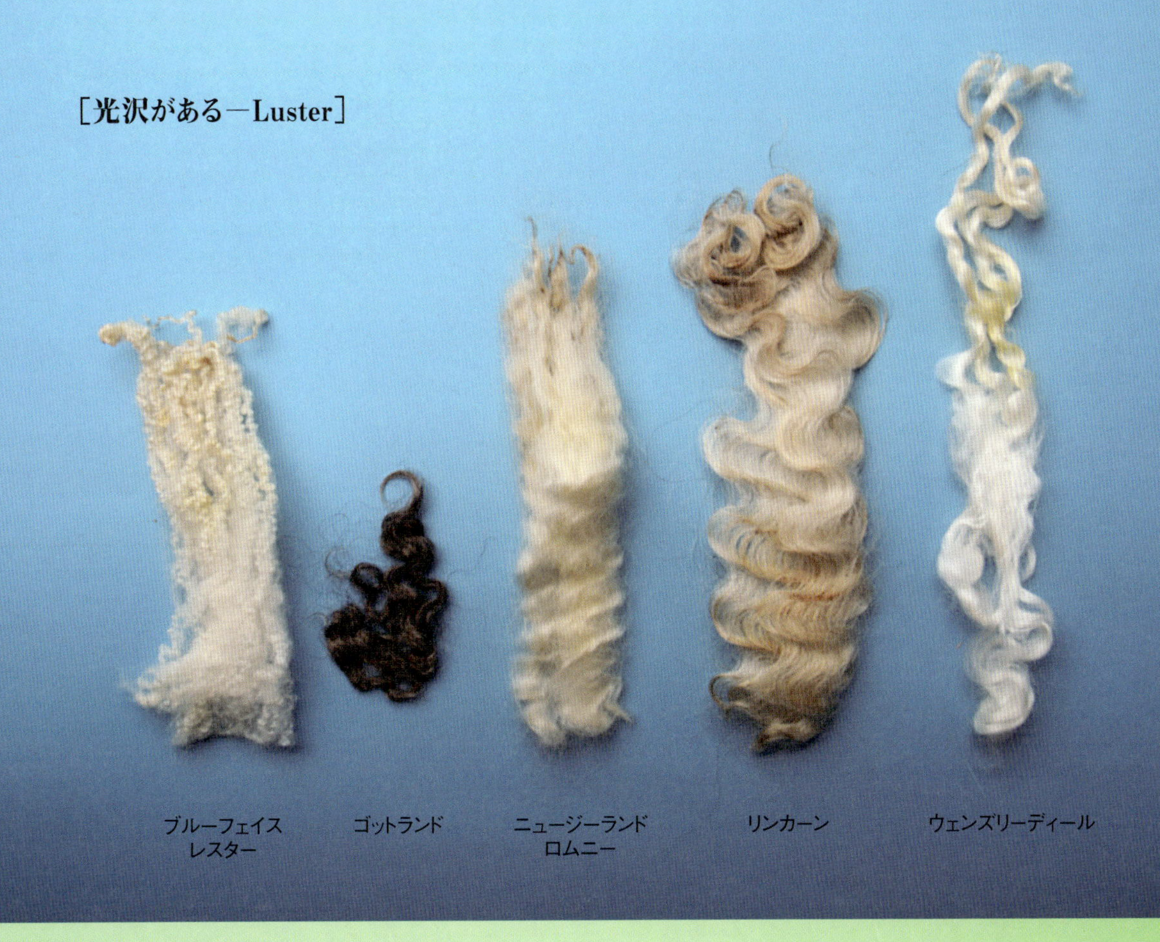
［光沢がある—Luster］
ブルーフェイス
レスター
ゴットランド
ニュージーランド
ロムニー
リンカーン
ウェンズリーディール

［白髪っぽい—Kemp］
ウェルシュ マウンテン
ハードウィック
ドライスデイル
ナバホ チュロ

メリノ
Merino

千葉県　マザー牧場のメリノ

［グループ／毛番手］

Softness 柔らかい／60s（24μ）より細い

［原産国／主な産毛国］

スペイン原産。現在、世界各国で飼育されていますが、特にオーストラリア中部全域の乾燥地帯に多い品種。他ニュージーランド南東の高地、南アフリカなど。

［身体的な特徴］

顔と足が白く、首にひだのある頑強な羊。すべての種オス（Ram）と、まれにメス（Ewe）にも角があります。

［歴史など］

近代メリノはスペインで品種改良されたスペイン メリノがその祖とされています。夏は山地、冬は南部の温暖な低地に羊を移住させることによって毛質をよりファイン（Fine・細番手）に向上させていきました。また移動させることにより筋肉を引き締めさせ、「トラベリング シープ（Traveling Sheep）」と呼ばれるようにもなりました。1765年の輸出解禁により、メリノは世界各地に一斉に輸出されましたが、本来湿気に弱く放牧に適している品種のため、特にオーストラリアや、南アフリカで定着します。オーストラリアでは、スペインメリノの血をひくファイン ウール メリノ、ファインからミディアムのサクソン メリノ、ストロング タイプのサウス オーストラリア メリノが飼育されています。

［解説］

ウール産業においてメリノは最重要品種です。近年、より細番手に品種改良したり、洗濯機で洗えるよう防縮加工（フェルト化の原因であるスケールをウレタン樹脂などで覆う、もしくは塩素処理で除去すること）したり、布団ワタ用に嵩高性を増すスーパー クリンプ加工をしたり、飛行機など強度の耐火性が必要とされる分野で、ウールのもつ難燃性をより高める防炎加工をしたり…と、時代のニーズに合わせて、品種そのものも、加工方法も進化し続けています。

［作品］

羊毛中最も細いメリノは、肌触りよく薄手の物ができます。マフラーなど肌に触れる物、そしてフェルト作りに最適。スーツや制服に使われる毛織物はほとんどがメリノです。

□松下幸子作 メリノ白ブランケット（168×167cm 530g 双糸）
□中東育代作 サンカ手袋（35g 26番手の単糸を双糸にする）
□坂田ルツ子作 布フェルトのジャケット（305g メリノ［90s］とシルクオーガンジー）
□清野詳子作 メリノマフラー（31×172cm 103g 8番手単糸）

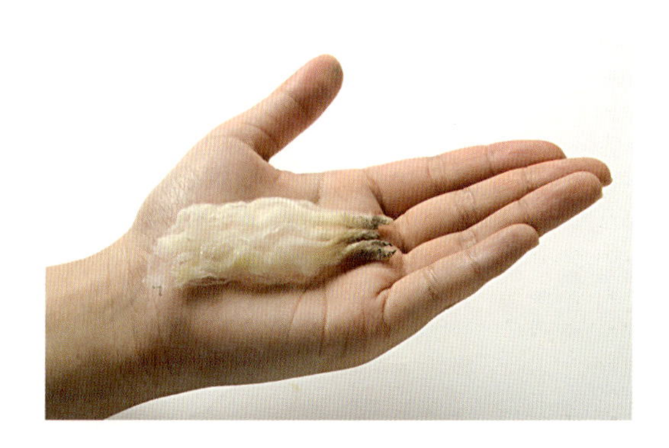

ポロワス
Polwarth

オーストラリア　Wendy Dennis牧場のポロワス

［グループ／毛番手］

Softness 柔らかい／58s（26μ）～60s（22μ）

［原産国／主な産毛国］

オーストラリアで18世紀に品種改良されました。オーストラリアのビクトリアやタスマニアなど、東南海岸沿いの雨の多い地域（丘陵地）。ニュージーランドでは南島で飼われています。

［身体的な特徴］

顔には毛がありません。有角と無角がいます。最近は角のないポール ポロワス（Poll Polwarth）がほとんどです。

［歴史など］

ポロワスは、1880年にオーストラリア各地で、リンカーンとメリノを交配したクロス ブレッド（XBD）に、もう一度メリノを掛け合わせてカムバック（Comeback）にした羊種。3/4がメリノで、1/4リンカーンの血が混じった品種です。オーストラリアのビクトリア州など、雨の多い地方ではメリノの飼育が難しかったことと、コリデールより細番手の羊毛を必要としたことにより、この品種が作られました。肉も毛も採れるので、牧場での収入源になりますが、乾燥地帯では飼育が困難です。

［解説］

メリノの血が3/4入っているので、とても柔らかい毛質。しかもメリノより脂分は少なく、洗うときも扱いやすい羊毛です。オーストラリアのウェンディ デニス（Wendy Dennis）牧場のようにカバード フリース（Covered Fleece）といって、帆布で作ったカバーを羊に着せ、泥や夾雑物（特に植物の種や棘など）の混入がないスピナー用の特別なフリースを生産する牧場もあります。

メリノのように柔らかいのですが、メリノより膨らみに欠けます。シェットランドなどの膨らみのある羊毛をブレンドしても良いでしょう。

［作品］

柔らかく肌触りが良いので、ニットやマフラー、ストールに適しています。

□山本廣江作 グレーベスト 丈58cm 300g 双糸
□岡本昌子作 ネイビーブルーストール 60×200cm 180g 経糸はポロワス9番手、緯糸はコリデール11.5番手の中強撚糸

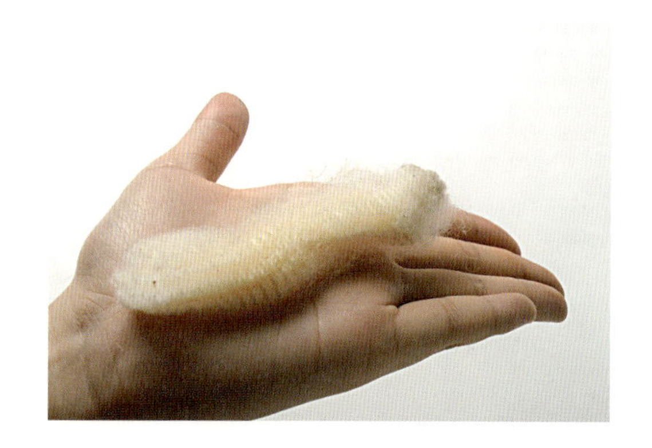

コリデール
Corriedale

オーストラリア　J.プレル牧場のコリデール

[グループ／毛番手]

Softness 柔らかい／50s (34μ) ~56s (27μ)

[原産国／主な産毛国]

19世紀にニュージーランドで品種改良されました。産毛国はニュージーランドの南島、カンタベリー地域が中心。オーストラリアでは東海岸、ニュー サウス ウェールズなどでも飼われています。

[身体的な特徴]

鼻が黒い。角はありません。

[歴史など]

コリデールはニュージーランドで、毛の長いリンカーンとメリノとの交配によって固定された羊種。19世紀末にコリデールとして認められました。リンカーンのもつ、雨や湿気に強く、毛は太く、光沢に富み、良質の飼料を与えれば食肉としての品質が高いという特徴と、メリノのもつ乾燥に強く、粗食にも耐え、頑強な体格で、毛は最も細いという特徴、この二つの品種の長所を掛け合わせたことにより、コリデールは、厳しい山岳地帯から雨の多い牧地に至るまで、広い地域にわたって良く育ち、毛はメリノよりは太いもののミディアム タイプの良質の毛を産し、肉質が良い、毛肉兼用の理想的な羊として牧羊業界でも大切な羊種とされています。

[解説]

柔らかく光沢のある中番手の毛質。ニット、織り、フェルトなど何にでも使えます。スピナーにはロムニーと並んでポピュラーな品種。どんな用途にも合わせられる頼りになる品種でもあります。コリデールは脂分が15%と多く、フェルト化しやすいので、洗毛する場合は、最初にモノゲンの洗剤を10%と多めに使い、60℃の湯で一気に脂分を除去します。そして繊維自体がしなやかで絡みやすいので、手早く作業することも大切なポイントです。(→152ページ「フェルト化しやすいコリデール フェルト化しにくいブラック ウェルシュ マウンテン」)

また、コリデールは、1945年～1955年頃、日本に羊が約100万頭いた時代に最も頭数の多かった品種です。雨にも強く日本の気候によく馴染み、毛も肉も質の良い大型の羊ですが、サフォークが1960年代以降に導入されたことで、激減しました。

[作品]

メリノの柔らかさと、リンカーンのハリを併せもち、しっかりフェルト化する良さがあります。ニットからストールまで衣類全体、フェルトにするとメリノよりコシがあるので、立体的な造形や、帽子やバッグ、ルームシューズに向きます。

□上野山有希子作 白グレーコリデールストール 145×138cm 380g やや強撚の9番手単糸
□若井麗華作 フェルト造形 幅75×奥行40×高さ17cm 200g

シェットランド
Shetland

英国シェットランド島のシェットランド

[グループ／毛番手]
Softness 柔らかい／50's (33μ)〜60's (24μ)

[原産国／主な産毛国]
スカンジナビアから来たといわれる。主に英国北東海上沖のシェットランド島。近年は英国各地で飼われています。

[身体的な特徴]
体格は小さく、ピンと立った耳。種オス(Ram)はカーブした立派な角をもち、様々な毛色の個体がいます。

[歴史など]
シェットランドは、羊毛の分類上では短毛ダウン種(Shortwool and Down)に入り、住んでいる地域は丘陵地(Hill)ですが、本書では毛の特徴を優先して「柔らかい」グループに分類しています。シェットランド島はスコットランド北東の海上に浮かぶ寒冷な島で、羊たちは岩やピート(泥炭)に生えている苔や草を食べて生きています。スカンジナビア半島が発祥の地といわれ、英国で最も古い品種。ソアイ(ソーエイ・Soay) 種の血を引いているといわれ、野性的な特徴を残しています。主にツイード、フェアアイルパターンのセーターやソックス、手袋、ショール、ブランケット、敷物などに使われます。白(White)の他にライトグレー(Light Gray)、グレー(Gray)、青みグレー(Emsket)、光沢のある濃いグレー(Shaela)、薄いグレー茶(Musket)、淡い黄褐色(Fawn)、薄い甘茶(Mioget)、甘茶(Moorit)、濃い茶(Dark Brown)、黒(Black)の11色に分類できるほど、たくさんの色が楽しめます。世界中からの需要が多い品種。
※春になると繊維が細くなり、その部分で切れて、冬毛が夏毛に換毛するため、つい最近まで「ルーイン(Rooing)」といって脱毛前に人の手で引き抜く方法で採毛していました。

[作品]
シェットランド羊の毛は、レース用の細いものから敷物用の太い毛まで幅がありますが、スピナーには極細繊維で作ったシェットランド レースや、膨らみのある中番手で作ったフェアアイル セーターが有名です。

□シェットランド島フェアアイル模様のベスト 丈57cm 212g 双糸
□田村直子作 シェットランド レース 80×188cm 60g 180番手の単糸を双糸にする

チェビオット
Cheviot

スコットランドのチェビオット

［グループ／毛番手］

Bulk 弾力がある／48's (35μ)〜56's (28μ)

［原産国／主な産毛国］

英国原産。スコットランドとイングランドのボーダーにある、チェビオット ヒルズや南スコットランド、ノーザンバーランドやサウス ウェールズ。他にスカンジナビア、南北アメリカ、ニュージーランドなどで飼われています。

［身体的な特徴］

まっすぐな耳と広い背中、顔と足は毛がありません。ローマン ノーズ(Roman Nose・鷲鼻)といわれるように、鼻筋が高いのが特徴です。まれに種オス(Ram)に角があります。母羊(Ewe)は子育てがうまく、脚力もあり補助飼料なしでも山岳地で生息できる頑強な品種です。

［歴史など］

イングランドとスコットランドのボーダーにあるチェビオット ヒルズにて14世紀頃に品種として確立。スコティッシュ ブラックフェイスに次いで英国種ではポピュラーな羊です。

［解説］

英国山岳種の中で最も有名。ツイードの服地やニット製品にされます。クリンプは比較的明瞭で、中〜太番手で光沢も良く、部位差や個体差が大きい。手紡ぎ・手織り愛好家の中ではポピュラー。服地、ニット、ブランケット、ラグと、適応する範囲がとても広い品種です。

「チェビオットに始まり、チェビオットに終わる」と言われるほど、ホームスパンをする人にとっては大切な品種。紡ぎやすく、中庸で、他の品種とブレンドしても相手をよく引き立てます。糸の作り方とブレンドする相手によって、自在に変化してくれる羊毛です。

［作品］

チェビオットは膨らみとハリとコシのある毛質で、ニットから服地、ブランケットまで何でも作りやすい羊毛です。アラン模様にすると陰影がはっきり出るのでお薦めです。

□松下幸子 アラン模様カーディガン 丈62cm 710g 7番手単糸(機械紡績)を双糸にして、さらにもう1本添え糸をして編む
□すずきひろこ 格子柄ハーフコート 丈73cm 900g 3.5番手紡毛単糸

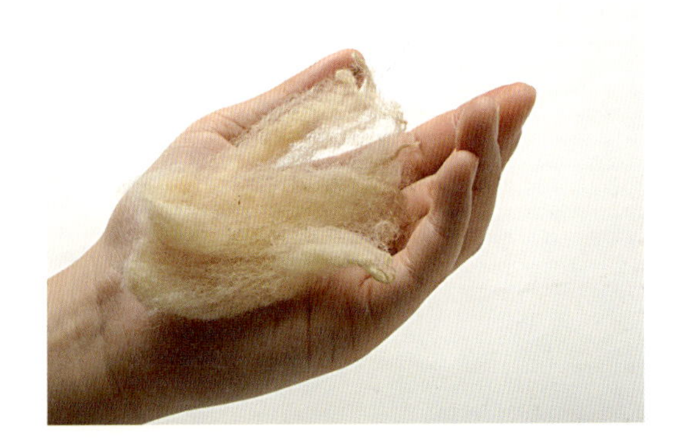

サフォーク
Suffolk

北海道　美蔓めん羊牧場のサフォーク

[グループ／毛番手]

Bulk 弾力がある／54's (30μ)～58's (26μ)

[原産国／主な産毛国]

英国サフォーク州を原産地とする羊種。アメリカ、英国など各地で飼われています。

[身体的な特徴]

体格はずんぐりとして大型、毛は短く、顔・耳・手足が黒い。

[歴史など]

サフォークは英国短毛種（シロプシャー、オックスフォードダウンなどの13種）の中の1つ。体が大きく、多産で、早熟なことから肉用目的で飼育されています。弾力に富む毛質で、毛足が短くステイプルは円筒形です。

日本では元々、採毛目的のコリデールがたくさん飼育されていましたが、1961年に羊毛の輸入が自由化されたことで、オーストラリアから大量にメリノの羊毛が輸入できるようになり、羊毛目的で羊を飼うのではなく、肉を目的とした品種に切り替えることになりました。そのため、肉用種として優れているサフォークが1967年に導入され、現在に至っています。

[解説]

現在日本にいる羊の代表といえば顔と手足の黒いサフォークです。短毛で膨らみのある毛質を生かして、その毛の多くは羊毛布団として使われてきました。

布団といえば日本では伝統的に木綿を使います。次いで羽毛布団はここ30年で大いに普及し、現在はポリエステルなどの化学繊維の安価な布団や毛布が主流を占めています。それぞれに特徴がありますが、羊毛布団は、羽毛よりは重く感じますが、よく空気を含むので暖かく、何よりその復元力の良さは、サフォークならではの嵩高性からくるものといえます。

[作品]

短毛で膨らみのあるサフォークは、紡毛のツイードやニットに適しています。日本のサフォークは英国と比べ、細番手のメリノくらい柔らかいものもありますので、マフラーにしても良いでしょう。

□田中祐子作 ヘリンボーンのツイード 7番手単糸（機械紡績）丈86cm 800g
□松下幸子作 白サフォーク（北海道ルスツファーム）のカーディガン 8.4番手の単糸を双糸にする

ジェイコブ
Jacob

スコットランドのジェイコブ

[グループ/毛番手]

Bulk 弾力がある/44's (38μ)~56's (28μ)

[原産国/主な産毛国]

古代メソポタミア地域が原産といわれている。現在はグレートブリテン島に広く分布。

[身体的な特徴]

茶と白のブチ。大抵はオス、メス共に2本又は4本の角があります。

[歴史など]

ジェイコブの起源は、古代メソポタミアの脂尾羊種(Fat Tailed種・脂肪をたくわえて肥大した尾をもつ羊種)に始まるといわれ、聖書の創世記にも出てくる非常に古い品種。シリアやレバノン、スペインから来たともいわれています。生まれた時には、茶色の斑点が非常に濃い色をしていますが、歳をとると共にしだいに薄くなっていきます。

[解説]

「―イスラエルの人々は、進んで心から、幕屋の仕事、祭服に用いるため主への献納物を携えてやって来た。…(中略)…心に知恵を持つ女は皆、自分の手で紡ぎ、紡いだ青、紫、緋色の毛糸、および亜麻糸、山羊の毛、赤く染めたオス羊の毛皮などを携えてやって来た―」これは『旧約聖書』(紀元前2世紀頃)の『出エジプト記』の一文です。昔から羊毛で作ったものは、貢物として大切にされてきました。また羊の品種改良に最初に取り組んだ羊飼いは、旧約聖書によればヤコブで、まだらや黒の毛をした羊を増やしたとあります。そのヤコブの名をとって「ジェイコブ」と呼んでいます。しかしその種の起源は、バイキングの羊の影響があるとも、シリア、レバノン、スペインから来たとする説もありますが、定かではありません。

[作品]

一頭の中に白と茶のブチの羊毛をもつジェイコブ。色を分けて紡いで良いですし、ランダムに一房ずつ混ぜて紡ぐのも良いでしょう。膨らみと光沢を合わせもつジェイコブはスピナーに人気のある品種です。

□竹﨑万梨子作 白茶のストール 72×230cm 540g 3番手紡毛単糸
□本出ますみ作 白茶ブチのセーター 丈56cm 674g 2番手紡毛単糸を双糸にする

ニュージーランド ロムニー New Zealand Romney

ニュージーランド MONUINA Stud牧場のニュージーランド ロムニー

[グループ／毛番手]

Luster 光沢がある／46s (37μ)～50s (33μ)

[原産国／主な産毛国]

原産は英国のケント州と東サセックス州。ニュージーランド全域で飼われている。

[身体的な特徴]

顔と足共に毛に覆われており、中くらいの体格です。

[歴史など]

ロムニーの原産は英国のロムニー マーシュ地方(ケント州)で、沼沢地であったため、多雨多湿のニュージーランドの丘陵地での飼育に適していました。足の蹄が腐る病気(Foot Rot)にかかりにくい堅い蹄が特徴。ロムニーの交雑種も含め、ニュージーランドの集毛量の70%を占めており、主にカーペット、ブランケット、オーバーコート地やインテリア ファブリックに使われます。

[解説]

光沢のある美しいクリンプで、ハリとしなやかさがあり、毛長もほど良く、しかも脂分が少ないため洗いやすいところが、初心者にお薦めの理由です。

例えば村尾みどりさんが紹介されたニュージーランドの「キーウィ クラフト(Kiwi Craft)」(→142ページ「キーウィ クラフト―撚りをかけない糸」)は、ロムニーの毛長の長さと脂分の少なさを生かした、撚りをかけない無撚糸です。これはニュージーランドの原住民マオリ族の女性たちが、原毛の仕分け作業の手を休めて、刈り取ったばかりの原毛の房を手でほぐし、糸状に引きだして、その場で帽子や手袋などを編む手法ですが、こういった糸は、ニュージーランドだけでなくアフリカ、アジア、アメリカなどでも昔から作られていました。日本の正倉院に所蔵されている中国伝来の花氈(フェルトの敷物)の中に、無撚糸で草木の文様を表現したものもあります。(→148ページ「フェルトの歴史」)

[作品]

ロムニーのハリと光沢のある長毛を生かした無撚糸は、色を変えて一房ずつほぐしながら繋いでいくと、グラデーションのある糸になります。それを編むと、撚りの入った糸には無い透明感のある糸になります。

□村尾みどり作 キーウィ クラフトのベスト 丈36cm 271g
□村尾みどり作 まだら染の羊毛とキーウィ クラフトの毛糸玉と編みサンプル

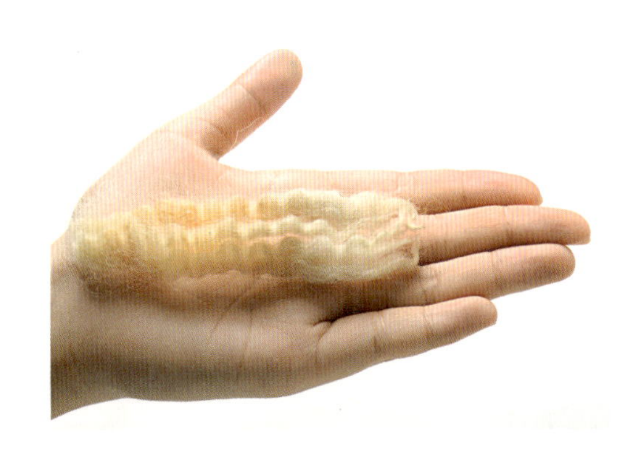

リンカーン ロングウール
Lincoln Longwool

リンカーン　写真：英国羊毛公社

［グループ／毛番手］

Luster 光沢がある／36's（40μ）～40's（39μ）

［原産国／主な産毛国］

英国のリンカーンシャー、レスターシャーなどの沼沢地が原産。他にオーストラリアやニュージーランド、アルゼンチンでも飼われています。

［身体的な特徴］

英国種の中で一番大きな体格をしていて、顔に前髪が垂れ下がっています。足は毛に覆われており、角はありません。

［歴史など］

19世紀末以来、世界中に広く純血種のリンカーンが輸出され、メリノとの交配でコリデール（メリノが1/2）やポロワス（メリノが3/4）など、リンカーンが大型で毛が太長く光沢が良いため、他品種との交配が盛んにおこなわれました。

また、ダウン種メスとの交配によりファット ラム（Fat Lamb・肉用の仔羊）産出にも有用な羊種。その他、ティーズウォーター（Teeswater）やウェンズリーディール（Wensleydale）にもリンカーンの血が混じっています。このように歴史的に非常に有用な羊種でありながら、太番手羊毛の値下がりによる飼育数の漸減は、やむをえない現実といえるでしょう。

［解説］

大きく波打つ美しいクリンプの、太番手の羊毛。光沢のある長毛を生かして、タピストリー、敷物、椅子張りなどに使われます。中でもノッティングで作るシャギーマットは、リンカーンの魅力を生かした用途です。

［作品］

本来は敷物や椅子張りに使われる太番手の羊毛ですが、長くて美しいステイプルをコーミングして梳毛に紡ぐと、光沢のある糸になります。それを単糸でかぎ針を使い大きな目で編むとレーシーなストール（→107ページ上写真）ができます、これは機械にはできない手紡ぎならではの作品です。またリンカーンはよく縮絨しますのでフェルト（→107ページ右下写真）にも適しています。

□竹内禮子作 カギ針編み（くさり編みでネットに編む）のストール 75×200cm 160g
□岸田美代子作 リンカーンのショール 35×153cm 139g 6番手紡毛単糸
□間瀬今日子作 リンカーン／ロムニー／サフォークの縮絨率の違いで作った円形の織物（縮絨率の高いリンカーンを円の中心に使う）

ハードウィック
Herdwick

ハードウィック　写真：英国羊毛公社

［グループ／毛番手］

Kemp 白髪っぽい／Coarse 35μより太い

［原産国／主な産毛国］

英国原産。スコットランドのレイク ディストリクト（湖沼地帯）や、荒涼とした高原地帯、カンブリア、ランカシャー地方で飼われている。

［身体的な特徴］

灰色の顔をしており、アーチ形の鼻と白い耳をもつ。足は短く白髪っぽい直毛に覆われています。仔羊の頃は、ほとんど黒に近い毛ですが、歳をとると共にライトグレーになっていきます。種オス（Ram）は、クリーム色の角をもっています。

［歴史など］

英国種の中で最も古い品種の一つとされ、原種に近いとされ、起源はスカンジナビア半島にあるといわれています。現在でも、イングランド北西部の山や湖沼地帯の荒涼とした風土の中、補助飼料なしで頑強に生息しています。

また、絵本『ピーターラビット』の作者ベアトリクス ポターは、ハードウィック種めん羊飼育者協会で、中心的な役割を果たし、ハードウィック種の保護と育成に取り組んだことでも知られています。

［解説］

「一日の中に四季がある」と言われるほど変化のある気候の英国湖沼地帯（レイク ディストリクト）が原産のハードウィックは、メデュラと呼ばれる繊維の髄が中空なので、繊維の太さの割に軽くて保温力が高い羊毛のため、狩猟用のツイードに使われます。ハリスツイードなどのチクチクする質感はハードウィックなどのケンプ タイプの毛がブレンドされているからです。

ハードウィックだけでなく、世界中の在来種（蒙古羊、ナバホ チュロ、ウェルシュ マウンテンなど）には、このケンプを多く含む品種が数多く見られます。また1頭の羊の中にも太腿あたりにケンプの固い毛が生えやすく、また齢をとった羊もケンプが増えていきます。

［作品］

ハードウィック100%でニットや服地にすると膨らみにかけるので、チェビオットやサフォークなど弾力系の羊毛をブレンドすると、ニットや織物に膨らみが出て安定します。

□安井博美作 ハードウィック30%のセーター（国産サフォーク/ブラック ウェルシュ マウンテン/ジェイコブをブレンド） 丈61cm 682g 双糸
□竹﨑万梨子作 ハードウィックと同じ白髪っぽいタイプのモンゴル産羊毛を使ったブランケット 99×194cm 1,290g 0.8番手単糸
□竹内禮子作 ハードウィック100%のジャケット 丈73.5cm 950g

主な羊の品種一覧

品種名	英語表記	コメント
アイスランディック シープ	Icelandic Sheep	欧州北の洋上、火山と氷河の国アイスランドで、千年以上隔離され放牧された品種。羊毛はヘアーと柔らかい内毛を多く含み、色は白、茶、グレー色。撚りをかけない糸から編んだニットやブランケットなど、表面を起毛させたテキスタイルが人気。
ウェンズリーディール ロングウール	Wensleydale Longwool	19世紀に英国ノース ヨークシャー デイルで品種改良されました。前髪のある青い顔の羊。毛長は30cmと長く、絹のような光沢がある螺旋状にカールした毛質。
ゴットランド	Gotland	主にスウェーデンの東にあるゴットランド島で飼われています。生まれる仔羊はほとんど黒く、年齢と共にグレーになります。光沢のあるカーリーな毛質で、内毛は柔らかい。白く柔らかい毛が根元に密生し、夏と冬で毛質が違います。ニット、フェルトに最適。太番手は敷物にも適しています。
コリデール	Corriedale	メリノがもつ乾燥に耐え、毛が極細という特徴と、英国長毛種リンカーンがもつ雨に強く、肉質良く、光沢のある太い毛という特徴を生かして、19世紀にニュージーランドで品種改良されました。その後毛肉兼用種として世界中に広まります。メリノと並んで重要品種。日本でも1945～1955年頃、このコリデール種が約百万頭まで増えた時期がありました。
サウスダウン	Southdown	英国のサセックスの丘陵地で、1800年代に改良された品種。肉用種で体格はずんぐりとしていて、毛は短く、密度と嵩高性があり、英国種の中で最も細番手。嵩高性を増すためにブレンドされることもあります。
サフォーク	Suffolk	サウスダウンとノーフォーク ホーンから品種改良された後、19世紀初頭に登録された品種。毛は短く弾力がある英国短毛種。1960年代に日本にも導入されたため、黒い顔のサフォークは日本人に馴染みが深い品種です。
ジェイコブ	Jacob	古代メソポタミアの脂尾羊（脂肪を蓄え肥大した尾をもつ羊種）に始まるといわれ、聖書にも出てくる。17世紀に英国種として確立する。2本又は4本の角をもち、白と茶のブチの毛で中番手、膨らみのある毛質はニットやブランケット、ツイードに最適。
シェットランド	Shetland	スカンジナビアから来たといわれている、英国種の中で最も体の小さな羊。寒冷なシェットランド島で苔などを食べて生きてきました。ルーイン（Rooing）という春に換毛するタイミングで手で毛を抜き取る手法が近年までおこなわれていました。羊毛は白の他にライトグレー、グレー、青みグレー（Emsket）、光沢のある濃いグレー（Shaela）、薄いグレー茶（Musket）、淡い黄褐色（Fawn）、薄い甘茶（Mioget）、甘茶（Moorit）、濃い茶、黒の11色。この毛を使ったツイードやフェアアイル セーターやシェットランド レースが有名。
スウェイルデール	Swaledale	イングランド北部ペナイン山脈に多く見られます。厳しい環境にも耐える丈夫な品種として20世紀に確立。丸くコイルした角と、黒い顔に白い鼻。毛はヘアーと柔らかいウールとの二重構造で太番手、主に敷物用。
ブラックフェイス	Blackface	英国種の中で最も大切な羊の一つ。イングランドとスコットランドのボーダーのペナイン山脈などに多く見られます。白斑のある黒い顔と脚、カーブした角。毛はヘアーとウールの二重構造で太番手、敷物用。
ソアイ	Soay	英国種の中で最も古い品種の一つ。スコットランドのソアイ島をはじめとして英国各地で見られます。小さく、頑強な体に、後ろにカーブした角と、チョコレート ブラウンの膨らみのある毛をもつ稀少品種（Rare Breeds）。
チェビオット	Cheviot	イングランドとスコットランドのボーダーにあるチェビオット丘陵にて14世紀頃に品種として確立。白い顔とピンと立った耳で、オスには角があります。山岳種なので脚力があり、子育てがうまい。羊毛は中番手で膨らみとコシがあります。中庸な毛質でブレンドしやすく、着る物全般に応用しやすい。
テクセル（テセル）	Texel	19世紀に、オランダの在来種に数種の英国種をかけ合わせて肉用に改良された品種。顔と脚は白く、早熟で大型、オスは体重が100kg近くになります。中番手で膨らみのある毛質。毛肉兼用種。
ナバホ チュロ	Navajo Churro	16世紀にスペインから来たチュロ羊が祖先。ニュー メキシコやアリゾナの土着民族ナバホによって飼育されています。ヘアーとウールが混在する太番手の毛は、タピストリーにされます。
ニュージーランド ハーフブレッド	New Zealand Halfbred	19世紀末にニュージーランドで、メリノとロムニー、リンカーンなどの長毛種と交配された毛肉兼用種。ニュージーランド南島の山岳地帯で飼われています。主にニットウエアに適しており、コリデールより細く膨らみがあります。

	産地	繊度	毛長	毛量	特徴・手触りなど
	アイスランド	外毛：54s（30μ）〜56s（27μ） 内毛：60s（22μ）〜70s（19μ）	外毛：15〜20cm/6ヶ月 内毛：5〜10cm	1.75〜3.25kg	Luster
	英国	44's（38μ）〜48's（35μ）	20〜30cm	3.5〜7.0kg	Luster/Long
	スウェーデン	48s（35μ）＋〜56s（27μ）	8〜18cm	2.5〜5.0kg	Luster
	ニュージーランド オーストラリア	50s（34μ）〜56s（27μ）	7.5〜12.5cm	4.5〜6.0kg	Soft
	英国	56's（28μ）〜60's（24μ）	4〜6cm	1.5〜2.25kg	Bulk
	英国	54's（30μ）〜58's（26μ）	8〜10cm	2.5〜3.0kg	Bulk
	英国	44's（38μ）〜56's（28μ）	8〜17cm	2.0〜2.5kg	Bulk/ Luster
	英国	50's（33μ）〜60's（24μ）	5〜12cm	1.0〜1.5kg	Soft/Bulk/ Luster
	英国	Coarse 35μより太い	10〜20cm	1.5〜3kg	Kemp/ Harsh
	英国	Coarse 35μより太い	15〜30cm	1.75〜3.0kg	Kemp/ Harsh
	英国	44's（38μ）〜50's（33μ）	5〜15cm	1.5〜2.25kg	Bulk/Soft
	英国	48's（35μ）〜56's（28μ）	8〜10cm	2.0〜2.5kg	Bulk
	オランダ	48s（36μ）〜58s（26μ）	8〜15cm	3.25〜5.5kg	Bulk
	アメリカ合衆国	ヘアー：35μより太い ウール：10〜28μ	外毛：15〜36cm 内毛：8〜10cm	1.75〜3.75kg	Kemp/Harsh
	ニュージーランド	52s（31μ）〜58s（25μ）	7.5〜12.5cm	4.0〜5.0kg	Soft

品種名	英語表記	コメント
ニュージーランド ロムニー	New Zealand Romney	原産は英国のロムニー マーシュ地方(ケント州)の沼沢地で、多雨多湿の環境によく馴染み、現在ニュージーランドの集毛量の70%(ロムニー交雑も含む)を占めています。顔と脚にも毛があり、羊毛は光沢があり長毛、工業紡績では敷物用ですが、手紡ぎならニットに最適。
ハードウィック	Herdwick	スコットランド湖沼地帯や荒涼とした高原地帯が原産。起源はスカンジナビア半島にあるといわれています。白い能面のような顔、オスにはたいてい角があります。毛は白髪っぽいケンプなので、太番手で軽い。仔羊の時には毛が黒いが、年と共にライトグレーになります。主に敷物用。ハードウィックがブレンドされたハリスツイードは有名。
ウェルシュ マウンテン	Welsh Mountain	ウェールズ山岳地方の、霧が深く年間2,500ミリに達する雨量で、冬は雪が積もるという厳しい環境の中、補助飼料なしで育ってきたこともあり、この品種特有の赤いケンプ(レッドケンプ・Red Kemp)をもつ。手触りの柔らかいものはツイードやフランネル、スカーフにされ、太いものはブランケットや敷物用。チェビオットなどと混毛しやすく服地に適しています。
ブラック ウェルシュ マウンテン	Black Welsh Mountain	ウェールズ原産で、ウェルシュ マウンテンの白い羊の中で、黒い僧衣を作るために黒い羊のみを選び出し、交配し固定した品種。1922年に純血種と認められた。毛は短く、弾力があり、染めずにニット、服地に使われます。
ブリティッシュ フライスランド	British Friesland	オランダが原産。ピンクの鼻と耳をもつ。乳用種のため乳量が多く、その羊乳からチーズを作る。毛は中番手。1985年に英国種として登録された。現在、英国中で飼育されています。
ブルーフェイス レスター	Bluefaced Leicester	西カンブリア地方原産、18世紀末にイングリッシュ レスターとチェビオットから品種改良された。ローマン ノーズ(Roman Nose・鷲鼻)にダークブルーに見える肌、ピンと立った耳、毛は光沢のある美しいクリンプ。細番手なので、シェットランドと並んでレースにも適しています。
ヘブリディアン	Hebridean	ジェイコブがスペイン系なら、ヘブリディアンはアイスランドやスカンジナビア系といわれています。体は小さく30kg前後。毛質はヘアーとウールの二重構造で、シェットランドとよく似た毛質。稀少品種(Rare Breeds)で、セント キルダ(St. Kilda)とも呼ばれます。
ペレンデール	Perendale	1960年にニュージーランドのペレン教授(Sir Geoffrey Peren)によって作られた品種。ロムニーのメスとチェビオットのオスを交配(Inbred)したもの。山岳種チェビオットの脚力と気性の激しさや、自分で餌を探し、母性に優れ子育て上手な特徴を受け継いでいます。毛質はロムニーの特徴が出れば光沢のある長毛に、チェビオットにかたよれば嵩高性のある毛質になるので、毛質に個体差が大きく表れます。ニット、ブランケットに適する。
ボーダー レスター	Border Leicester	18世紀にイングリッシュ レスターとチェビオットを交配して作られた品種。白くピンと立った耳が特徴的。北イングランドとスコットランドが主産地。毛長があるので手編み用の毛糸に使われます。
ボーレライ	Boreray	19世紀にスコットランドの西岸、ボーレライ島にて、ブラックフェイスとスコティッシュ ダンフェイスと繋がりのあるヘブリディアンから品種改良された。非常に小さい羊で、オスは大きな巻き角をもつ。羊毛はクリームから甘茶、グレー、ときに白地に別のカラーのスポットが入る。
ポロワス	Polwarth	1880年にオーストラリアでリンカーンとメリノを交配したクロスブレッドに、もう一度メリノを合せてカムバック(Comeback)とした羊種。オーストラリアのビクトリア州など雨の多い地方でメリノの飼育が難しかったことと、細番手の羊毛のニーズ、さらに肉も毛も採れる品種が求められたため、頭数を増やしました。メリノほど脂分も多くなく、スピナーにも人気のある毛質。
マンクス ロフタン	Manx Loaghtan	バイキングがいたことでも有名なマン島にいる羊。2~4本の角をもつ。ロフタンという言葉もバイキング語で「小さい、愛らしい茶色い奴」という意味。羊毛は甘茶(Moorit・赤みがかった茶)で、短毛、中番手でニットやツイードにされます。
メリノ	Merino	最細番手の羊毛を産する羊として羊毛取引上で最重要品種。スペインで品種改良されたスペイン メリノがその祖とされます。オーストラリアには18世紀に上陸。以来乾燥した環境に馴染み、オーストラリアが世界一のメリノ主産国となります。現代のウール衣料は、メリノが主流といっても過言ではありません。
蒙古羊	Mongolian	チベットの脂尾羊が原種だといわれています。顔は有色が多いですが、まだらの個体もいます。毛は短くヘアーとウールの二重構造。モンゴルの遊牧民は5月~8月の3ヶ月分伸ばしたオスの短い毛でゲル(ユルト)というフェルトの家を作ります。
リンカーン ロングウール	Lincoln Longwool	英国原産。体が大きく、肉用の羊(Fat Lamb)を産出するのに有用な羊種のため、19世紀末以降他品種との交配が多くおこなわれた有用な品種。メリノとの交配でコリデール(1/2)、ポロワス(1/4)など。羊毛は光沢に富み、ステイプルは平たく大きく波打つ長毛。椅子張りや敷物などに使われる。脂分が多く、フェルト化しやすい。

	産地	繊度	毛長	毛量	特徴・手触りなど
	ニュージーランド	46s (37μ)～50s (33μ)	12.5～17.5cm	4.5～6.0kg	Luster
	英国	Coarse 35μより太い	15～20cm	1.5～2.0kg	Kemp/Harsh
	英国	36's (40μ)～50's (33μ)	5～15cm	1.25～2.0kg	Kemp/Harsh
	英国	48's (35μ)～56's (28μ)	8～10cm	1.25～1.5kg	Bulk
	英国	52's (31μ)～54's (30μ)	10～15cm	4.0～6.0kg	Luster
	英国	48's (35μ)～50's (33μ)	8～15cm	1.0～2.5kg	Soft/Luster
	英国	48's (35μ)～50's (33μ)	5～15cm	1.5～2.25kg	Harsh/Bulk
	ニュージーランド	46s (37μ)～54s (30μ)	10～15cm	3.0～5.0kg	Bulk/Luster
	英国	44's (38μ)～50's (33μ)	15～25cm	2.75～4.5kg	Luster
	英国	Coarse 35μより太い	6～12cm	1.0～2.0kg	Harsh/Soft
	オーストラリア	58s (26μ)～60s (22μ)	10～14cm	4.0～5.5kg	Soft
	英国	44's (38μ)～54's (30μ)	7～10cm	1.5～2.0kg	Bulk/Soft
	オーストラリア ニュージーランド 南アフリカ	60s (24μ)より細い 中には90s (16μ)よりも細いものもあります。	7.5～12.6cm	3.0～7.0kg	Soft
	モンゴル	ヘアー：50μ以上 ウール：20μ	7～12cm	1.2～1.5kg	Harsh
	英国 オーストラリア ニュージーランド	36's (40μ)～40's (39μ)	15～35cm	7.0～10.0kg	Luster/Long

石田百合作

book 「羊の品種」で参考にした本

"British Sheep and Wool" The British Wool Marketing Board, 1985.
"British Sheep and Wool" The British Wool Marketing Board, 2010.
D. J. Cottle, *"Australian Sheep and Wool Handbook"* Inkata Press, 1991.
"New Zealand Sheep and Their Wool" The Raw Wool Services Division, and New Zealand Wool Board, 1983.
"Wools of Europe" The Consorzio Biella The Wool Company, and ATELIER-Laines d'Europe, 2012.
Deborah Robson, and Carol Ekarius, *"The Field Guide to Fleece"* Storey Publishing, 2013.
Peter Collingwood, *"The Maker's Hand : A Close Look at Textile Structures"* Interweave Press, and Lark Books, 1987.
John Gillow, and Bryan Sentence, *"World Textiles"* Thames & Hudson, 1999.
ジョン ギロウ・ブライアン センテンス『世界織物文化図鑑―生活を彩る素材と民族の知恵』東洋書林、2001年
岩立広子『インド 大地の布―岩立広子コレクション』求龍堂、2007年
正田陽一監修『世界家畜品種事典』東洋書林、2006年
在来家畜研究会編『アジアの在来家畜―家畜の起源と系統史』名古屋大学出版会、2009年
正田陽一編『品種改良の世界史―家畜編』悠書館、2010年
百瀬正香『羊の博物誌』日本ヴォーグ社、2000年
農山漁村文化協会編『地域素材活用　生活工芸大百科』農山漁村文化協会、2016年

羊毛の防虫対策

害虫の生態、防虫剤、羊毛の保管

衣服は保管の仕方が悪いと、綿や麻など植物繊維はカビに、絹や羊毛などタンパク質でできている動物性繊維は虫に食われてしまいます。秋風が吹きセーターが欲しくなって衣装箱を開けたとたん、虫食い穴を発見して愕然とした…という経験は誰しもあると思います。例えば食べこぼしなどで汚れたままのセーターは、虫から見ればソースのかかったステーキのようなものなのでしょう。この章では虫の生態を学び、防虫剤として古くから使われている天然樟脳の工場を紹介。そして最後に8世紀から1200年余りの長きにわたって、「花氈」というフェルトの敷物を守ってきた、正倉院の保管法も紹介します。

衣類を食べる虫たち

虫にも好みの食べ物があります。中でも羊毛や絹といった動物性の繊維を好んで食べる主な虫は「イガ」「コイガ」「シミ」「カツオブシムシ」です。衣類を食べられて困るのは人間の都合…とはいえ、これらは人間にとって害をおよぼす害虫ですから、まずは生態を知るところから始めてみましょう。

［イガ］

衣蛾 — いが

Tinea translucens（Meyrick）

幼虫／体長：約6〜7mm

　形：細長い

　色：乳白色・体毛は目立たない

成虫／体長：約4〜7mm

　形：羽虫

　色：灰褐色に銀灰色の前翅・光沢あり・羽に黒斑

解説／「衣」に「蛾」で「イガ」。名前の指すとおり、イガの幼虫は毛織物や絹織物・羽毛・革などを好んで食べ、ナイロンなどの化学繊維でも、有機物で汚れていると食害を受けることがあります。幼虫は細長い芋虫状で、食べた繊維を綴り合わせて両端が開いた筒状の巣を作り、体を半分巣に入れたまま移動し、生活します。巣の色は摂食した繊維により変わり、成長が進むと巣を固定し、中で蛹化。成虫は細長い羽をもつ蛾で、羽化するとすぐ交尾し、12時間以内に産卵を開始、1回の産卵数は40〜60粒ほど。産卵する場所には、繊維などがふかふかした部分、中でも羊毛を好み、卵は1〜2週間で孵化します。また、幼虫の姿で越冬することができ、春〜夏で1世代、秋までに1〜2世代を繰り返します。温度25〜30℃・湿度50〜70％程度の暗所を好み、こういった好条件下で栄養状態が良い場合、年5〜6回世代を繰り返すことができる虫です。

［コイガ］

小衣蛾 — こいが

Tinea bissellinella（Hummel）

幼虫／体長：約6〜7mm

　形：細長い

　色：乳白色・体毛は目立たない

成虫／体長：約6〜8mm

　形：羽虫

　色：淡黄灰色・光沢あり

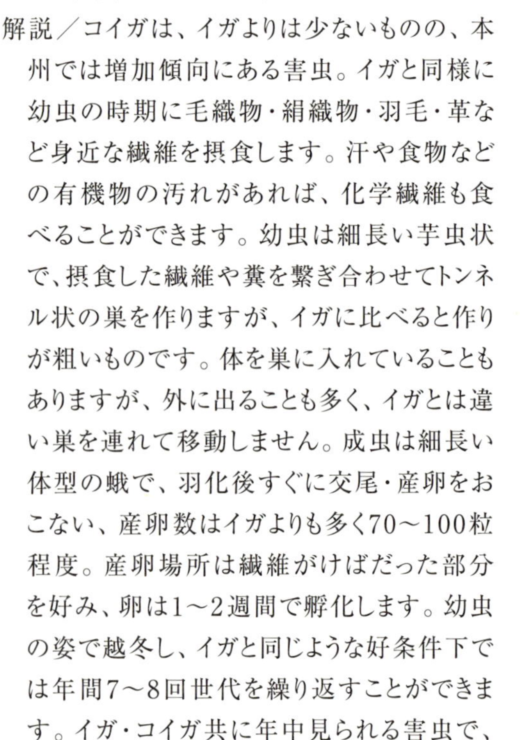

解説／コイガは、イガよりは少ないものの、本州では増加傾向にある害虫。イガと同様に幼虫の時期に毛織物・絹織物・羽毛・革など身近な繊維を摂食します。汗や食物などの有機物の汚れがあれば、化学繊維も食べることができます。幼虫は細長い芋虫状で、摂食した繊維や糞を繋ぎ合わせてトンネル状の巣を作りますが、イガに比べると作りが粗いものです。体を巣に入れていることもありますが、外に出ることも多く、イガとは違い巣を連れて移動しません。成虫は細長い体型の蛾で、羽化後すぐに交尾・産卵をおこない、産卵数はイガよりも多く70〜100粒程度。産卵場所は繊維がけばだった部分を好み、卵は1〜2週間で孵化します。幼虫の姿で越冬し、イガと同じような好条件下では年間7〜8回世代を繰り返すことができます。イガ・コイガ共に年中見られる害虫で、短い期間で繁殖を繰り返すため、衣類についている場合は早急に除虫・防虫をする必要があるといえます。

［シミ］

ヤマトシミ・セイヨウシミ・マダラシミ
紙魚・衣魚 ― しみ
シミ科　Lepismatidae
形態／体長:約8〜10mm（触角・尾糸・尾毛を除く）
形:スリッパ型・扁平
色／ヤマトシミ:銀白色、セイヨウシミ:銀色、マダラシミ:黄白・黒褐色の斑紋
解説／「シミ」は漢字で「紙魚」とも「衣魚」とも書かれ、紙や糊だけでなく衣類などの繊維質や乾燥した食品なども食べる虫です。日本には主に、古来より「箔虫」とも呼ばれた在来種の「ヤマトシミ」、外来種で急速に増加した「セイヨウシミ」、そして世界各地で生息する「マダラシミ」がいます。中でもヤマトシミとセイヨウシミの食性は、紙や衣類などの繊維質を好む点が似ていて競合関係にありましたが、現在ではセイヨウシミがヤマトシミを駆逐しつつあります。対してマダラシミは調理場やかまど付近の暖かい場所を好み、でんぷん質の食品を好んで食べる特徴があります。繁殖するのは暖かいときで、この時期に何度か10粒ほど産卵します。直径約1mmの卵は、10日〜60日で孵化。成虫とあまり変わらない姿で生まれ、約1ヶ月毎に脱皮を繰り返しながら成長していきます。寿命が長く7〜8年の間成長を続けるため、年中色々なサイズの個体を見ることができますが、寒い時期にはあまり活動しなくなり、家の中の隙間などに隠れています。古書などに見られる何ページも続く虫食い穴はシミ類によるものではなく、ほとんどがシバンムシの仲間による食害です。

［カツオブシムシ］

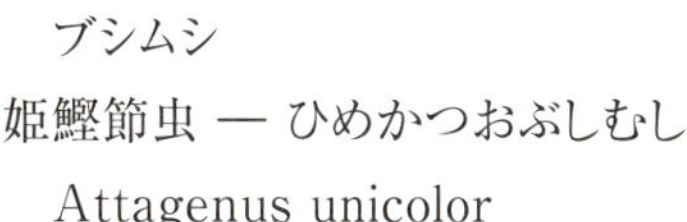

ヒメカツオブシムシ・ヒメマルカツオブシムシ
姫鰹節虫 ― ひめかつおぶしむし
Attagenus unicolor japonicus　REITTER
幼虫／体長:約5.5〜9mm
形:芋虫状・尾端に毛の房あり
色:赤褐色
成虫／体長:約3.5〜5.5mm、
形:楕円の甲虫、色:黒
姫円鰹節虫 ― ひめまるかつおぶしむし
Anthrenus verbasci (LINNE)
幼虫／体長:約4〜4.5mm
形:丸みのある芋虫状
色:淡黄褐色に褐色の短毛
成虫／体長:約2.5〜3mm
形:楕円の甲虫、色:黒色に灰黄・白の斑紋
解説／尻尾に特徴的な毛の束をもつヒメカツオブシムシの幼虫や、全身に細かな毛を生やしたヒメマルカツオブシムシの幼虫は、絹織物・毛織物・羽毛・革などの動物性繊維はもちろん、化学繊維や植物繊維も、有機物で汚れていれば食べることができ、剥製や標本、乾燥食品やペットフードなども摂食する食欲旺盛な虫です。幼虫の期間が非常に長く、通常約8〜10ヶ月ほど。どちらの幼虫も絶食に極めて強く、成熟した個体であれば1年近く絶食に耐えることができます。幼虫の姿で越冬し、春〜初夏の間に蛹から成虫に変わり産卵します。イガなどと同じ、温度25〜30℃・湿度50〜70%程度の環境を好みます。

虫写真：イカリ消毒株式会社

防虫対策

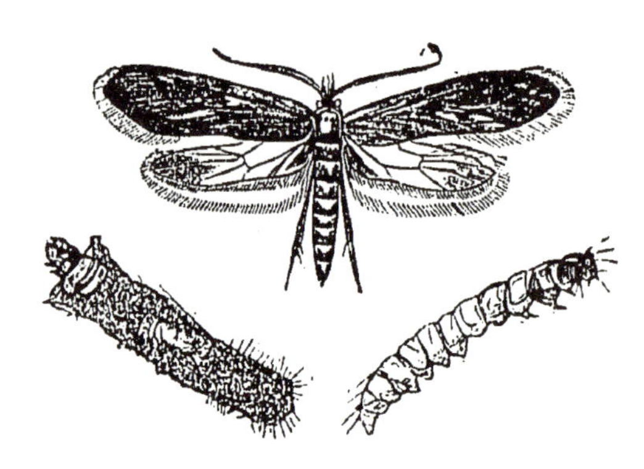

松村松年『新式昆虫標本全書』警醒社、1908年（国立国会図書館蔵）

［虫も人間も羊毛が大好きなのです］

フワフワしたぬくもりのある羊毛。しかも羊毛はタンパク質ですから、虫からすればお肉を食べているようなものかもしれません。ましてや食べこぼしや汚れたままのセーターがタンスの中にしまい込まれるのは、まるで美味しいソースのかかったステーキがやってきたようなものかもしれない…と害虫の専門書で虫たちの生態を読み進むうち、虫の気持ちになってしまいました。今までの私は、つくづく虫の喜ぶことばかりしていたのかもしれません。

まずは、虫に「勝つ」手法を列挙しました。今の状況や好みも含めて選んでください。

［イガの生態を知る］

イガは幼虫態で越冬し、春から夏にかけて温度25～30℃、湿度50～75%の条件では、1世代は55日内外。温度、栄養状態が充分であれば、年5～6回世代を繰り返します。殺虫剤に対する感受性は、卵と成虫において高いため、その時期に殺虫剤を使用するのが効果的。そして繊維を加害するのは幼虫です。

［防除の対策］

化学的防除法は防虫、殺虫剤を使います。物理的防除法は低温、高温処理、脱酸素剤を使います。いずれにしても、薬剤を使用するに当たっては、使用場所（家庭、保管倉庫、製糸織物工場、販売店など）とその構造（材質、密封度、面積、容量）と、その必要性（害虫の発生と被害量）、保管物（羊毛、毛皮、羽毛）と保管量、環境汚染（人畜への影響）、及び経済性（経費）を調査し、適切な薬剤と薬量及び、実施方法を決めることが大切です。

昇華性防虫剤

家庭でもよく使われています。パラジクロールベンゼン、ナフタリン、樟脳の3種。このうちパラジクロールベンゼンの防虫効果が一番高いのですが、合成樹脂を溶かすことがあるので、ボタンや人工皮革、また金糸銀糸などの光沢を失わせたり黒っぽく変色させたりすることもあります。また樟脳と一緒に使用すると、溶けて衣類に汚れを作ることもあります。

蒸散性防虫剤

エムペンスリン（ピレスロイド系）と、ジクロルボス（有機リン系）を主成分としたものの2種類があります。前者は低温度で防虫効果があり、においも非常に少ないので、近年家庭用に使われています（水を使う加熱蒸散殺虫剤など）。そして後者は保管倉庫などで使用されています。

接触剤

床に散布する薬剤で、フェニトロチオン、フェンチオン、クロルピロホスメチル、ダイアジノン、ペルメトリンを主成分としたエアゾール剤、油剤、乳剤、粉剤、粒剤があります。

燻煙剤

殺虫成分を燃焼剤に加えたもので、点火して有効成分が室内に広がり効力を発揮するもの。ジクロルボスや、ペルメトリンが主成分です。家庭、倉庫、工場で使われますが、煙が白色系の製品に直接かかると黄変することがあります。

燻蒸剤

強力なガス毒で浸透性に優れ、保管倉庫に

おいて完全殺虫を目的に使用されるもので、臭化メチル剤、酸化エチレン剤、臭化メチル・酸化エチレン混合剤、リン化アルミニウム剤などがあります。人畜に対しても猛毒で非常に危険なため、使用するときは防毒マスクを着用し、燻煙専門家の指導が必要。文化財保護施設では、フェノトリン1%含有炭酸ガス剤、エムペンスリン5%含有炭酸ガス剤が使用されている所もあります。

防虫加工剤

羊毛製品の防虫対策として、製品の製造段階や、ドライクリーニングなどの段階で使用されてきたものです。ポリ塩化芳香族化合物系防虫加工剤としては、オイランU33（クロルフェニリド）、ミッチンFFハイコンク（サイコフェニュロン）、ミッチンLP（クロルフェニリド・サルコフェニュロン）、パーメスリン系防虫加工剤としては、オイランSPA（パーメスリン）、ミッチンAL（パーメスリン、ヘキサハイドロピリミディン誘導体）があります。

中でもミッチンは、染色時に羊毛の1～1.5%入れて、防虫加工するものですが、1990年代以降、人体に影響があるため近年は使われなくなりました。とりわけ衣料品の現場では、ミッチンに限らず防虫加工は現在ほとんどされていません。これは衣料品が低コストであることが優先されるため、必須条件でない限り、薬剤による追加加工はされないからです（洗濯頻度が低く、露出の高い敷物や毛布では、リクエストがあれば使われることもあります）。

殺虫剤を使用しない方法

低温保管、加熱処理、脱酸素剤及び不活性ガス（炭酸ガス、窒素）置換法などがあります。

害虫は10℃以下では加害しないので、保管業者やクリーニング業者が所有する保管ルーム（10℃・5%RH［相対湿度］）を利用します。また害虫は熱に弱いので、60℃以上で処理すれば短時間で死亡します。さらに脱酸素剤及び窒素ガス置換包装法（ガスバリア性の高い包装材を使う）で致死させるには、酸素濃度を0.5%以下に下げてから1～2日の密閉が必要です。

※118～119ページに掲載されている薬剤名は、『原色ペストコントロール図説 第V集』日本ペストコントロール協会、2001年刊より転載しました。2018年現在で、既に燻蒸剤、加工剤として使われていない薬剤もあれば、出典先によって名称が異なる場合もあります。

［まとめ］

防虫には色々な手法があって、薬剤を使わなくても環境などでできることもあります。

私は、絶対虫に食われたくない羊毛のサンプルは冷蔵庫に入れています。これなら10℃以下になるので虫は発生しません。ただし防虫できるのは本当に大切な羊毛だけになってしまいます。

様々な薬剤対処法がある一方で、虫が食わない、もしくは死ぬということは人間や動物にとっても猛毒であることもわかります。

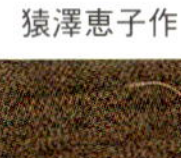

猿澤恵子作

正倉院 花氈の保管

文・イラスト：元宮内庁正倉院事務所長 阿部弘

北倉150 花氈 第1号（正倉院宝物）

正倉院は、奈良時代（700年代中頃）の聖武天皇の遺品が収納されている倉。建物は「校倉造り」という三角錘の木材を積み重ねてあるもので、高温多湿の夏と寒冷乾燥の冬の差があっても、この校倉造りの室内ではほとんど変化が無く、宝物は守られています。

それでは害虫はどう対処しているのでしょうか。木を食う白蟻、人間がもち運ぶノミ、シラミなど、どれほど気を付けたとしても完全に防ぐことはできません。仮に化学的な処理ができたとしても、劣化してしまう可能性や、人が触れなくなってしまう可能性があるのであれば、その方法は適切とはいえません。それでは、実際に正倉院でおこなわれている保管方法を見てみましょう。

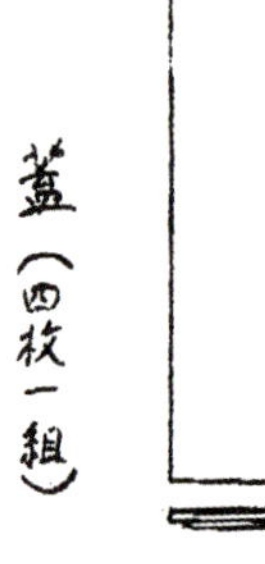

花氈・毛氈とは羊毛で作ったフェルトの敷物です。

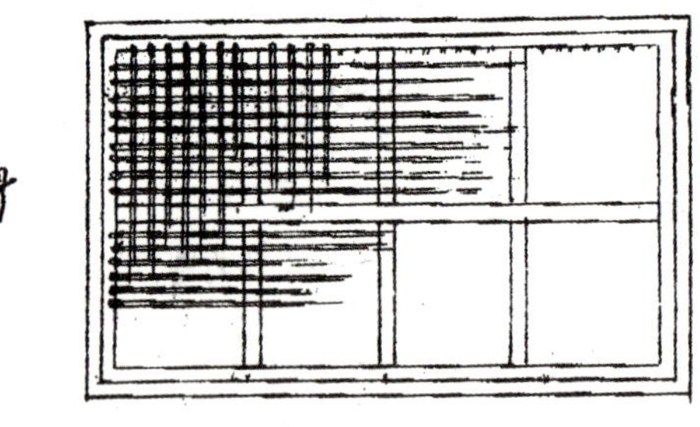

一番注意を払っていることは、もちろん防虫。年に1回宝物を開封する折り、万一虫を発見すれば、もちろんただちに取り去ります。燻蒸処理をしたこともあります。しかし羊毛である以上、虫の被害は避けがたいものがあります。それを最小限に食い止め、そして良好な状態に保つため、下記のことに気をつけています。

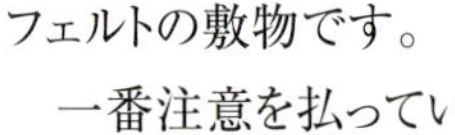

①日光の遮断。紫外線により繊維は劣化します。

②湿度は65%に保つ。

③温度は常温。クーラーや暖房は入れず遮蔽された空間でのごくゆるやかな空気の流れがあることが大切です。

④年に1回点検の折り、樟脳など防虫剤を入れ替える（1枚の毛氈に数個）。白檀や丁子を裁断したものを防虫剤として入れることもあります。

⑤毛氈は薄い雁皮紙でおおい、折らずに籐のすのこの上に広げて置きます。

台

［籐の函架　正倉院宝物花氈収納装置］

仕様／毛氈1枚ごとに展開した状態で広げ、納める。フタ付き容器とするが、空気の緩やかな流動を妨げない。

用材／桐材：寒冷地産のものとする。砥の粉仕上げ（木の目に土の粉を埋める）は不可。桧材、籐。

寸法／フタ・身・台からなる装置のうち身の一例の概略は次の通り。縦260cm×横160cm×高さ5cm

フタ／桐製：4枚1組とする。

身／桐製（框、中子とも）端食付き、合口造り。

籐張：編みの間隔は縦・横とも3～4cm。この籐張の上に薄紙を敷き毛氈を広げ、薄紙を被せる。毛氈1枚につきこの籐張を一重ね。枚数に応じて調達し、1枚ずつ収納、上方へ重ね、最上段に上記のフタを被せる。

台／桧製：床面との間に隙間をあけ、空気の流動を可能とする。

［参考］

正倉院宝物　花氈　三十一床　北倉宝物

色氈　十四床　北倉宝物

※花氈は文様あるもの。色氈は文様なく、紅・紫・褐・白各色のもの。花氈最大級の一つは、長さ276cm×幅139.5cm。

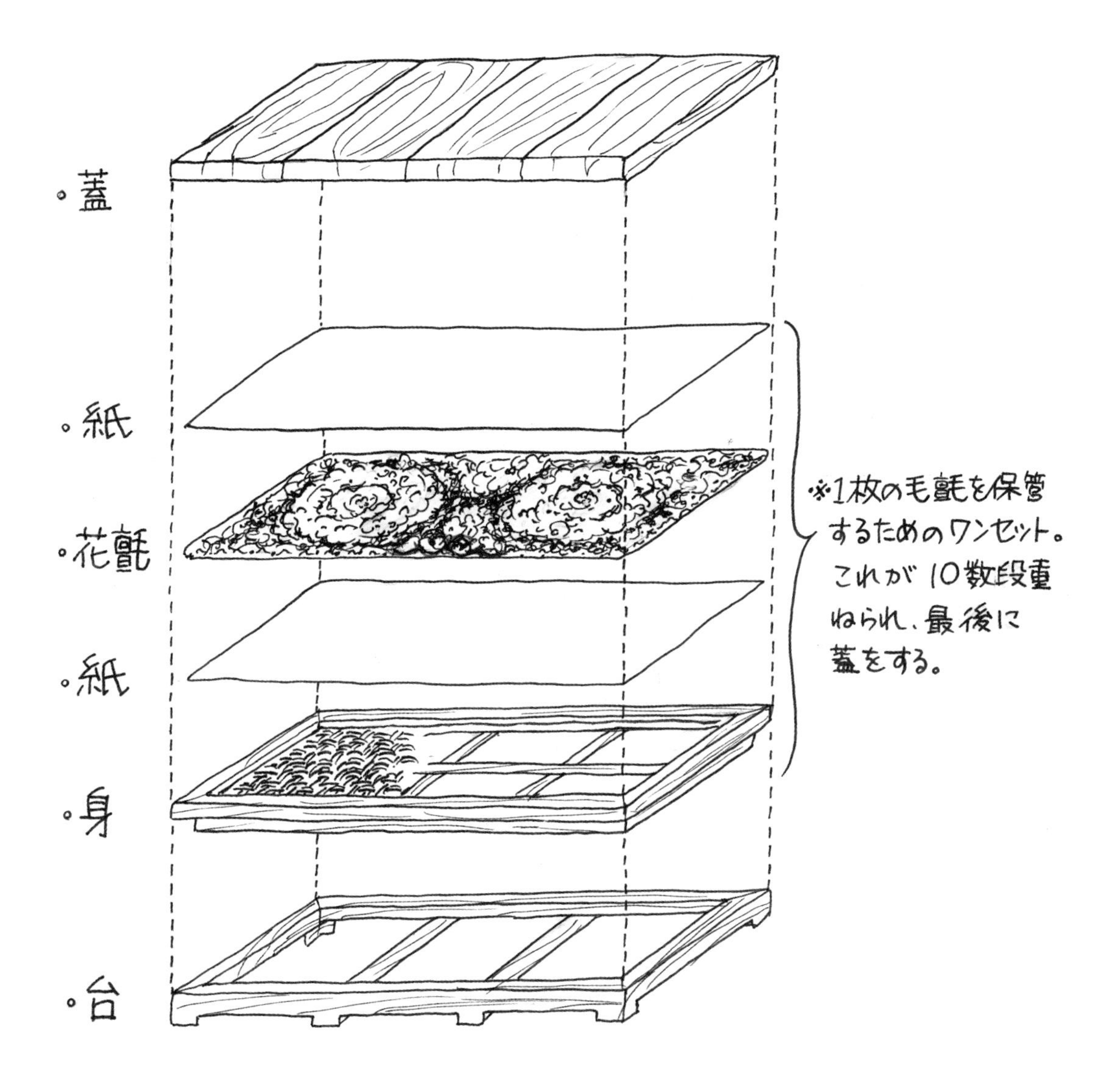

樟脳
クスノキの精を抽出する

①工場前にはクスノキの大木。工場にクスノキの香りが漂います。クスノキの丸太を、持てる大きさになるよう輪切りにします。

②銀のコップ状のものが巨大な円盤に嵌め込まれた切削機。巨大なおろし金のような装置です。この円盤が回転して、クスノキの大木をチップにします。昔は手斧でチップを作ったそうです。

③できあがったチップをベルトコンベアで2階に上げ、蒸釜に入れます。突き棒で、よく突き固め、400ℓの水（ドラム缶2本）を入れ、10時間ほど蒸します。

④蒸釜の燃料は、クスノキの成分を抽出した後のチップを再利用しています。

⑤蒸したクスノキのチップから、樹の成分が蒸気になり、それが細いパイプを通るうち常温で冷やされて液体になります。

⑥その蒸気を地下水で冷やすと、樟脳の結晶がシャーベット状になります。

⑦シャーベット状の結晶を圧搾機で搾ります。

⑧圧搾機の中には麻紐を組んで作られた袋があって、ここに結晶シャーベットを入れて搾ります。

⑨樟脳の結晶と分離されたアロマオイル（水と油）は、3ヶ月から1年かけて、ゆっくり沈殿して、上澄みの油分だけを精油にします。

⑩できあがった樟脳は、まるで香り立つ水晶、宝石のよう。

左 内野和代さん、右 檀展良さん。

[明治時代、樟脳は外貨獲得のための重要品でした]

樟脳が琉球から鹿児島に伝来し、日本で生産されるようになったのは元禄年間（1700年頃）のこと。日本産の樟脳は、ヨーロッパや中国、インドでもてはやされ、明治維新の頃の、坂本龍馬の軍資金（軍艦や武器）は、後の三井財閥の総帥となる岩崎弥太郎が樟脳を売って作ったといわれています。その後、明治政府は樟脳を専売品とし、外貨稼ぎに大いに貢献します。また明治2年（1869年）、アメリカで樟脳からセルロイドが発明されると樟脳の需要はますます増大しました。しかし昭和初期に松脂から採れるテレピン油で合成樟脳が大量に生産されるようになると、天然樟脳作りは徐々に衰退。高知、鹿児島に数多くあった樟脳工場も、激減してしまいました。

内野樟脳は、嘉永年間（1850年頃）内野末次さんによって創業され、清蔵、武男、清一さん

と160年余り続き、現在は和代さんが当主。夫の清一さんが2010年に亡くなられてから五代目を継ぎました。

クスノキの大木12〜13本（6t）を丸太にし、削り出すことから始めて12〜13日で樟脳の結晶が20〜25kg、アロマオイルが12〜13ℓ採れ、2ヶ月に5回のペースです。夏は釜を焚く暑さがたいへんですし、どの工程も力仕事です。化学物質を一切使わない内野さんの樟脳は、自然食関係の問屋などからも引き合いが多く、2〜3ヶ月先まで注文が追い付かないほどの人気です。

一年経てば昇華して、消えてなくなる樟脳作りが、これほど人の手間のかかる力仕事であったとは知りませんでした。

［殺虫か、防虫か］

化学的に合成された防虫・殺虫剤や芳香剤が、巷にも家の中にも氾濫していますが、後から発がん性物質として認定される化学物質も多く、私たちの暮らしも知らない間に化学物質漬けになっているのかもしれません。ただ強力な殺虫剤で虫を殺せばいいのでしょうか。虫に毒なものは人間にも毒。化学物質を安易に使うより、日頃の掃除と虫干しで、ある程度は害を防げるのではないでしょうか…。改めて私たちの暮らし方が問われているように思います。

清野新之助作 ミニチュアの糸車　写真：竹崎万梨子

book　「羊毛の防虫対策」で参考にした本

『原色ペストコントロール図説 第V集』日本ペストコントロール協会、2001年

日本家屋害虫学会編『家屋害虫事典』井上書院、1995年

土井国男編『天然樟脳：内野清一・和代（かたりべ文庫17回 職人の手仕事 vol.8）』ゼネラルアサヒかたりべ文庫、2011年

スピニング

自分の手で糸が作れる喜び

21 世紀の現代は、お金さえ出せば衣食住すべての物が手に入るようになりました。自分で作らなくても何の不自由もありません。しかしちょっと手を動かして糸を紡いでみると、思いのほか簡単で楽しいことに気が付きます。この章では手紡ぎ・スピニングの工程を紹介します。それは物を作る喜びであり、暮らしの原点です。

スピニングとは

［糸を紡ぐ手順］

教科書に載っていた『たぬきの糸車』の話を覚えていますか。夜な夜な糸を紡ぐたぬきの話です。糸を紡ぐたぬきの姿を考えるだけで楽しくなりますが、実際に糸を紡ぐということは本当に楽しいことなのです。糸車がくるくる回ると、撚りのかかった糸がどんどんでき、その糸を編めばセーターになり、織れば布になり、服を作ることができます。私自身、初めて糸を紡いだとき、自分がスーパーマンになったかのような気分でした。この章では、糸を作る工程を追いかけてみたいと思います。

私たちが現在、手芸材料店や羊牧場から手に入れることができる羊毛は、フリース、スカード、バッツ、スライバー、トップの5種類あります。そして使う主な道具は、糸車（又はスピンドル）とコームとハンドカーダー、この3つがあれば糸を紡ぐことができます。

手に入れた羊毛の状態によって多少工程は変わりますが、もし毛刈りしたての羊の毛（フリース）を手に入れたなら、まずゴミをとって（→52ページ「汚れた毛を取り除く スカーティング（Skirting」）、洗って（→76ページ「羊毛を洗う前に」）乾かしてから手でほぐし（→131ページ「カーディング―紡毛糸を作る準備」）ハンドカーダーで毛をすき（→131ページ「ハンドカーダーの使い方」）糸車で糸を紡ぎ（→134ページ「糸紡ぎの工程」）できあがった糸はカセにとり、湯に漬けて撚り止めをする（→135ページ「撚り止め」）、というのが大きな流れです。それではもう少し詳しく見ていきましょう。

素材のこと

［羊毛の種類］

手に入れられる羊毛には4つの状態のものがあります。

①フリース（Fleece・汚毛・Greasy Wool・脂付羊毛）：毛刈りしたままの泥・糞・藁などが付いている状態の羊毛。

②スカード（Scoured）：洗いあがり羊毛。

③カード済み羊毛・バッツ（Carding Wool・Batting）：繊維をほぐして方向をある程度揃え、布団ワタ状になった羊毛を指します。

④スライバー（Sliver）：スカードの後、繊維の平行度を高めた篠状の羊毛。

⑤トップ（Top）：スライバーをコーマー（櫛）に通し、より一層繊維の平行度を高めた篠状の羊毛。

※スライバー、トップの名称は、その繊維の平行度によって使い分けられます。

[紡績工場での前紡工程の一覧]

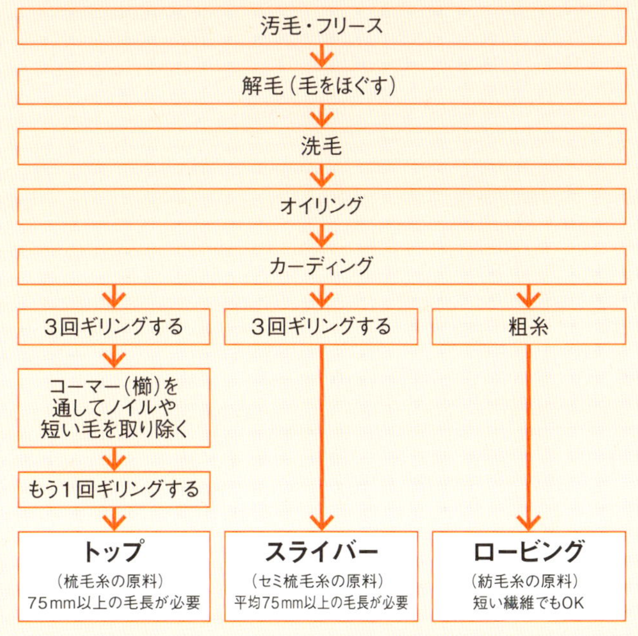

D.A.Ross, "Lincoln university Wool manual" Wool Science Department Lincoln University, 1990.より改変

[ギリングとは]

スライバーを6〜8本程度合わせて、ギル機にかけます。ギル機は大きく分けて、バック ローラー、フォーラー、フロント ローラーに分かれています。フォーラーは針の並んだ櫛のような板が上下に多数付けられた装置で、出口に向かって徐々に狭まっていくようにできています。バック ローラーから供給されたスライバーは、同じ速度で動くフォーラーを通過、そして速く回転するフロント ローラーによって引き抜かれることで、繊維は引っ張られ、伸ばされて平行度が高まります。

[コーミングとは]

ギリングしたスライバーをコーミング機にかけます。コームは円筒型の円周の一部分に多数の針が付いたラウンド コーム（シリンダー コーム）と、櫛のようなトップ コームに分かれています。2つのコームが交互に動くことで、一定の長さごとに羊毛が櫛けずられた後、繋ぎ合わされ、トップ羊毛ができあがります。短繊維やネップ・夾雑物が除去され、より一層、繊維の平行度が高まります。

道具のこと

[コーム（櫛）]

コームは、主に梳毛糸を作るときに使うものです。ステンレス製のペット用のものなど、しっかりした歯のコームを選びましょう。コーミングをする際には、目の詰まった厚手の布か革などコームの歯がひっかからないものを下敷きにします。

[ハンドカーダー]

コームが梳毛のための道具なら、カーダーは紡毛のための道具です。ハンドカーダーという左右一対の道具を使って毛をほぐします。この道具はほぐすだけでなく、色を混ぜたり性質の違う毛を混ぜるなど、羊毛をブレンドする役割があります。

[ドラムカーダー]

手で作業をするハンドカーダーの他に、ドラムカーダーという、一度に何10gとカードがかけられる道具もあります。メーカーによって手動と電動、また1回で作業できる羊毛の量も違います。

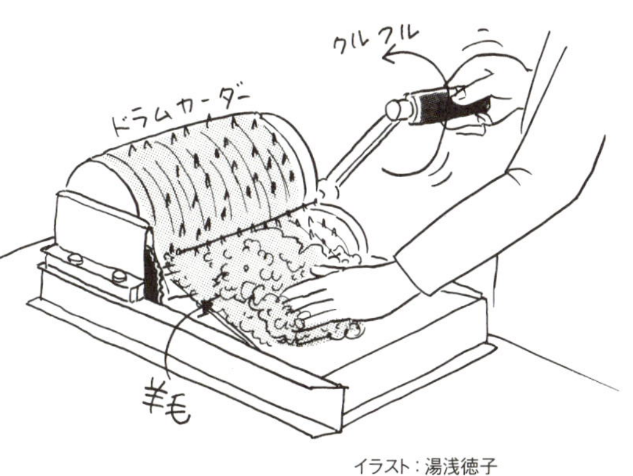

イラスト：湯浅徳子

[スピンドルの色々]

イラスト：吉田誠

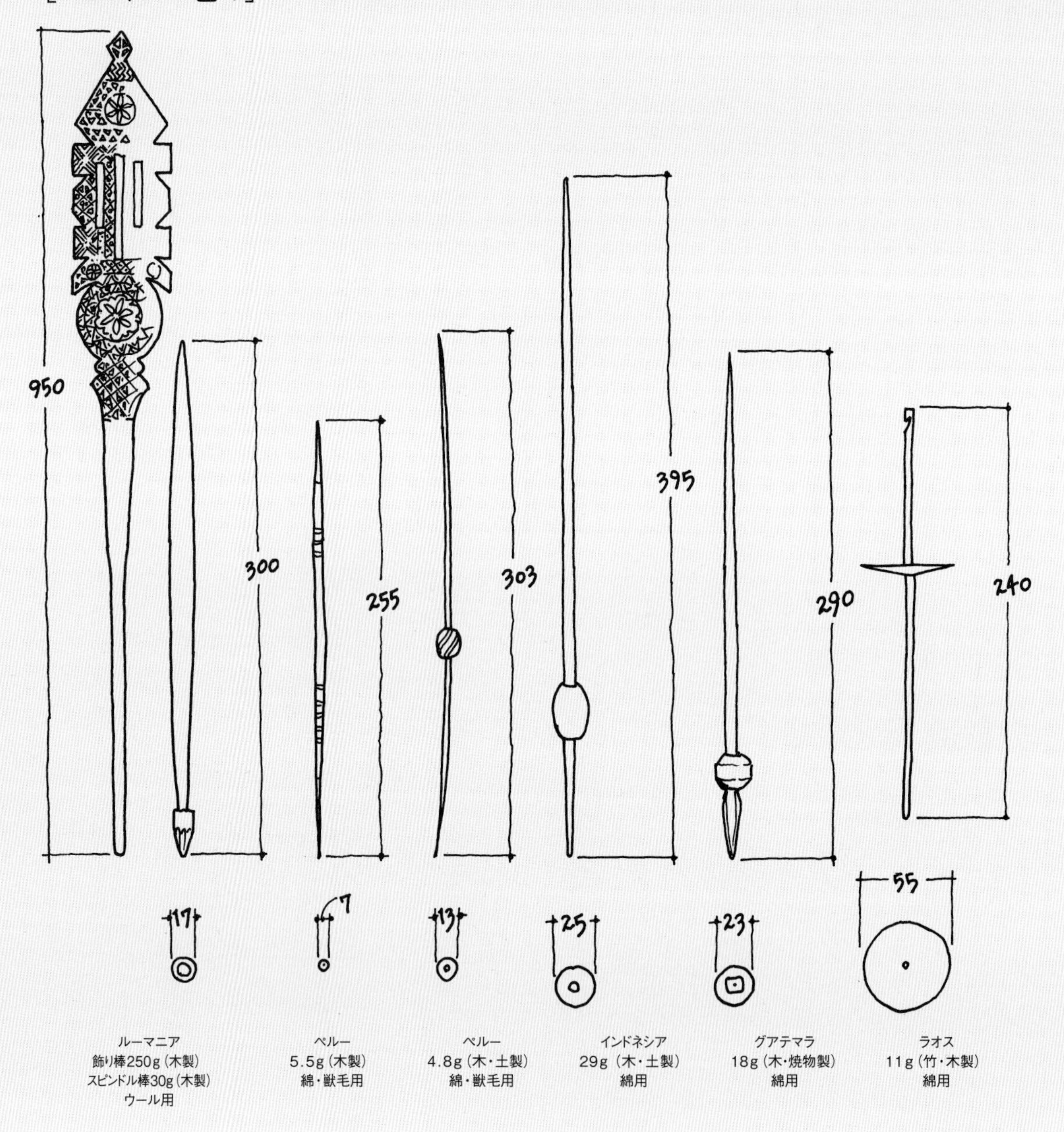

[スピンドル―糸を紡ぐ一番シンプルな道具]

スピンドルには色々な大きさや形があります。それは、絹、麻、木綿、羊毛と、長さも太さも違う繊維によって、スピンドルの形や重さを変える必要があるからです。細くて短い繊維であるほど軽いスピンドルで、速く回転させて細く撚りのしっかり入った糸を紡ぎます。かたや太くて長い繊維であるほど重いスピンドルを使って、甘撚りの太い糸を作ります。昔から人は、身近にある繊維で糸を作り衣服を作ってきました。こんなにたくさん様々な形のスピンドルが世界中にあるのは、国によって気候も違えば、植物も動物も違うので、採れる繊維も違うからです。

スピンドルの基本は、1本の棒を重りである錘（円盤だったり玉状だったりする）で回転させることにあ

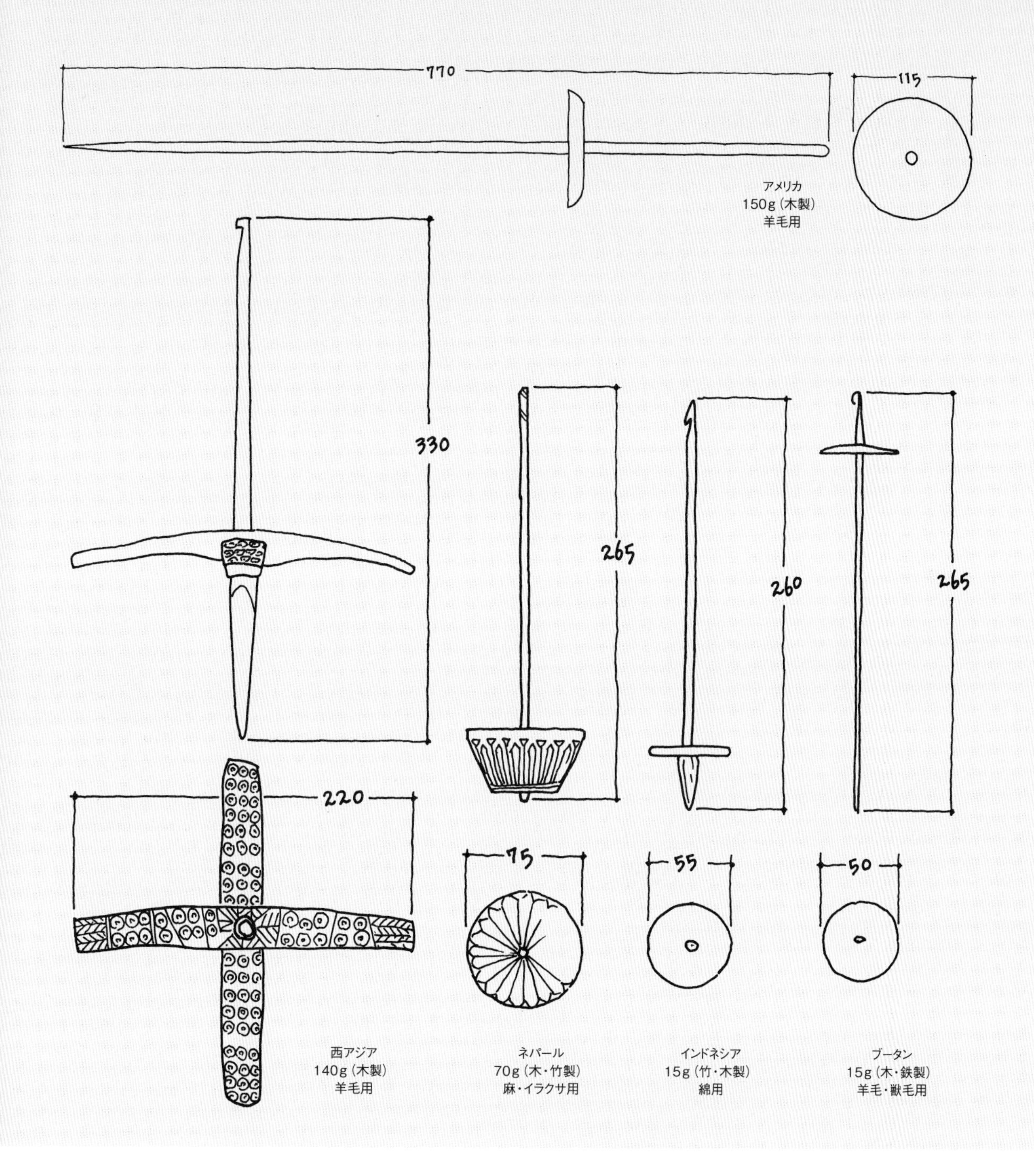

ります。錘がなくても、先の尖った棒があれば、手で棒を回すことで撚りをかけ、糸を紡ぐことができます。ルーマニアのマラムレシュ地方では、脇に羊毛を抱え込み引きだして、30cmほどの棒を手のひらで回転させながら敷物用の太糸を紡いでいました。（→274ページ「ルーマニア マラムレシュ村」）

そんなシンプルな道具、スピンドルが現代でも使われている理由は、携帯できること。簡単なので、いつでもどこでも歩きながらでも糸が紡げることにあります。昔から、羊飼いは羊の番をしながら糸を紡ぎ、農家でも畑の行き帰りに糸を紡いだりと、寸暇を惜しんで糸を紡いできました。そして慣れて使いこなせば糸車と変わらない速さで糸を紡ぐこともできるスピンドルは、まさに現代のモバイル機器と同じ、携帯できる優れた道具だったからこそ、現代まで生き長らえることができたのでしょう。

糸紡ぎの準備
コーミングとカーディング

どのような糸を作りたいかによって、準備の仕方は違ってきます。

梳毛糸（繊維が平行な糸）が作りたければフリースをコーミング（櫛で梳くこと）して準備します。

また紡毛糸（繊維の方向がランダムな糸）が作りたければ羊毛をカーディング（ハンドカーダー又はドラムカーダーで羊毛を布団ワタ状にすること）して準備します。

［コーム（櫛）の使い方］

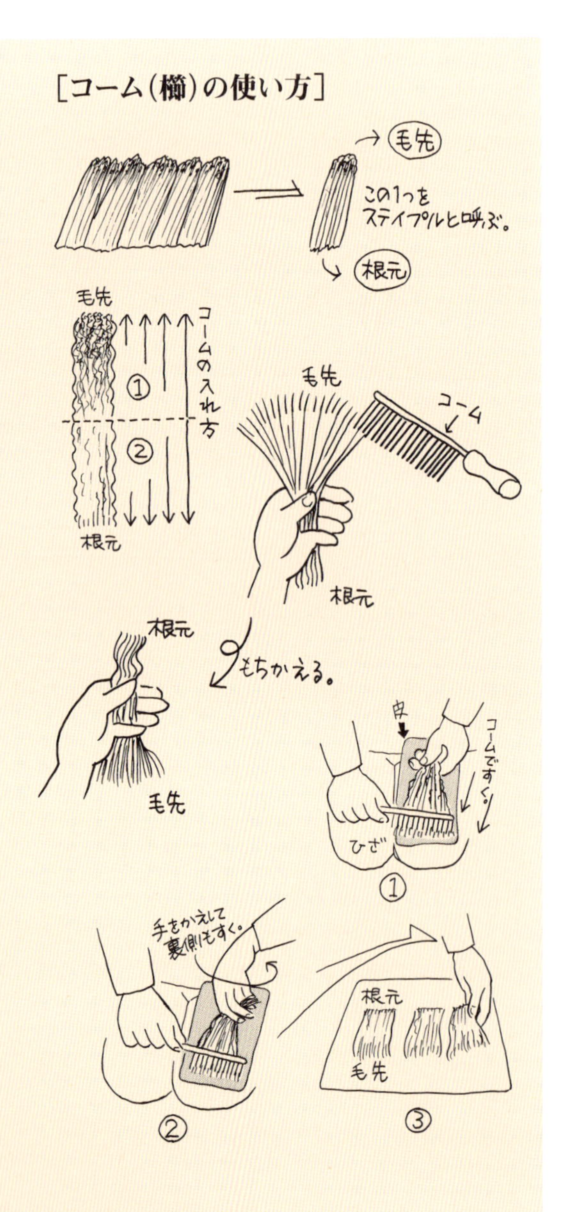

［コーミング—梳毛糸を作る準備］

フリースを広げると、一房ずつ毛先ごとに分かれています。この1つの単位をステイプルといいます。1つのステイプルを取り出し、根元をしっかり左手で握り込み、ひざの上に置いた革や布の上でコーミングします。コームはペット用のステンレス製のものが使いやすいです。

始めからステイプルの真ん中にコームを入れず、毛先から中央へ徐々に梳き下ろすようにすると、無理な力がかからず毛が切れません。片面ができれば手を返して裏面を同じようにコーミングします。

手を持ち替えて、逆側も同じようにコームを入れ、表裏コーミングします。

このように準備するときれいに毛が並んだ羊毛になります。そしてバインディング ファイバーと呼ばれる毛と毛を絡めている繋ぎの繊維をコームで取りきっているので、根元から毛先へ順序良く糸を紡いでいけば完全な梳毛になり、羊毛の表皮のスケールを逆なでしないので光沢のある糸ができます。（二つ折りもしくはロールにして紡ぐと紡毛になります）

羊毛は、ある程度毛足がなければコーミングできません（手紡ぎの場合10cm前後）。メリノやポロワスなどの脂分が多いワックス系の品種は、毛を動かさないようにして1晩湯に漬け込んで余分な泥と脂を取り、乾かしてからコーミングすると扱いやすくなります。

先に汚毛洗いをして脂を取りきったり、染めてしまうと扱いが難しくなるので、染めたい場合は紡ぎ終わってから脱脂をし、糸染めをします。

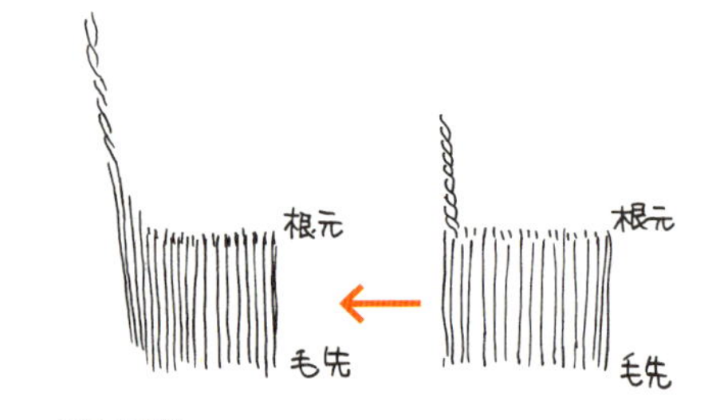

羊毛の表皮
スケール
毛先
根本

羊毛繊維の表面を覆っているスケールは、根本から毛先に向かって方向があるため（→48ページ「羊毛は動物性繊維」／49ページ「スケール」）、手紡ぎで梳毛糸を作るときには、根本から紡ぐとスケールを逆なでしないので、スムーズに紡げます。

［カーディング―紡毛糸を作る準備］

カーディングは空気を含んだ紡毛糸を作るための準備で、5〜10cmくらいの短い繊維に向いています。色の混色や、異素材のブレンドもできるので作り手の創作が楽しめる工程です。

洗いあがった羊毛は染色をすることもあれば、白・黒・グレー・茶などのナチュラルカラーのまま糸にすることもあります。

手で毛を充分にほぐして、固まった所のないようにします。解毛が充分でないとカード機を傷めたり、毛が切れてネップが多くなる原因になります。

ハンドカーダー

［ハンドカーダーの使い方］

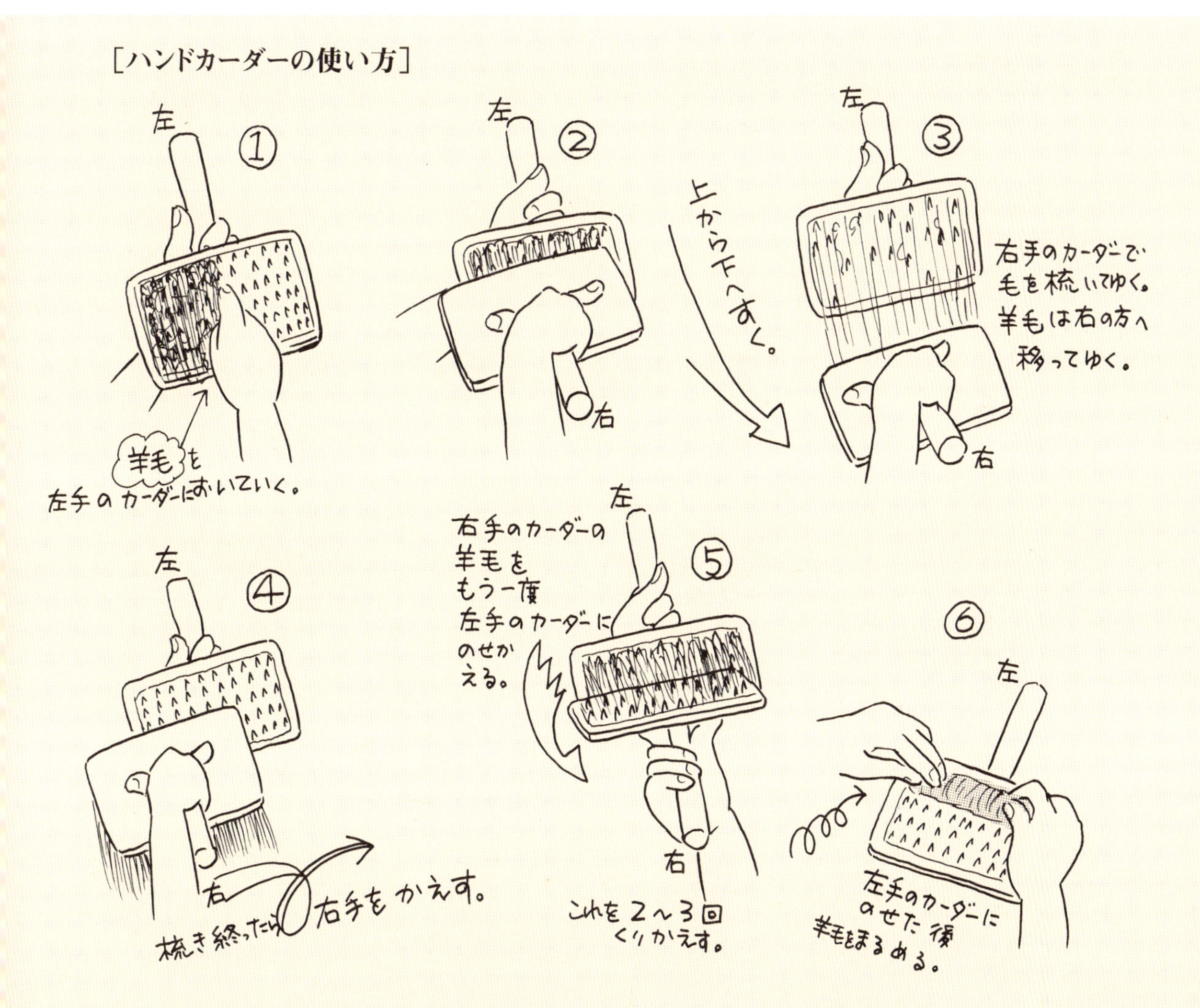

スピンドルと糸車の仕組みの違い

スピンドルと糸車、どちらも糸を紡ぐ道具です。それぞれの道具が、どのような仕組みで糸に撚りをかけ、また巻き取っていくのかを見てみましょう。

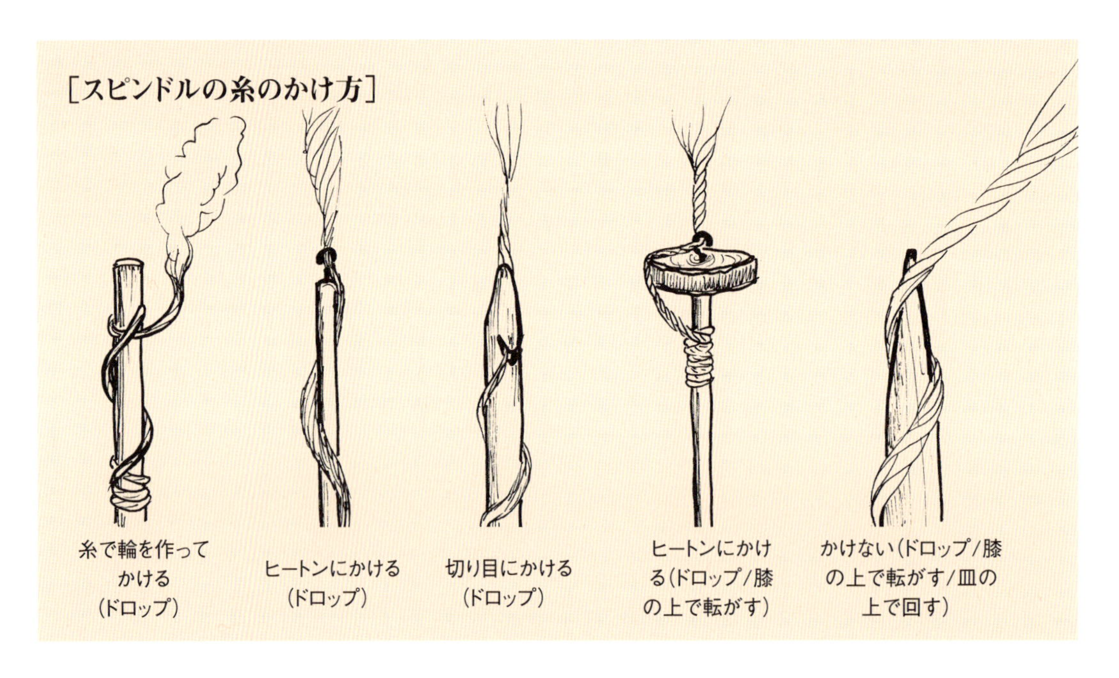

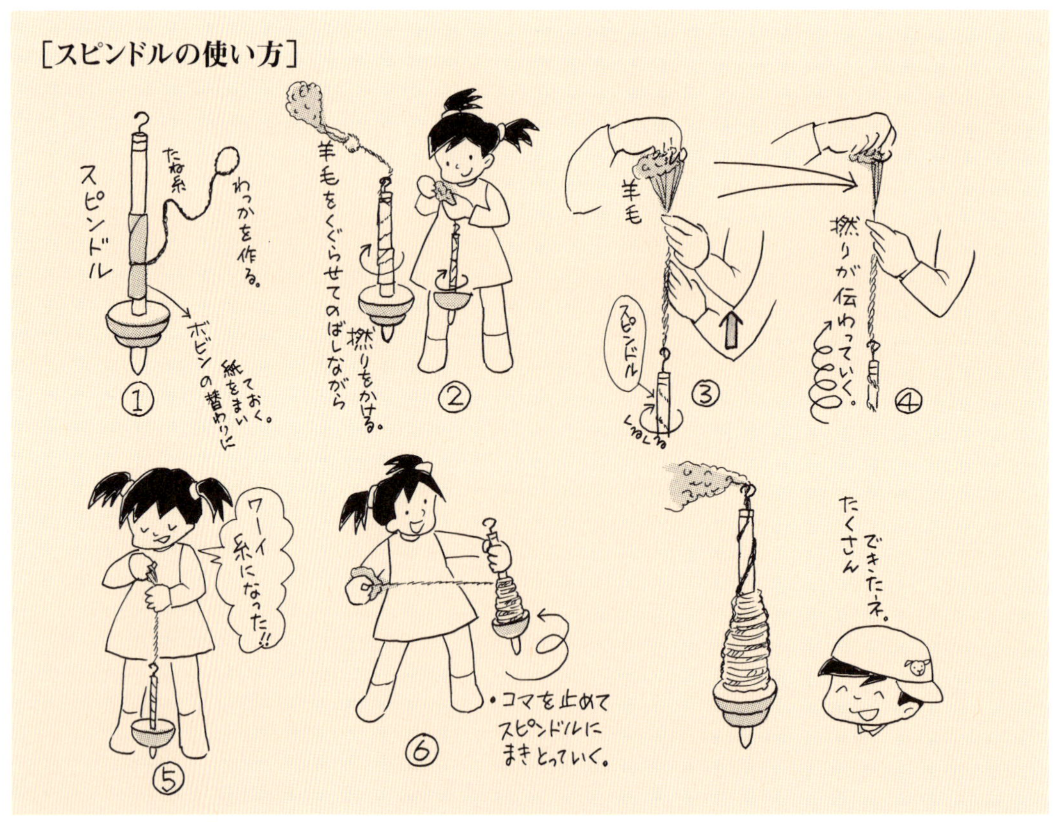

[糸車の各部の名称]

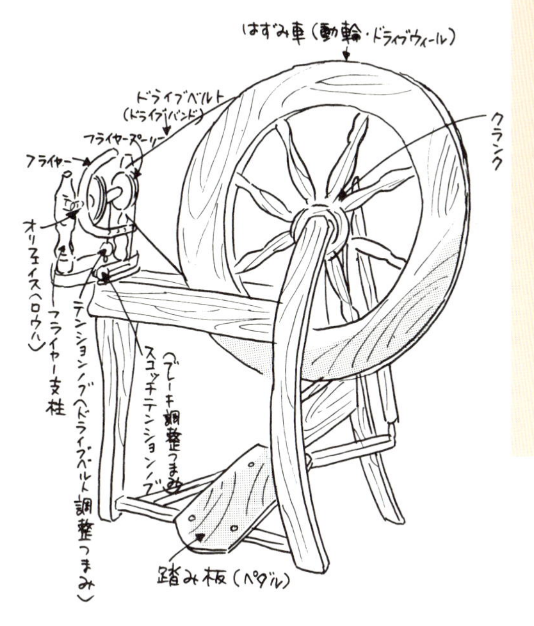

もめんの糸車のつむ

スピンドル

糸車のボビンに棒を差し込んでみたもの（糸車からフライアーを取ると、同じ仕組みが見えてきます）

足踏み式の糸車のボビンとフライヤー

[糸車]

私の知る限り、足踏式でボビンとフライヤーをもつ糸車は、1530年にドイツのヨハン ユルゲン（Johan Jurgen）が、ダブル プーリー（Double Pulley）と名付けたとされています。

スピンドルは持ち歩くことができるものですが、糸車は床に置いて使うものです。スピンドルは撚りをかける動作と巻き取る動作が全く別々の動きですが、糸車は撚りをかける動作と巻き取る動作がほとんど同じ動きです。なぜ糸車は同じような動きで撚りをかけたり巻き取ったりする動作を切り替えられるのでしょうか。

昔の人は糸を紡ぎながら、「スピンドルに手が生えて、糸を巻き取ってくれたらいいのに」と考えたことでしょう。その「手」がフライヤーです。軸棒（ボビン）が止って、フライヤー＝「手」だけが回転すれば、糸は軸棒に巻き取れます。
ボビンを止めるのは、ボビンの溝に掛けられたテグス糸です。テグス糸はバネによって力を加えることができます。

撚りをかけて糸を紡いでいるときには、糸を引っ張る力の方が強いので、ボビンにかかるテグス糸は空滑りして、フライヤーとボビンは同時に回り、糸に撚りがかかっていきます。

ボビンに糸を巻き取るときには、手で糸を引っ張る力を弱めると、ボビンにかかるテグス糸のブレーキの方が強くなって、ボビンは止まりますが、フライヤーはベルトの動力で動き続け、ボビンのまわりをぐるぐる回るので、糸が巻き取られていくのです。

このように「テグスの摩擦の力」と「糸を引っ張る力」。この2つの力のバランスで、糸車は撚りをかける動作と、巻き取る動作の2つの動作がスムーズに切り替えができるのです。

撚りがかかるとき

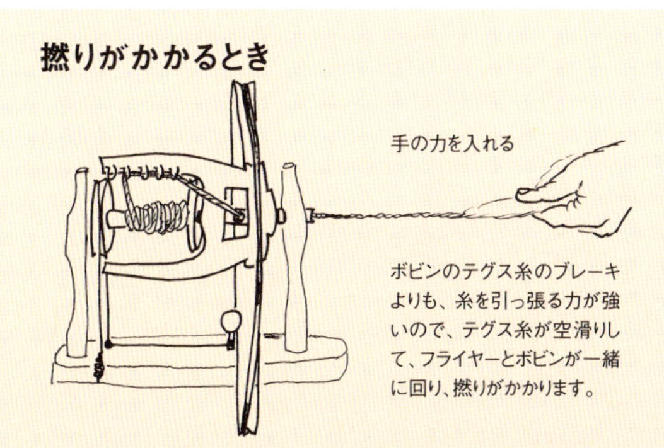

手の力を入れる

ボビンのテグス糸のブレーキよりも、糸を引っ張る力が強いので、テグス糸が空滑りして、フライヤーとボビンが一緒に回り、撚りがかかります。

巻き取るとき

手の力を抜く

糸を引っ張る力が弱くなるので、テグス糸のブレーキの方が強くなって、ボビンが止まりますが、フライヤーだけが回るので、ボビンに糸が巻き取られていきます。

糸紡ぎの工程

繊維を伸ばして、撚りをかけると糸が作れます。この動作をスピンドルか糸車ですれば能率良く糸が作れます。

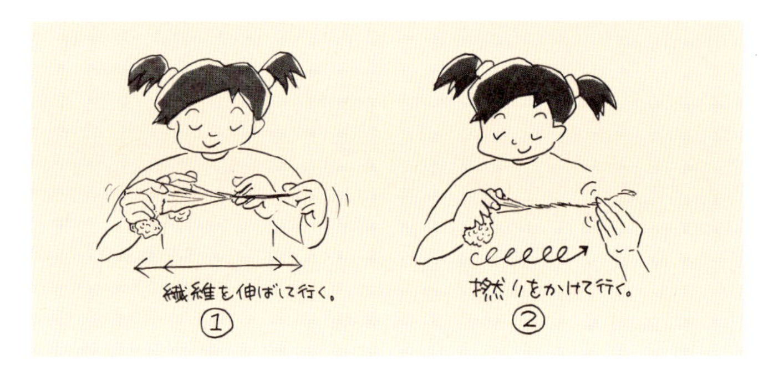

［ショート ドロー］

主に、梳毛糸を作るときにはショート ドローで紡ぎます。右手と左手の距離は3~10cmと、繊維の長さくらいしか離しません。繊維を並行に順序よく絡めながら撚りをかけていきます。

①右手の小指と薬指に毛先をはさみ、軽くおさえ左端から紡ぐ。撚りが不足していないか注意する。
②左手で押さえる。 ③右手をゆっくり引く。
④左手をはなす。 ⑤右手で糸を送る。
②~④を繰り返す。

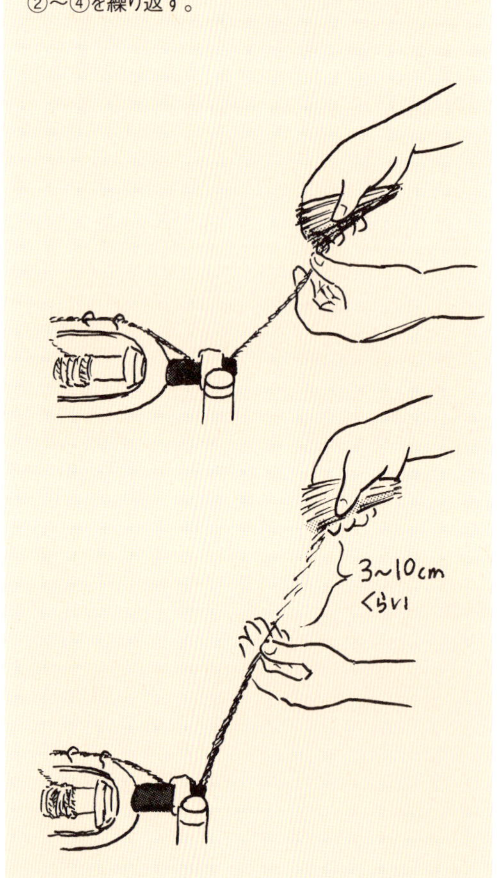

［ロング ドロー］

ハンドカーダーで作った篠を1mくらい一気に引き伸ばし全体に空気を入れながら一定の撚りを入れていく。主に紡毛糸を作るときの紡ぎ方。

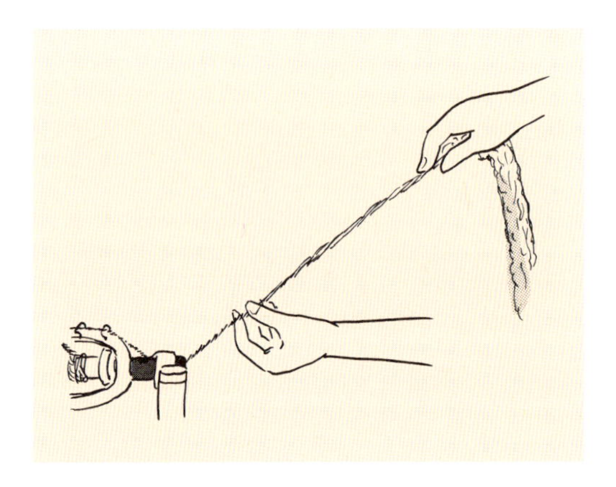

［双糸の作り方］

同じ撚り方向の単糸を2ボビン分作り、2本を合わせて逆の撚り方向にして2本の糸を絡ませ、撚り合わせたものを双糸といいます。

スピンドルで双糸にするときはスピンドルの軸に

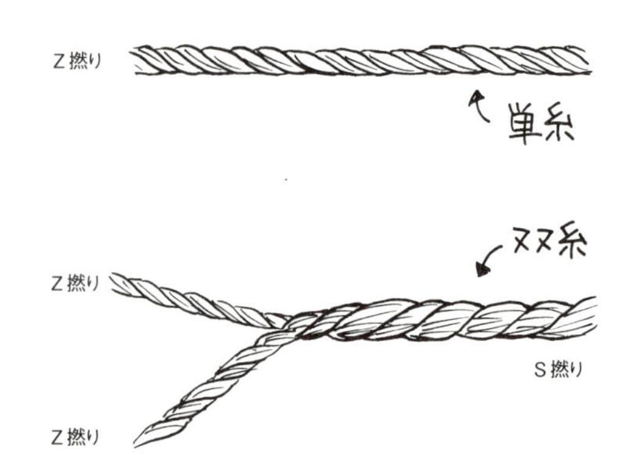

紙を1枚巻いておき、ボビンにします（図②）。紙の上に紡いだ糸を巻いていきボビンいっぱいに糸ができたら、紙のボビンごと軸から抜きます。それを2つ用意します。2つのボビンの糸が、同じ撚り方向であるかどうか注意しましょう（図①）。

紙のボビンに竹串を通して、カゴのすきまに糸を巻いたボビンをセットします（図③）。

2本の単糸を指の間を交互に通しておくと（図④）、双糸にするとき2本の糸のテンションが均一になります。

初めて作る糸はぼこぼこしていて、そのまま編んでも表情が豊かです。

図①
図②
図③

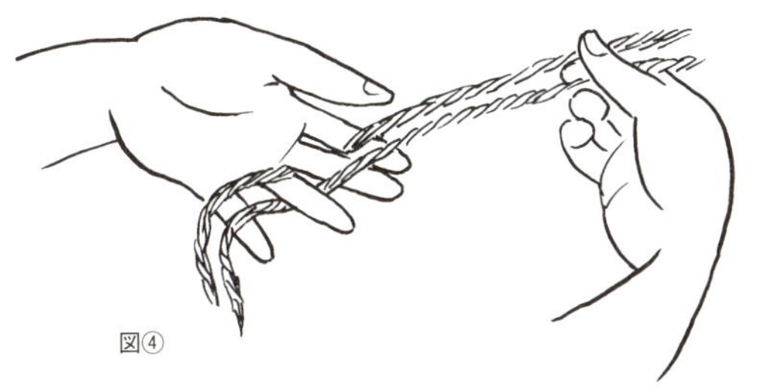
図④

［撚り止め］

単糸でも双糸でも、できあがった糸は撚りが戻らないよう、撚り止めをします。

ニットの撚り止め：糸を弛緩させ、充分に縮めることにより、それ以上変化しない糸にします。撚り止めをすることで、安定したゲージがとれる糸にできます。糸をカセに取り、40℃くらいの湯に30分くらい漬けて、タオルで水気をきり、干します。単糸で撚りがきついときは湯の温度を60℃くらいまで上げても良いでしょう。カセに取り、長さを計ります（カセ取り棒回数×円周）。

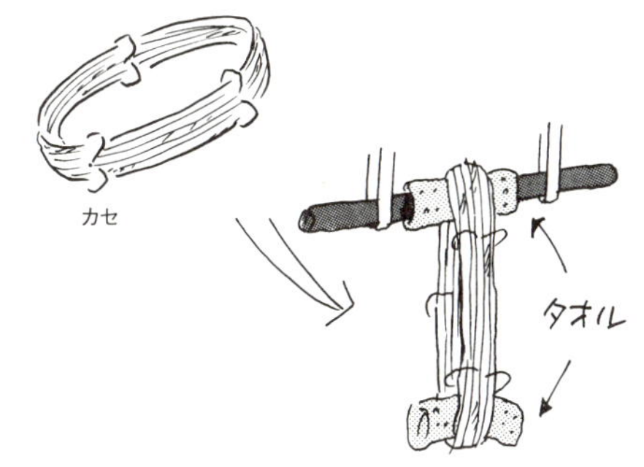

織物用の撚り止め：織りやすくするために撚り止めをします。撚りを蒸気で固めましょう。ワクに巻いた糸を蒸気に15分くらい当てて蒸します。

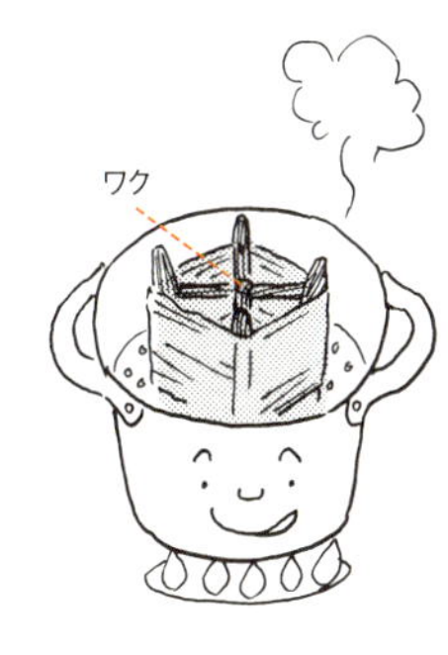

［糸番手］

1gを1mに伸ばす→1番手の糸
1gを10mに伸ばす→10番手の糸

こうしてできた糸は編物にしたり、織物にしたり色々なものが作れます。羊毛は紡いで糸にしていく楽しさを手軽に楽しむことができます。初心者でも道具がなくても、すぐに身に着けるものができるのが魅力です。

天然繊維

	羊毛—動物性繊維	絹—動物性繊維
糸になるまでの工程	 ①羊の毛を刈る　原毛（フリース） 羊1頭から品種によって1kg～7kgの羊毛が採れます。毛長は5cm～30cm  ②洗う **手紡ぎの場合** ③ほぐす 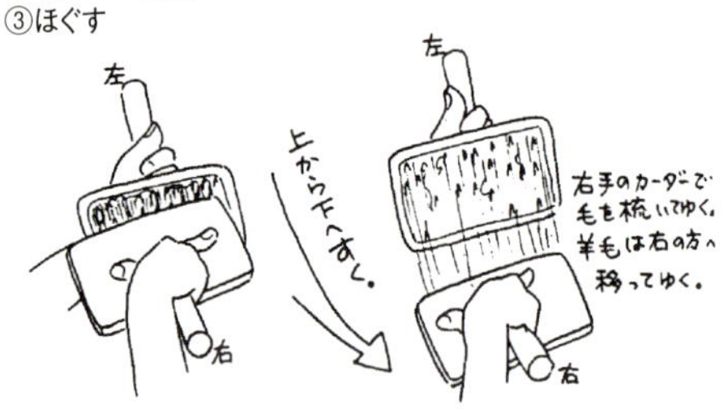 ④カードする（毛を梳く）  ⑤紡いで糸にする	 ①さなぎが繭の外に出る前に熱風で乾燥させて乾繭にして保存する。1粒の繭から約1,000mのフィラメントの長繊維、動物性繊維が採れます。 **手で糸を引く場合** 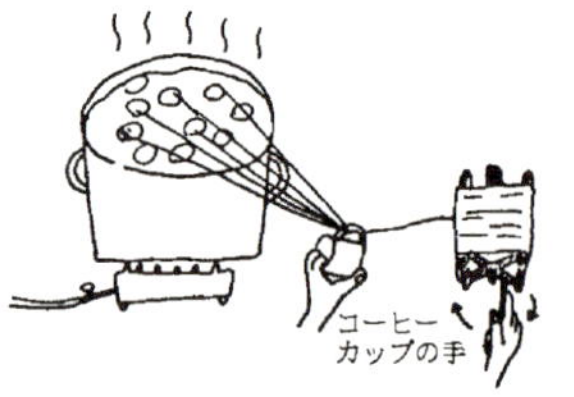 ②乾繭を煮てハケなどで繭の表面をほぐし、糸口をたぐりよせる。  ③糸の太さによって4～110粒の繭の糸を一度に引き出し、原糸を引く。 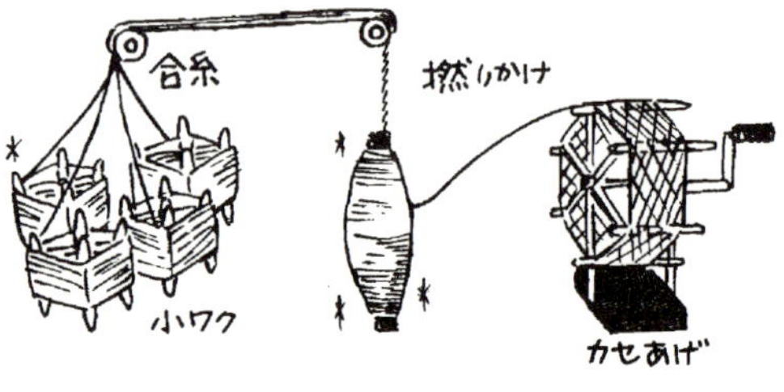 ④こうしてできた原糸を、一旦ボビンや小枠に取り、用途にあわせて合糸し、撚りをかけて糸にする。
種類	メリノ、コリデール、ロムニー、リンカーン、チェビオット、シェットランド、ポロワスなど。	中国柞蚕、インド・ムガ蚕、天蚕、沖縄・ヨナクニ蚕、玉蚕、正蚕、小石丸、大造、カンボージュなど。
特徴	保温性、吸水性に優れ、弾力のある繊維で、難燃性だが虫に弱い。水とアルカリ性でフェルト化する。 繊維長5cm～30cm、繊度10～40μ	フィラメントの長繊維で、光沢があり繊細。カビには強いが虫に弱い。 繊維長500m～1,000m、繊度10～20μ
用途	セーターや毛布。紳士服地やスーツ、カーペットやカーテンなど。	和服やドレス、スカーフなど。

	木綿―植物性繊維	麻―植物性繊維
糸になるまでの工程	①綿花を採る。 種のぐるりに1cm〜4cm 程度（品種によって違う）の繊維が生えている。 **手紡ぎの場合** ②ふわふわの綿の繊維の中にある種を取る。 ③綿打ちの弓を使って、綿の繊維をほぐす。綿に弦を当てて、右手で持った槌で弦を弾く。この作業を綿菓子のようなふわふわの状態になるまで繰り返す。 ④篠・しの（じんきともいう）を作る。 ⑤紡ぐ。 (2) 追撚する。 (3)つむに糸を巻き取る。 (1) 撚りをかけながら伸ばす。	①刈り取る。 苧麻（ラミー） 亜麻（リネン） 大麻（ヘンプ） などの植物繊維。 大麻 ②浸水発酵法又は化学精錬法（アルカリ）で表皮を腐らせる。 ③皮をはいで繊維を取り出す。 ④灰汁や化学処理で漂白する。 **手績みの場合** ⑤繊維を束ねておく。 細く裂く ⑥繊維の元から細く裂いていく。 ⑦元→末の順に繋いでいく。 ⑧できた糸は、おけなどにどんどん重ねていく。 ⑨糸車やスピンドルで撚りをかける。
種類	シーアイランド綿、ブラジル綿、エジプト綿、インド綿、トルファン綿など。	亜麻、苧麻、大麻、イラクサ、ケナフ、ジュート、パイナップル、藤、羅布麻、芭蕉など。
特徴	吸水性に優れ、酸アルカリに強いですが、カビに侵されます。 繊維長1cm〜4cm、繊度19〜38μ	さっぱりとした肌触り、引っぱり強度もあり、虫には抵抗有。 苧麻／繊維長15cm〜25cm、繊度20〜80μ 亜麻／繊維長30cm〜60cm、繊度15〜20μ
用途	下着やシャツ、タオル、シーツ他衣料全般。	夏物のシャツやスーツ。丈夫なので穀物入れの袋やロープ、帆布など。

化学繊維

	化学繊維	再生繊維
作り方	石油などを原料として、化学的に合成された物質から作った繊維。	木材パルプや綿花に含まれている繊維素（天然の高分子）を、一度薬品に溶かし、繊維に再生したもの。
繊維の種類と特徴と用途	ポリエステル（1941年～）：水に強くしわになりにくい、乾きが早い。シャツ、毛布、服地など。 アクリル（1948年～）：ふんわり軽くて、保湿性良。セーター、靴下、婦人、子ども服など。 ナイロン（1935年～）：弾力有、水に強い。ストッキング、水着、靴下、漁網など。 ビニロン（1939年～）：軽く、綿に似た手触り、吸湿性良。和服、作業服、ロープなど。 ポリプロピレン（1954年～）：水を吸わない、保湿性良。肌着、カーペット、帆布など。 ポリ塩化ビニル（1931年～）：日光に弱い、熱・電気を通しにくい。肌着、カーペット、帆布。 ポリエチレン（1930年代～）：引っぱりに強い。防虫網、ロープなど。 ポリクラール:柔らかくて、保湿性良。婦人、子ども服、肌着、シーツなど。 ビニリデン（1939年～）：燃えにくい。カーテン、ブラシなど。 ポリウレタン（1937年～）：ゴムのように伸び、強い。セーター、水着、ブラジャーなど。	レーヨン（1884年～） 木材パルプから作る。吸湿性有。染色性良、湿気に弱い。裏地やブラウス、カーテン、粘着テープの基布など。 ポリノジック 木材パルプから作る。レーヨンに比べ湿気に強い。絹のような美しさ。シーツ、カーペット、裏地など。 キュプラ（1890年～） しなやかで細い糸ができる。綿花を取った後に残る短い繊維から作る。ふろしき、傘、カーテン、ブラウス、スカーフなど。
製造工程	**ポリエステルの製造工程** 熱で溶けたポリエステルを、小さな穴の空いた金属板から押し出し、空気で冷しながら巻き取ります。長い繊維はフィラメント、途中で切ると短い繊維（ステイプル）になります。	**レーヨンの製造工程**

	半合成繊維	無機繊維
作り方	繊維素や蛋白質のような天然の材料に、化学薬品を作用させてから繊維に再生したもの。	金属やガラスなどから作られた無機質の繊維。炭素繊維も含まれます。
繊維の種類と特徴と用途	アセテート／トリアセテート（1919年～） パルプを原料として酢酸を科学的に作用させて作ったもので植物繊維と合成繊維の両方の性質をもっています。ふっくらと柔らかく、耐熱性があります。婦人フォーマルスーツ、ネクタイ、プリーツスカートなど。 プロミックス（1970年代～） 牛乳蛋白と、アルカリの原料であるアクリロントリルを重合して作った繊維。適度な吸湿性と絹のような手触り。光沢があるが、カビに侵されやすい。婦人服、セーター、ブラウス、和装品、ネクタイなど。	炭素繊維（1959年～） 特殊アクリルを焼成して作られたPAN系と、石油を蒸溜した後の物を原料としたピッチ系の2種類があります。炭素繊維は非常に軽く、強度に優れ、弾力もあるのでゴルフのシャフトやテニスラケット、ヨット、オートバイ、コンクリートの補強材、断熱材などに使われます。 ガラス繊維（1970年代～） 特殊なガラスを繊維状にしたもので防音、断熱、保湿材に使われます。引張強度が強く、耐摩耗性、寸法安定性に優れています。電気絶縁用、不燃カーテン、強化プラスティック（車、ボート、スキーなど）。 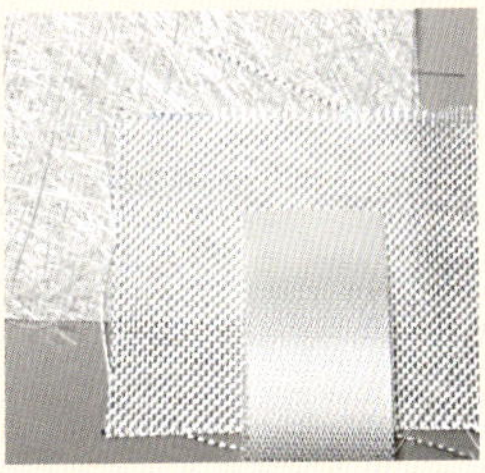
製造工程	**アセテートの製造工程** 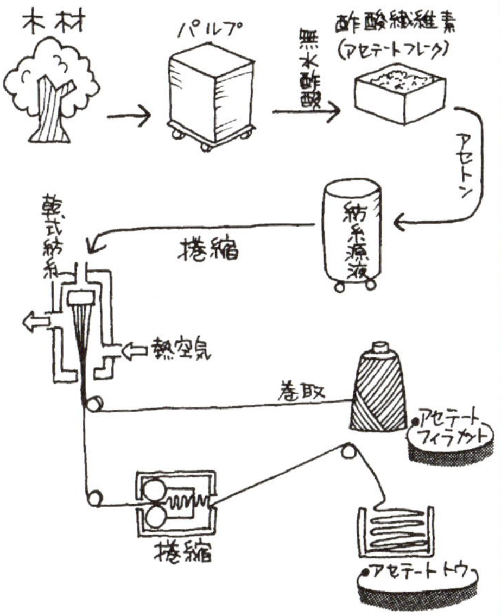 木材 パルプ 無水酢酸 酢酸繊維素（アセテートフレーク） アセトン 紡糸原液 捲縮 乾式紡糸 熱空気 巻取 アセテートフィラメント 捲縮 アセテートトウ	**ガラス繊維（短繊維）の製造工程** 1,200～1,400℃の高温で溶かしたガラスを、遠心力で吹き飛ばして繊維にし、集めてワタ状にします。 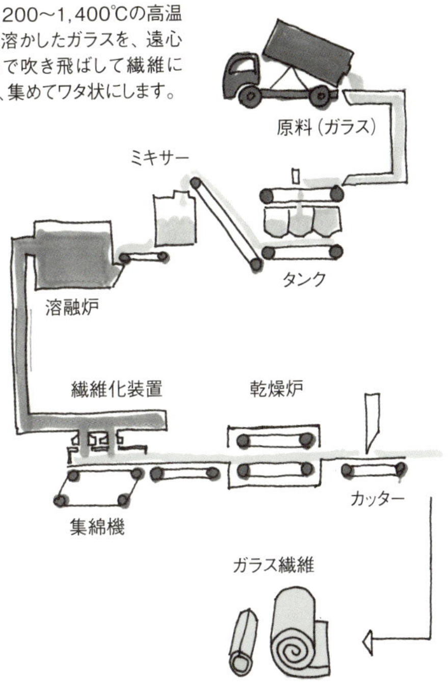 原料（ガラス） ミキサー タンク 溶融炉 繊維化装置 乾燥炉 集綿機 カッター ガラス繊維

染色作家 寺村祐子さんの染工房 使いやすさの工夫

染色は料理とは違い、10〜30ℓの染色鍋を使うので、使う人の身長など体格に合った流しやガス台の高さ、幅、配置を考えた方が作業しやすく、事故も防げます。工房の大きさは設計段階で制約がありますので、限られた空間をどう配置すれば合理的に作業できるか。安全で使いやすい作業場を染織作家の寺村祐子さんに紹介していただきました。

1：正確に色を見るには自然光が一番ですが、室内の場合、光源は赤がきれいに見える電球色の蛍光灯と、白熱灯の両方で、昼間の明るさを出すようにします。
2：換気扇はガス台の近くに必要です。
3：水槽やガス台の近くに、道具や材料を置く棚があると便利です。
4：ガス台の高さは、作業する人の膝の高さくらいが作業しやすく、タンクの上げ下ろしが楽になります。
5：水槽は2つです。コンクリートで型枠を作り、その上にステンレスを被せて、縁が10cm厚の水槽を作ってもらいました。染料染色鍋など物を置くのにとても便利です。小さな方の水槽は小幅のもの、小物の作品用。こちらは糸を洗うとき、深さがあると楽なので、あと15cmほど深さが欲しかったです(現在29cm)。
水槽には水を溜めるしっかりとした栓が必要。
大きい方の水槽の広さは、対角線の長さが広幅の布を巻いて縮絨するのに必要な長さです。
6：机は、量る、計算、筆記などに必要。
7：洗濯・脱水機は必要。
8：床は水を流すため、木製の「すのこ」を敷いています。
9：冷蔵庫は植物染料の保存に時々用いますが、あまり使っていません。
10：染料や薬品を収納するための収納庫。染め場は蒸気などで湿気が避けられません。これは薬品や染料に良くありませんので、本当は染め場の外にあるほうが良いと思います。
11：糸を絞る。糸を干すバーを流しの正面に取り付けました。これはウールには使いませんが、糸を絞るときに便利です。

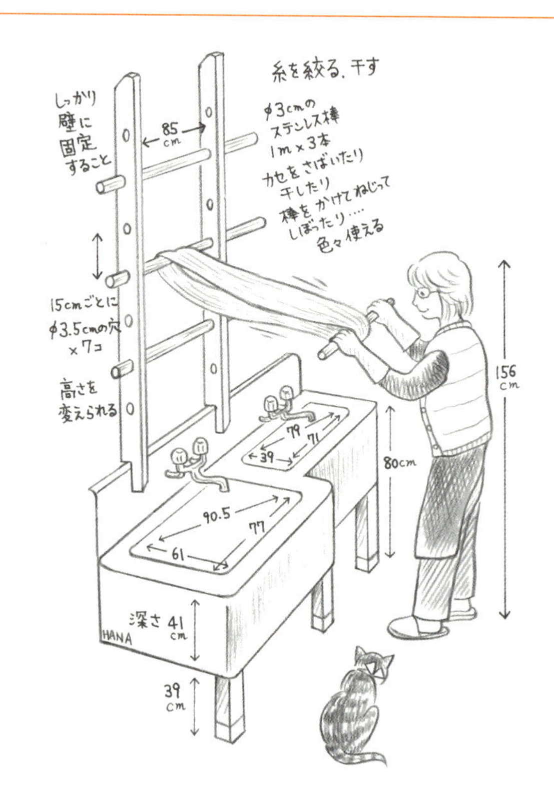

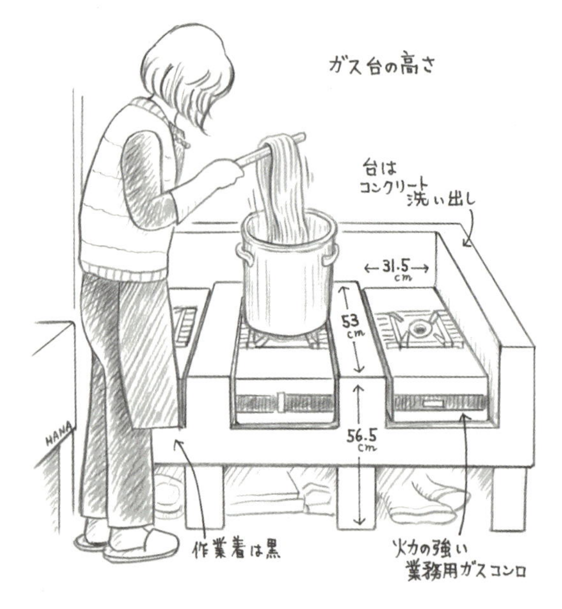

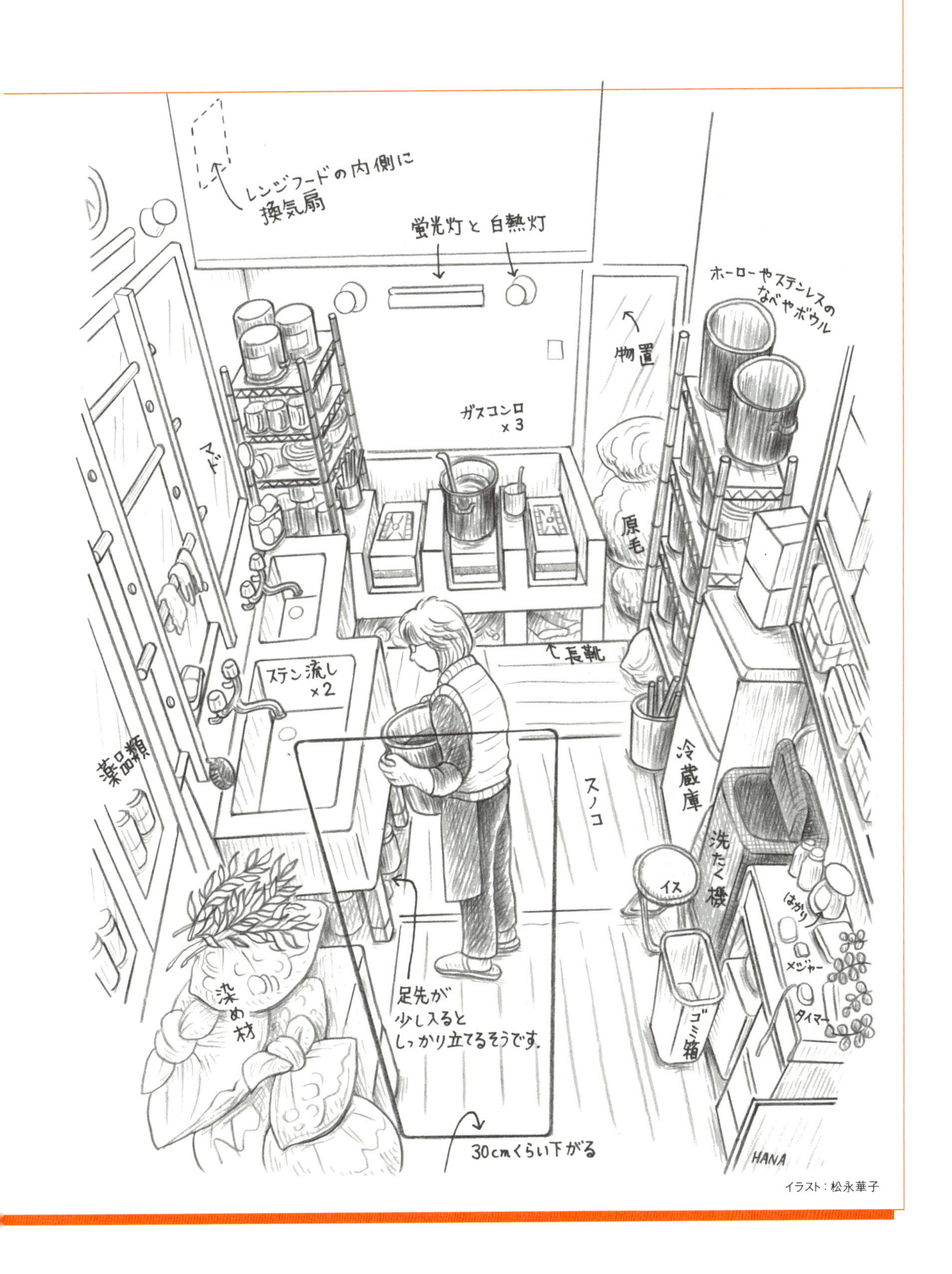

レンジフードの内側に
換気扇
蛍光灯と 白熱灯
ホーローやステンレスの
なべやボウル
物置
ガスコンロ
×3
マド
原毛
長靴
ステン流し
×2
冷蔵庫
スノコ
薬品類
洗たく機
イス
はかり
メジャー
タイマー
ゴミ箱
染め材
足先が
少し入ると
しっかり立てるそうです。
30cmくらい下がる
HANA

イラスト：松永華子

column

キーウィ クラフト—撚りをかけない糸

(→104ページ「ニュージーランド ロムニー New Zealand Romney」)

道具を使わなくても、自分の手の中で糸を作れます。ニュージーランドの原住民 マオリ族の糸の作り方で「キーウィ クラフト」といいます。できたらそのまま編んでいくことができます。撚りがかかっていない糸なので、毛玉ができやすかったり、型くずれしやすいというのが欠点ですが、柔らかい風合いを生かしたニット作品に向いています。

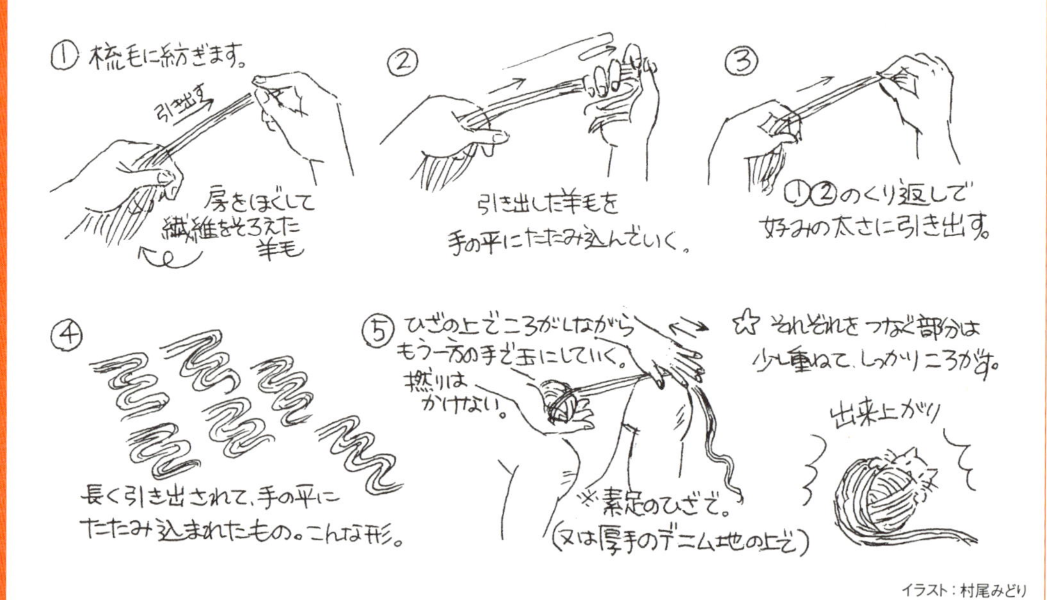

イラスト：村尾みどり

村尾みどり作 キーウィ クラフトの糸

レクシー バウガー（Lexi Boeger）作

内木早由美作

木原ちひろ作

銭湯にてフェルトの敷物作りのワークショップ(2014年)

book 「スピニング」で参考にした本

Lexi Boeger, *"Intertwined : The Art of Handspun Yarn"* Quarry Books, 2008.
Margaret Wertheim, *"Crochet Coral Reef"* The Institute of Figuring, 2015.
藤岡蕙子・佐久間美智子『手織り―織りの基本技術その発想と展開』創元社、1980年
長野五郎・ひろいのぶこ『織物の原風景―樹皮と草皮の布と機』紫紅社、1999年
三枝古都『ホームスパンの技法入門』染織と生活社、1986年
牧喜代子『サワンナケートの布―太陽と洪水が育んだラオスの木綿―手紡ぎ 自然染色 手織り木綿』染織と生活社、2011年
森由美子『ホームスパンテクニック』染織と生活社、2002年
『はじめての糸紡ぎ』スピナッツ出版、2004年
馬場きみ監修、彦根愛著『手織り手紡ぎ工房』ルックナゥ、2013年
寺村祐子『ウールの植物染色―やさしい染色法と色見本』文化出版局、1984年
吉岡幸雄・福田伝士監修『自然の色を染める 家庭でできる植物染』紫紅社、1996年
加藤國男『草木の染色工房―身近な草花、樹木を使って』グラフ社、1997年
山崎和樹『草木染ハンドブック―ウール染の植物図鑑』文一総合出版、2015年
高橋誠一郎・北川一寿『合成染料の技法―染色の基礎知識』染織と生活社、2005年
たなか牧子『鎌倉染色彩時記』オフィスエム出版、2015年
染太郎 KITAZAWA『染太郎の口伝帳―天然染料の巻 奥義相伝事』2017年

フェルト

羊毛は水と摩擦で縮絨する、織物以前の布

「今年は雨が多くてね…」と言われた年、英国から届いた羊毛は、広げるのにひと苦労するほど根元が絡んでフェルト化していました。何千年も前の、羊と共に暮らしていた人々も、きっと同じ経験をしたことでしょう。そんなところから羊の毛からフェルトを作ることは始まったのではないでしょうか。織物以前の布—フェルト。毛から糸を紡いで織らなくても、毛をほぐして重ね、水をかけて摩擦することで、フェルトができます。特筆すべき羊毛の特徴、それはフェルト化=縮絨する、ということなのです。

フェルトを作る

羊毛をほぐし、厚みが均一になるように置き、水をかけ、巻き込んでローリング（圧力をかけながら転がす）すればフェルトができます。プレフェルト（文様用の縮絨のあまい薄手のフェルト）を何色も作れば、多彩な文様を作ることもできます。

フェルト化は、羊毛ならではの特徴です。古来よりこの特性を生かして、帽子、バッグ、靴、外套、敷物やゲル（ユルト・フェルトの家）まで作られてきました。

フェルトバッグの作り方　指導：加藤ますみ

［材料］

- 羊毛 …［表：メリノトップ 青40g／裏：メリノバッツ 茶40g／文様：白・黄・黄緑 各5g］
- 石けん水…［500mlペットボトルの湯に対して、茶さじ1杯くらいの石けん液を入れ、フタに穴を開ける］
- 梱包用気泡シート（エアキャップ）で作った型紙
- 下に敷く用のビニールシート…2枚　・ネット（網戸など）
- ポリエチレンの袋…2枚　・固形石けん　・布　・タオル
- ハカリ　・ニッパー　・洗濯板

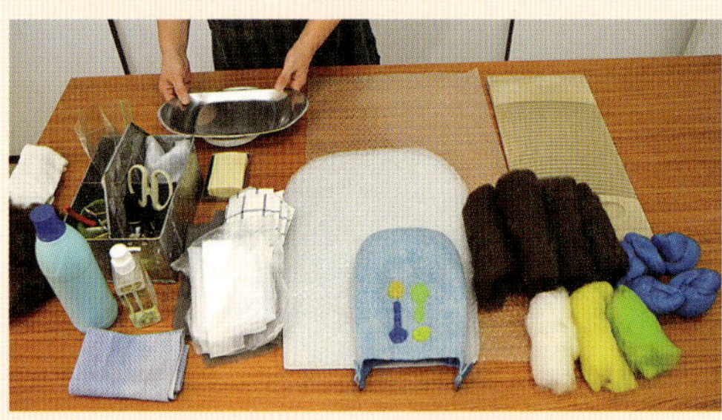

型紙

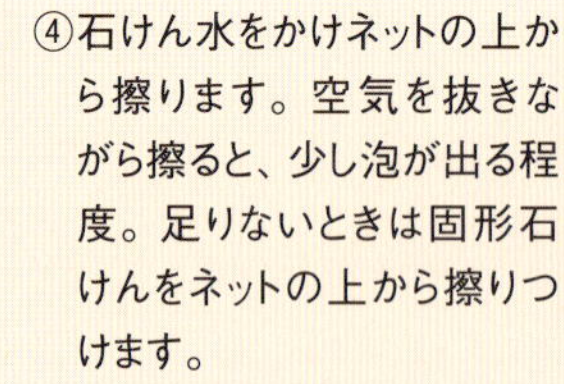

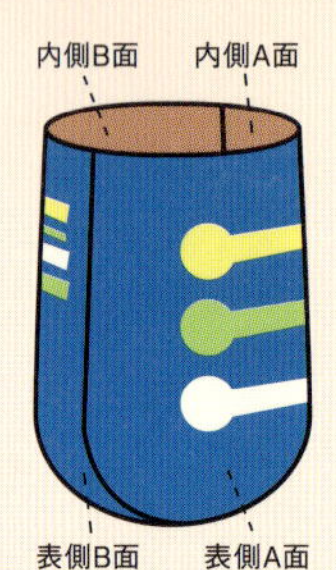

［作り方］

①文様用のプレフェルトを作ります。凸凹面を上にした気泡シートの上に、各色5gで縦横2層に羊毛を置き、石けん水をかけます。羊毛の上にネットをのせ、ポリエチレン袋を手にはめて、空気が抜けるまで擦ります。

②気泡シートに巻き込み、ローリングします。指でつまんで少し繊維が持ち上がるくらいまで一体化したら、プレフェルトのできあがり。薄くて柔らかい状態で止めます。文様に合わせてプレフェルトを切りましょう。

③表側A面に青の羊毛を置きます。型紙をビニールのシートに油性マジックで写し、型紙の大きさに1層目の青の羊毛10gを縦方向に置きます。続けて2層目の青の羊毛10gを横方向に置きます。

④石けん水をかけネットの上から擦ります。空気を抜きながら擦ると、少し泡が出る程度。足りないときは固形石けんをネットの上から擦りつけます。

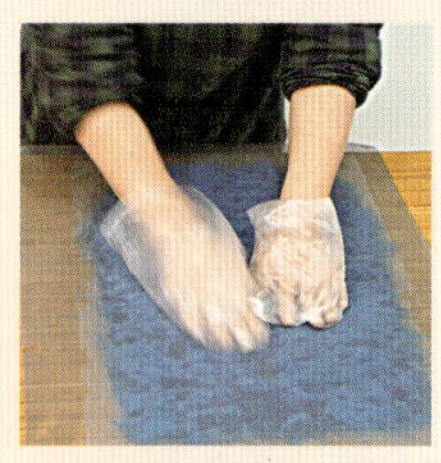

⑤表側A面に文様を置きます。プレフェルトの文様を青い羊毛の上（表側A面）に置き、気泡シートをのせ、その上（表側B面）にもう一度文様を置きます。文様のある青い面が、気泡シートを挟んだ中表になります。

⑥端を折り返します。気泡シートからはみ出た青い羊毛を、内側に折り返します。

⑦表側B面の文様の上に青の羊毛を、横方向に10g置き、その上に縦方向に10g置きます。

⑧青の面を仕上げます。石けん水をかけ、④と同じようにネットの上から擦って空気を抜きます。ひっくり返して⑥と同じようにはみ出た羊毛を折り返します。

⑨内側A面に茶のバッツ羊毛20gを均一に置きます。薄い所や穴の開いた所がないように作業しましょう。石けん水をかけてネットの上から擦ります。

⑩ひっくり返して端を折り返します。ビニールシートをかけて、ひっくり返し、⑥や⑧と同じように、はみ出た羊毛を内側に折り返します。

⑪内側B面に茶のバッツ羊毛20gを均一に置きます。石けん水をかけて空気を抜いた後、ひっくり返して端を折り返します。(⑨⑩と同じ)

⑫全体をフェルト化させ始めます。これで羊毛は全部置き終わったので、しっかり縮絨させていきます。初めは羊毛が動かないように、力を入れずに外から内に擦ります。

⑬羊毛が動かなくなったら、さらに力を入れてだんだん強く擦ります。フェルト化するにつれて、揉んだり、上から叩きつけたりして縮めます。

⑭羊毛が一体化して表面がデコボコしてきたら、裏返せるだけの口を切って、気泡シートを取り出し裏返します。

⑮布に巻き込み、洗濯板の上でローリングします。何度も方向を変えたり折り山をずらしたりして、だんだん力を入れます。

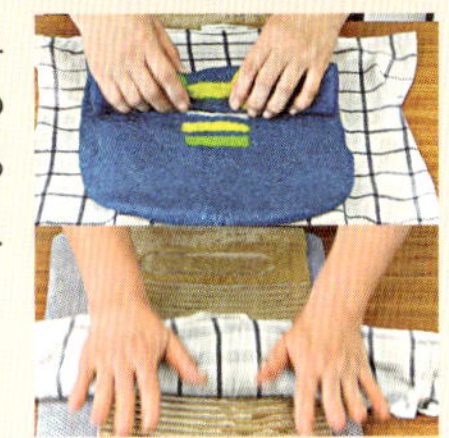

⑯最初の型紙の大きさから60%くらいのサイズになったら、ニッパーで形を整え仕上げて、口を切り揃えます。切り方を変えると、様々な形の持ち手(右下写真)が作れます。

⑰切り口を手で擦ったり、表面を洗濯板に擦りつけたりして全体の形を整え、表面を整えます。

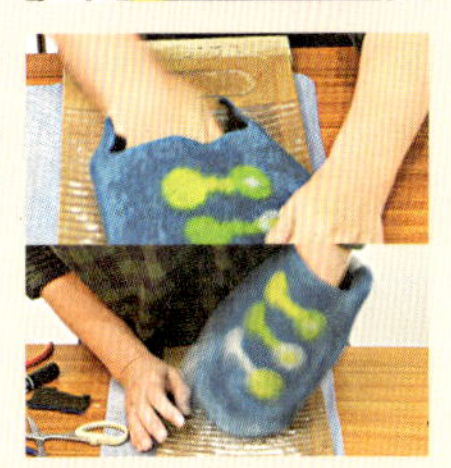

⑱お湯ですすいで石けん分を取り除きます。脱水し、形を整え、金具のDカンを縫い付けて完成。革ベルトなどを付ければポシェットのできあがり。
(今回のできあがり寸法：縦24×横19cm)

①紺地大花文花氈（正倉院北倉150花氈第1号） 276×139.5cm

②南西インドのフェルト製ドア飾りのディテール 89×47cm

③トルコのフェルト職人によるプレフェルト文様技術。

④トルクメニスタンの絨毯の嵌（は）め込み技術。

⑤カザフの女性たちによるプレフェルト文様技術「テケメット」の実演。

フェルトの歴史

監修：ジョリー ジョンソン

伝統的なフェルト作りの歴史は青銅器時代（紀元前4000〜2000年）に中東や中国の楼蘭で既に始まっていたとされています。そして21世紀の今日まで、フェルト作りの技法は、おそらく原形から大きく変わっていないと考えられます。

［中東、中国そして正倉院］

1991年以来、私はトルクメニスタン、カザフスタン、トルコなどのフェルト制作の現場を実際に観察してきました。例えばインドのドア飾り（写真②）のように、無撚糸と染色羊毛を使ってデザインを置いていく技法は、正倉院の花氈第1号（写真①）でも類似の技法が用いられたと思われます。写真③は、1997年トルコの中央アナトリア地方コンヤ市で3世代にわたるフェルト名人のデザインのもので、プレフェルトの技法が使われています。写真④はハンガリーのケチメットで、1987年に開催された国際フェルト・シンポジウムでトルクメニスタンのアシュクハバードから来た、絨毯作りの夫婦の写真で、まず羊毛を太腿の上で片手で転がしたり、両手で撚ったりして無撚糸を作り、それで絵を描くように羊毛を配置していくなど、無撚糸と染色羊毛の技法が使われています。写真⑤は1991年、アルタイ山脈の麓、東カザフスタンで撮影したもので、プレフェルトと染色羊毛を使った技法が用いられています。ここで使われている3種の技法（染めた羊毛、無撚糸、プレフェルト）は、それぞれ異なっているように見えますが、正倉院の花氈の中で、これらの各技法が単独で、あるいは混在して使われていることが確認できるのです。

［正倉院の花氈を試作する］

正倉院花氈の中央文様部分を実際に復元制作を試みたところ、花氈のフェルト文様の表現をよく見ると、輪郭部分の効果が異なっていることに気が付きました。柔らかい染めた羊毛を撚らずに用いたもの、軽く撚られた羊毛の単糸を使ったもの、わずかに縮絨させたフェルト（プレフェルト）をハサミで切って使ったものでは、それぞれに表現が異なってきます。わずかに撚られた無撚糸は、線画を描くチョークのように使えるので自由に曲線を描くことができますし、撚られていない羊毛は筆で描いたような勢いを感じさせます、そしてプレフェルトは切って配置することができるので、その輪郭はくっきりします。

また通常、敷物などの大きなフェルトを作るときは、中央部分から羊毛を置いていきます。これは腕の長さを考えれば、人間工学的にも理にかなったことです。置いた文様の上は踏めないので、中央から端に向かって順番に文様を置いていく必要があるのです。そして、輪郭と文様の部分が完成すると、間の空間を染めてほぐした羊毛や玉にした羊毛で埋めていきます。この過程を何度も繰りかえし、最後に外側の図柄を作っていきます。輪郭の間の羊毛を埋め、図柄層の上に、ベース層として、よく梳いた白い羊毛を厚く置いた後、全体を湯で湿らせてスダレごと巻き締め、充分に縮絨するまで転がします。時々開いて文様のチェックをして、巻く方向を逆転させます。これを繰り返して充分に固まってきたらスダレを取り除き、再び巻き直して、その後数人がかりで前腕に体重をかけて圧力をかけながら転がします。縦横、表裏と何度も巻き直しながら縮絨させていきます。こうして充分に縮絨すると敷物ができあがります。

[正倉院花氈の素材と技法]

2012年以降、正倉院花氈の素材と技法に関する詳細な観察が初めておこなわれました。以前の「カシミヤに似た古品種の山羊」という説は、「羊毛」と訂正されました。そして作り方も以前は「象嵌式」と呼ばれ、穴を空けて染色羊毛を嵌め込んだとされていましたが、フェルトの本場である中央アジア方面の伝統的な技法に鑑み、「まずスダレの上に文様となる染めた羊毛材料(無撚糸、プレフェルト、染色羊毛)を置き、その上にベース羊毛を厚く置き重ね、水分を加えて巻き締め縮絨したもの」と書き換えられました。

童子文様花氈(正倉院北倉150花氈第4号)237×126.5cm
打毬用の棒と毬を持つ童子。

正倉院文様における フェルトの技法

①プレフェルトから外側の花弁、葉文様を切り出します。

②図柄が完成時と左右逆になるように、切った文様を配置します。内側の花弁は無撚糸で作ります。

③無撚糸で内側の花弁や童子の輪郭の図柄を置きます。

④ベースになる白い羊毛を全面にのせます。

⑤縮絨させて完成させたサンプル。

フェルトサンプルの作り方

文：坂田ルツ子

［作り方］

①データを取りたい羊毛を、洗毛・カードし、10g用意します。

②エアキャップに20cm×20cmの枠を書き、羊毛を縦横と方向を変えて6層置き、フェルト化させます。

③縦横裏表と均一に縮むようにローリングし、これ以上縮まないところまで、とことん縮ませます。

［ポイント］

同じ量の羊毛でも、短い繊維ほど繊維の両端が多いため絡むチャンス（相手）は多くなります。よってメリノなどの短い繊維は早くフェルト化します。また、縮み率は羊毛の体積に比例します。薄い作品を作りたいときは薄いサンプルを、厚い作品を作りたいときは厚いサンプルを作りましょう。

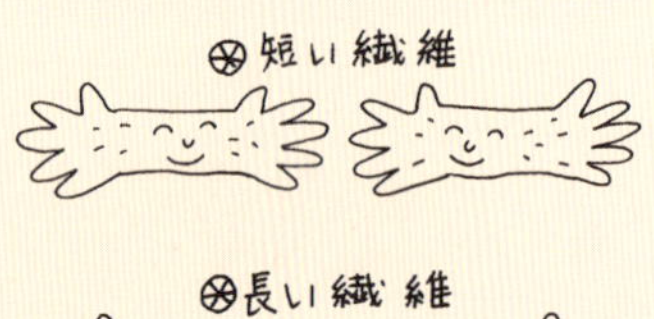

長い繊維

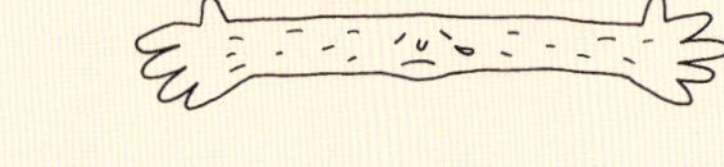

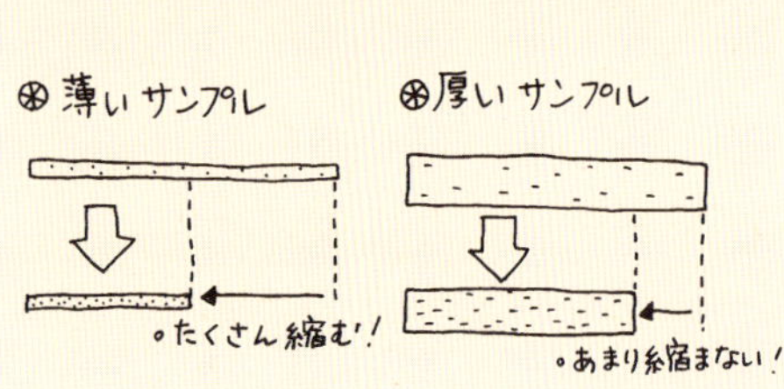

［品種による縮絨率の違い］

サンプル制作：米良裕子

Merino
メリノ

毛質：柔らかい
産地：オーストラリア、ニュージーランド、南アフリカなど
毛番手：60sより細い
毛長：7.5〜12.6cm
毛量：3.0〜7.0kg
コメント：羊毛の中で最も細番手でフェルトに最適。早くしっかり縮んで、細かい柄が表現でき、仕上がりも均一。肌触りも良い羊毛です。

Corriedale
コリデール

毛質：柔らかい
産地：ニュージーランド、オーストラリアなど
毛番手：50〜56s
毛長：7.5〜12.5cm
毛量：4.5〜6.0kg
コメント：メリノとリンカーンの交配種。中番手。しなやかな繊維なのでよく絡みしっかりフェルト化します。立体的な造形が作りやすいく、帽子、バックに良い品種です。

Herdwick
ハードウィック

毛質：白髪っぽい
産地：英国
毛番手：Coarse 35μより太い
毛長：15〜20cm
毛量：1.5〜2.0kg
コメント：白髪っぽく軽くて粗い毛。主に敷物用。根元に内毛が密生しているので、縮み率は低いがしっかりフェルト化する。バッグに良い。

Black Welsh Mountain
ブラック ウェルシュ マウンテン

毛質：弾力がある
産地：英国
毛番手：48〜56's
毛長：8〜10cm
毛量：1.25〜1.5kg
コメント：真っ黒で短毛、弾力のある毛。フェルト化には時間がかかるが、膨らみのある質感が独特、メリノを混ぜるとフェルト化しやすくなります。

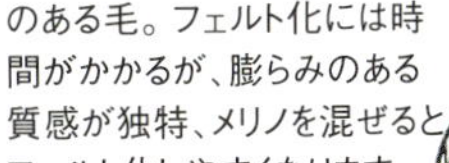

Manx Loaghtan
マンクス ロフタン

毛質：弾力がある
産地：英国 マン島
毛番手：44〜54's
毛長：7〜10cm
毛量：1.5〜2.0kg
コメント：原種の羊。甘茶色の膨らみのある毛。フェルト化に時間はかかりますが、ふっくらとした厚みが魅力。メリノをブレンドして縮絨を助けても良いでしょう。

New Zealand Romney
ニュージーランド ロムニー

毛質：光沢がある
産地：ニュージーランド
毛番手：46〜50s
毛長：12.5〜17.5cm
毛量：4.5〜6.0kg
コメント：太番手の中では柔らかく光沢のある長毛。キーウィ クラフト（→142ページ「キーウィ クラフト―撚りをかけない糸」）など撚りをかけない糸が作りやすい品種です。

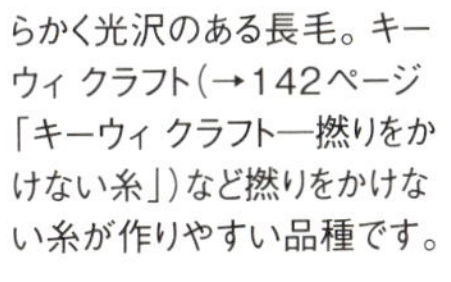

Lincoln Longwool
リンカーン ロングウール

毛質：光沢がある
産地：英国、オーストラリア、ニュージーランド
毛番手：36〜40's
毛長：15〜35cm
毛量：7.0〜10.0kg
コメント：羊毛中最も太番手で主に敷物用。羊は大きく羊毛は光沢があり長毛。しっかりフェルト化するので敷物、ルームシューズなどに向いています。

Gotland
ゴットランド

毛質：光沢がある
産地：スウェーデン ゴットランド島
毛番手：48+〜56s
毛長：8〜18cm
毛量：2.5〜5.0kg
コメント：光沢のあるモヘヤのような毛質で、冬は根元にうぶ毛が生えます。フェルト化しやすいのでルームシューズ、敷物に良い。

Mohair
モヘヤ

毛質：光沢がある
産地：南アフリカ、トルコ
毛番手：36〜60s
毛長：10〜15cm
毛量：不明
コメント：アンゴラ山羊の毛。光沢のあるらせん状にカールした獣毛。フェルト化しにくいがキラキラ感が他の品種では得難い。サンプルではメリノを20%混ぜました。

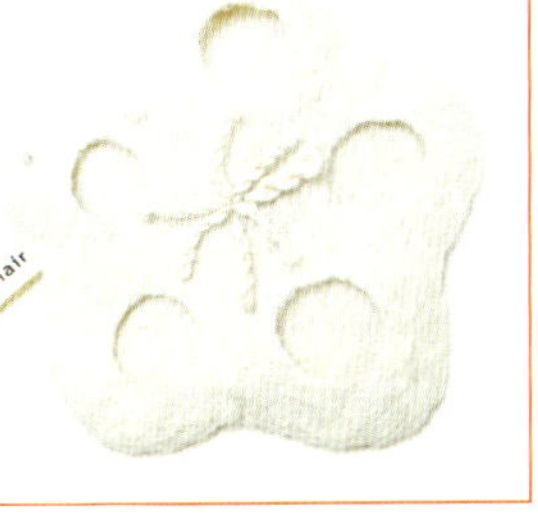

column

フェルト化しやすいコリデール フェルト化しにくいブラック ウェルシュ マウンテン

文・写真：村上智見

繊維が絡んでよく縮む
コリデール

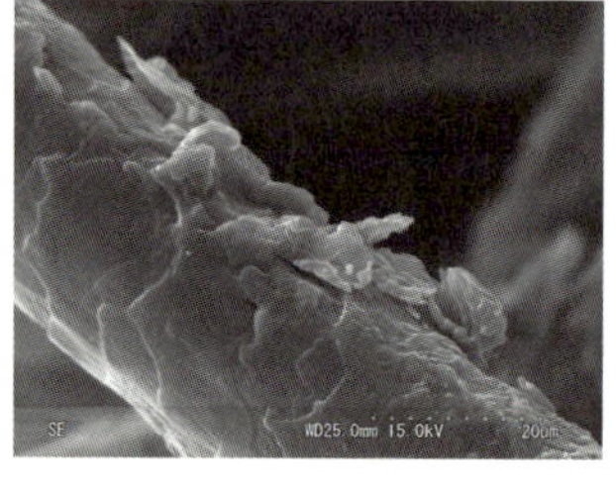

これはフェルト化させた羊毛繊維の表面を観察したものです。縮絨率の違いによって、フェルトの繊維の状態に違いがあるかを確認するため、縮絨率の高かったコリデールと、低かったブラック ウェルシュ マウンテンのフェルトを比較してみました。

左上の400倍で撮影したコリデールの電子顕微鏡画像を見ると、繊維一本一本が密に絡まりあっている様子がわかります。U字に曲がっている様子から、繊維自体が柔軟であるように見えます。また、たくさんのフケのような付着物が見られますが、これは繊維表面のスケールが剥がれた物です。

繊維が絡みにくく縮みにくい
ブラック ウェルシュ マウンテン

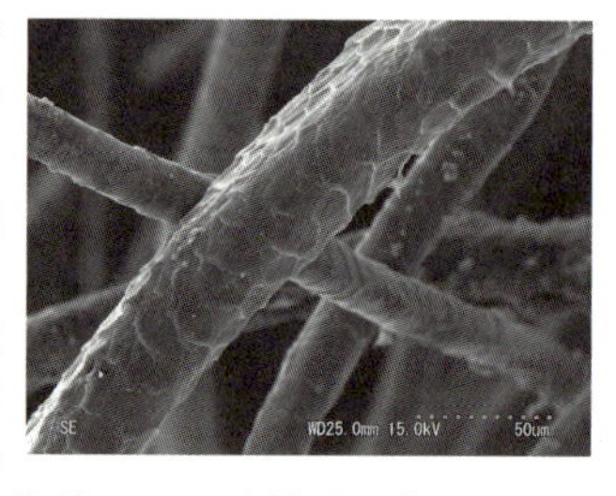

一方、ブラック ウェルシュ マウンテンのフェルトは、ほとんどそうした状態が見られません。右上の電子顕微鏡画像を見ると、同じ倍率で撮影したコリデールの画像と比較してみても隙間が多く、それほど密に絡まっていない様子がわかると思います。また、スケールが剥がれている様子もほとんど確認できません。

この比較からも、フェルト化が起こる要因として、スケールが剥がれることによって繊維同士が引っかかり、フェルト化が起こりやすくなるということが考えられます。繊維のもつ柔軟性などが関わる可能性もありますが、フェルト化しやすい繊維の特性の一つとして、スケールが剥がれやすいということが挙げられるかもしれません。

写真：走査電子顕微鏡画像（奈良大学設置）

吉谷美世子作

ジョリー ジョンソン作

column

「フェルト」と「ニードルパンチ」

羊毛に関わる用語は外来語をそのまま使う場合も多く、日本語に置き換えるのが難しいものもあります。「フェルト」と「ニードルパンチ」もその一つ。とりわけ手芸のニードルパンチは1990年代以降に普及した技法のため、多様な言葉が使われています。「フェルト」は、羊毛が水で縮絨する特徴を利用して作ったものです。「ニードルパンチ」はニードル針を使い、繊維を刺して絡ませる技法です。現在「フェルト」と「ニードルパンチ」を指す様々な名称が使われていますが、この本では、技法の違いがわかるように、「フェルト」と「ニードルパンチ」に名称を統一しています。

- 「フェルト」に統一：水のフェルト、ウェットフェルト、圧縮フェルト など
- 「ニードルパンチ」に統一：羊毛フェルト、ニードル、ニードルフェルト、ニードルフェルティング、フェルトニードル、フェルティングニードル、ニードリング など
- 「布のフェルト」に統一：布フェルト、NUNOフェルト など

ニードルパンチ

絹、木綿、麻、化学繊維など、本来羊毛のように絡まらない繊維を、針先に楔の刻まれたニードルを上下に刺して、繊維をひっかけ、絡ませて作った不織布をニードルパンチといいます。

この技術は19世紀にヨーロッパで考えられました。この技法が元になって、1990年代頃からクラフトや手芸のジャンルで、羊毛などの繊維を立体造形していく手法が生まれました。

水と摩擦で作るフェルトよりも細かな表現ができるため、人形を作る人たちに親しまれています。

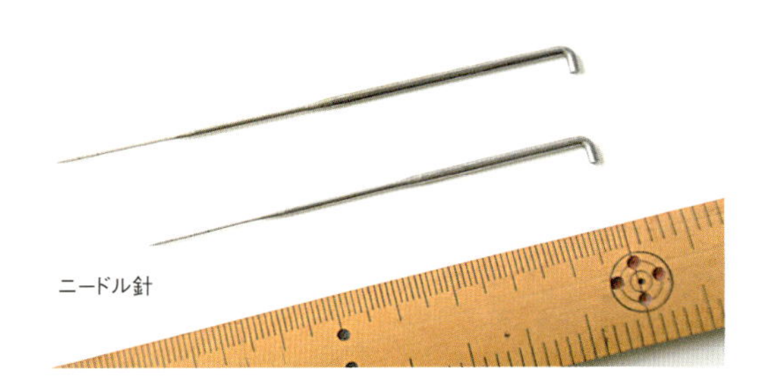
ニードル針

ニードル針でアクセサリーや人形を作る

ニードルパンチは羊毛を粘土細工のように自由に造形する方法です。ここでは針金を芯に使って、アクセサリーや手足の動く動物を作ります。

[材料]
- ・ニードル針
- ・スポンジ台
- ・羊毛

[アクセサリーの作り方]

①針金で芯を作ります。針金（ペーパーフラワー用針金24番）を輪にして、アクセサリーの芯にします。端はハサミかニッパーで切り、切端はねじっておきましょう。

②羊毛を巻いて肉付けしていきます。中身には膨らみのある毛質のサフォークなどの羊毛が適しています。

③ある程度巻いたら針を刺して絡めていきます。この時、針で指を刺さないように気を付けましょう。

④外側に色つきのメリノなどの羊毛を使って文様をつけていきます。クリクリ羊毛も、針で刺して付けていきます。形を調整しながら仕上げます。仕上げていく段階では羊毛を少しずつ足して、刺しながら肉付けしていきます。気に入らなければ何度でもはがしてやり直しができます。

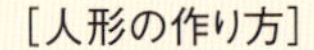
[人形の作り方]

①針金で手足を作ります。動物の場合も同じように針金で手足頭を作り、それに羊毛を巻いて、針で刺して形を作っていきます。

②[アクセサリーの作り方]の②～④と同じように作ります。

あきやまさとこ作

田代秀子作

勝田真由作

鈴木オリエ作

木村泰子作

加藤静子作

column

柔らかいウールで棺を作る

出合いは、2009年秋。英国デボン州、トットネスの街の中心、時計台近くの葬儀屋さんのウィンドウで見かけたことに始まります。まるで木の葉を重ねたようなウールのオブジェ。一見寝袋とも、繭とも思える、えんどう豆の鞘のようなフォルムと、なんとも温かみのあるウールの質感に目が留まりました。

そのウールのオブジェを作ったのはユーリ（Yuli Somme）さんという人で、工房は、大きな倉庫を改造した広い空間でした。右半分の土間にはニードルパンチの一反ロールがドカドカドカっと立てかけられ、隣の1段上がった工房の、木の扉を開けると、暖かいストーブ。そして広い作業台いっぱいにニードルパンチの反物を広げ、ユーリさんは作業をしていました。

本出：ウールの棺桶を作るのは英国では伝統的なことですか？

ユーリ：いいえ。現在の英国では72％が火葬、残る28％が土葬ですが、ほとんどの場合、身内が亡くなった後、プラスチック製のジッパーのある棺桶にすぐ入れられて、数日間保冷室に入れられ、1週間ほどして葬儀がおこなわれます。ついさっきまで一緒だった家族がプラスチックに入れられ目の前から連れて行かれるのは、とてもショックなことです。私は自分の母親を送るときはそうはしたくないと思ったのがウールの棺を作ったきっかけです。昔、英国では1666年に、英国産の羊毛を消費することが奨励され、羊毛の棺桶が作られていたことがあったそうです。でも現代まで、そういう習慣が続いてきたわけではなく、このニードルパンチの反物で作った棺桶は、全く私の創作です。

本出：その気持ちはよくわかります。日本では1晩2晩と、通夜といって、夜間もろうそくの火を絶やさず亡くなった人のそばで身内が過ごすという習慣がありますし、ゆっくりお別れする時間が必要ですね。それにしても、このウールの棺桶は暖かそうですね、私用に買うことはできますか？（笑）

ユーリ：私は輸出はしたくありません。このウールのシートは地元の羊で作ったものです。ここデボン州の羊で、弾力のあるデボン クロス ウール（Devon Closewool）という中番手の短毛種と、リーン（Lleyn）というチェビオットより少しソフトなタイプの毛をブレンドして厚みのあるニードルパンチのシートを工場で作ってもらい、その素材で作っています。デザインの部分は天然染料でウールを染め、ミシンワークで仕上げています。

ウールの棺が欲しいのなら、日本の羊の毛で作ればいいんじゃないですか？私の考え方は地産地消、地元にあるもので作るべきだと思っています。

本出：そうですね。ところで木の葉のデザインはどこから発想しましたか？

ユーリ：木の葉の形をしたウールの「棺・ひつぎ＝経かたびら」は、人生という季節は、移ろい変わっていくものであるという記憶を呼び起こすもの、もしくは元の鞘に戻る繭のようなものでもあります。また葬られた後には、また土に還る素材で作られている方が良いのではないか、ということも考えました。

セレモニーでは、墓所まで親族が棺を担げるように、骨組みにも気を遣いました。筏（いかだ）のように木製で木組みをし、木部はジュートの帯紐を巻いて、しっかりと固定し、安定感のあるものを考えました。6人で担ぐことを考え、丈夫な持ち手を付けました。まず骨組みを作った上に、ウールのシートを層に重ねて、合わせていきます。体に近い内側には、一番柔らかなものを使います。そして外殻とベースは厚みのあるものを使い、カバーは木のボタンで留め付けられてます。そして一番上の木の葉形のカバーは全体をゆったり覆うように作っています。何層にもウールのシートを使い、優しく体を包み込む形を試行錯誤しました。

加藤ますみ作

book 「フェルト」で参考にした本

M. E. Burkett, *"The Art of The Felt Maker"* Abbot Hall Art Gallery, 1979.
Gunilla Paetau Sjoberg, *"Felt : New Directions for an Ancient Craft"* Interweave Press, 1996.
ジョリー ジョンソン『フェルトメーキング―ウールマジック』青幻舎、1999年
『フェルト自由自在』スピナッツ出版、2008年
『正倉院紀要　第37号―毛材質調査報告』宮内庁正倉院事務所、2015年
福本繁樹・長野五郎・坂本勇『織物以前タパとフェルト』LIXIL出版、2017年

羊毛産業

羊毛から布になるまで

産業革命以来、人は機械によって大量に速く均質な物を作ることができるようになりました。この章では羊毛紡績の工程と製織の工程、そしてニードルパンチを紹介します。ニードルパンチの登場で繊維産業は画期的に加工工程を省略し、化学繊維の活躍の場を押し広げました。「世界中の人のニーズに合う物を最短最適に作る」、それが工業製品のミッションです。

オーストラリア ブレル牧場のコリデール

毛織物産業

[羊毛の旅]

私たちが手にするセーターやスーツは、世界を旅して日本にやってきます。その工程を駆け足で見ていきましょう。

日本には、主にオーストラリア、ニュージーランドから羊毛がやってきます。南半球の春は9〜10月、この時期になると牧場は大忙しになります。シェアラーと呼ばれる毛刈り職人やウール ハンドラー（羊毛の裾物を取る仕分け人）、そしてウール クラッサーといわれる格付人などで構成される毛刈りチームが各牧場を回ります。羊が千頭以上いる牧場でも、ほんの数日で一気に毛刈りをしてしまいます。シェアラーは1頭2〜3分で羊を毛刈りして、ウール ハンドラーがすぐにフリース（→52ページ「汚れた毛を取り除く スカーティング（Skirting）」）から裾物を取り除き、ウール クラッサーが毛番手や毛長、羊毛の毛質を見てグレード別に分けます。裾物も含めて仕分けされた羊毛が、ベールといわれる袋に180kg〜300kg単位に袋詰めされ、問屋倉庫に発送されます。牧場内でどんな製品（エンドユーズ）にするのかまで考えて仕分けするので、その後の販売の流れはとてもスムーズです。これこそがオーストラリア、ニュージーランドの羊毛の品質が信頼される理由です。

その後、羊毛は細さや長さ、歩留まりなどが測定され、サティフィケート（品質証明書）がベールごとに添付された後、ウールのオークションにかけられます。そしてウールは買い付けた商社によってコンテナで輸送されます。

毛刈り
スカーティング
クラッシング
プレス
オークションの準備

[前紡段階]

脂付の羊毛は、まず洗毛工場に運ばれます。ベール(麻袋)から取り出された羊毛は、洗毛機で脂や泥、ゴミなどが洗い落されます。この工程の汚水から脂分であるラノリンが抽出されます。これは口紅やハンドクリームなどの原料にもなります。

洗いあがった羊毛は真っ白になり、カード機でほぐして梳かれます。この工程は、梳毛糸にするか紡毛糸にするのか用途によって違います(→167ページ「羊毛紡績糸の工程　Wool Yarn Manufacturing Systems Wool Processing」)。日本の工場には、主に洗いあがり羊毛(スカード ウール)か、梳毛カードそしてコーマーで梳かれたトップ羊毛の状態でやってきます。

[染色の工程]

染色工程は製品の企画によって、糸になる前に染められることもあれば、糸の段階や布になってからプリントされる場合もあり様々です。

column

日本の原毛輸入量が世界第2位だった1980年代

日本の毛織物の主な産地は尾州と泉州です。尾州とは愛知県、岐阜県、三重県にまたがる地域で主に梳毛糸が生産されています。泉州とは大阪府堺市から南の地域で、主に紡毛糸から手編毛糸、毛布、カーペットが生産されています。

1980年代まで日本の羊毛産業は、洗い工程から製品に至るまで、あらゆるレベルで優れた技術力をもっていました。当時、日本はソ連に次いで世界第2位の原毛輸入国で、加工した製品を輸出していたため、日本の尾州、イタリアのビエラ、プラートが世界の毛織物3大産地といわれるほどでした。日本国内での羊毛消費量も多く、1982年当時で年間1人平均1.18kgと、これも世界第2位でした。

しかし2000年代以降に中国やインドに加工工程がシフト、日本やイタリアの紡績工場は転廃業に追い込まれてしまいました。

袋から羊毛を出す(Haworth Scouring Company)

洗毛工程

カード工程

トップ羊毛

トップ染

取材協力:The Real Shetland Company

[梳毛紡績の工程]

梳毛糸は比較的長い羊毛繊維を方向を揃えて紡績したもので、滑らかで毛羽の少ない服地や薄手のニットを作る糸です。原料には篠状にされたトップ羊毛が使われます。最初はバナナくらいの太さのトップ羊毛は、ギリング（→127ページ「ギリングとは」）などの工程を経て引っ張りながらだんだん細くされて、精紡機で撚りをかけて単糸にされます。この糸を2本合せ双糸にして、コーンに巻き取ります。

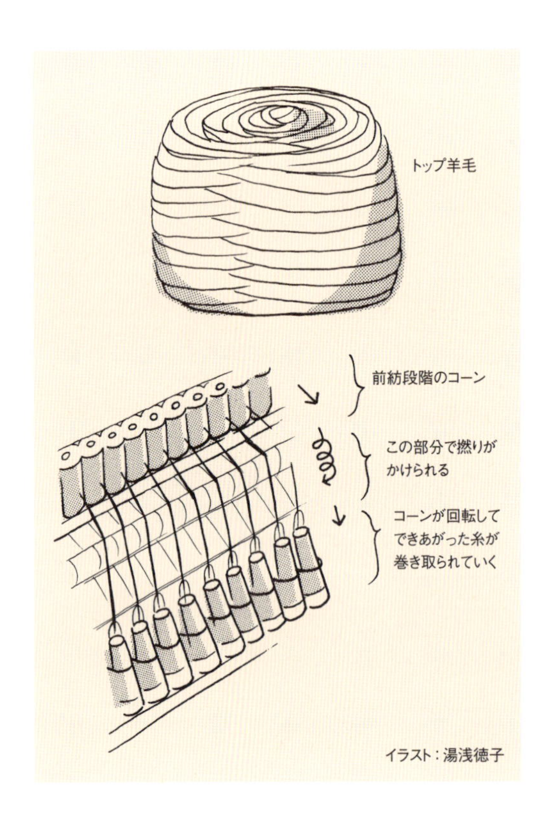

イラスト：湯浅徳子

梳毛トップ

精紡機（株式会社日興テキスタイル）

撚糸機

column

ウールマークとザ・ウールマーク・カンパニー

ザ・ウールマーク・カンパニー

新毛100%が使われ、厳しい試験を受けてザ・ウールマーク・カンパニーが定める品質基準を満たす製品にのみ表示することができる「ウールマーク」。1964年に誕生し、世界100カ国以上で使われています。

家庭用品品質表示法に基づく「毛100%」の表示の場合は、毛97%以上の製品でも毛100%と表示ができ、しかも再生羊毛(反毛=糸屑や裁断屑などをほぐして繊維に戻したもの・→25ページ「反毛—羊毛はリサイクルできる」)の使用も認められています。このような状況から、「新毛100%」を使った製品であることを消費者に伝えるために「ウールマーク」表示のニーズが高まりました。

また、新毛と他の種類の繊維をブレンドした製品に使用できるマーク「ウールマーク・ブレンド」や「ウール・ブレンド」もあり、それぞれ新毛の使用割合などにルールが設けられています。そして、時代の要請に合わせ「メリノ・エクストラ・ファイン」や「クール・ウール」などのサブブランドも活用されるようになってきています。

ウールマーク
100%新毛で作られた製品だけに付けられるマークです。

ウールマーク・ブレンド
新毛を50〜99.9%含む製品に付けられます。ブレンドする場合、ウール以外のブレンド素材は1種と決められています。

ウール・ブレンド
新毛を30〜49.9%含む製品に付けられます。ブレンドする場合、ウール以外のブレンド素材は1種と決められています。

ウールマーク、ウールマーク・ブレンド、ウール・ブレンドのブランドが付けられた製品は、ザ・ウールマーク・カンパニーによって厳密に品質をチェックされています。

ザ・ウールマーク・カンパニーはウールマークの使用を管理するだけでなく、ウールの魅力、中でもオーストラリア産メリノウールの魅力を発信し続けています。その一環としておこなわれているのが「インターナショナル・ウールマーク・プライズ(IWP)」です。新たな才能発掘のために創設され、1953年に初めて開催されました。世界中からウールを活用した作品がノミネートされ、優秀な作品に賞が贈られています。年ごとに魅力的な作品が発表され、ウールとファッションの未来を感じられる場となっています。

［紡毛紡績の工程］

紡毛糸は短い繊維を平行に揃えずに紡績した膨らみのある糸で、ニットやブランケット、カーペットに用いられます。紡毛紡績にはギリングやコーミングの工程がないので、短い繊維を使うことができます。無撚糸を長く伸ばして一気に撚りをかけるミュール紡績機（Mule）や、無撚糸を短い距離で撚りをかけるリング紡績機（Ring）で糸にされますが、それぞれミュール紡績機は手紡ぎのロング ドローに、リング紡績機はショート ドローに対応しているといえます。（→134ページ「糸紡ぎの工程」）

①原材料

②調合：調合室で原材料を混毛します。

③カード：カードして前紡段階の篠を作ります。

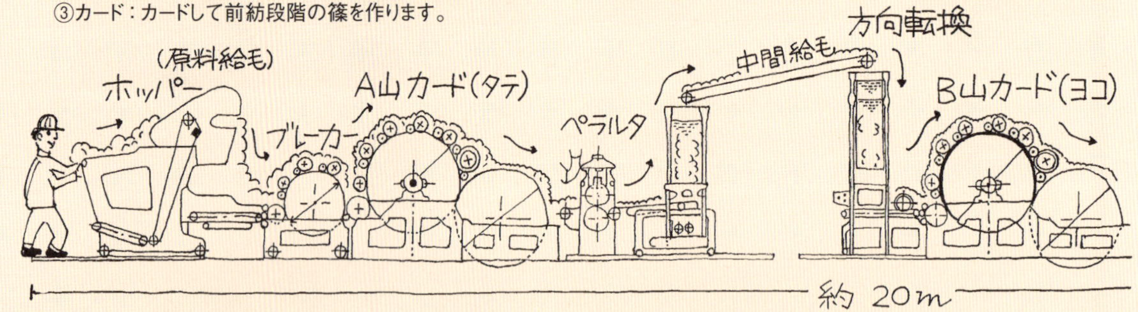

④精紡：篠状になった羊毛はミュール精紡機又はリング精紡機で撚りがかけられ、紡毛糸ができあがります。

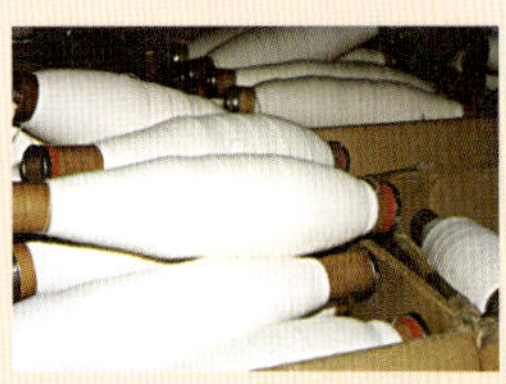

紡毛糸

④ー1 ミュール紡績

手紡ぎでいうロングドロー。篠を2〜3mに伸ばし、引っ張りながら撚りをかけていくので、全体に均一な撚りがかかっていきます。

取材協力：中山春夫
イラスト：湯浅徳子

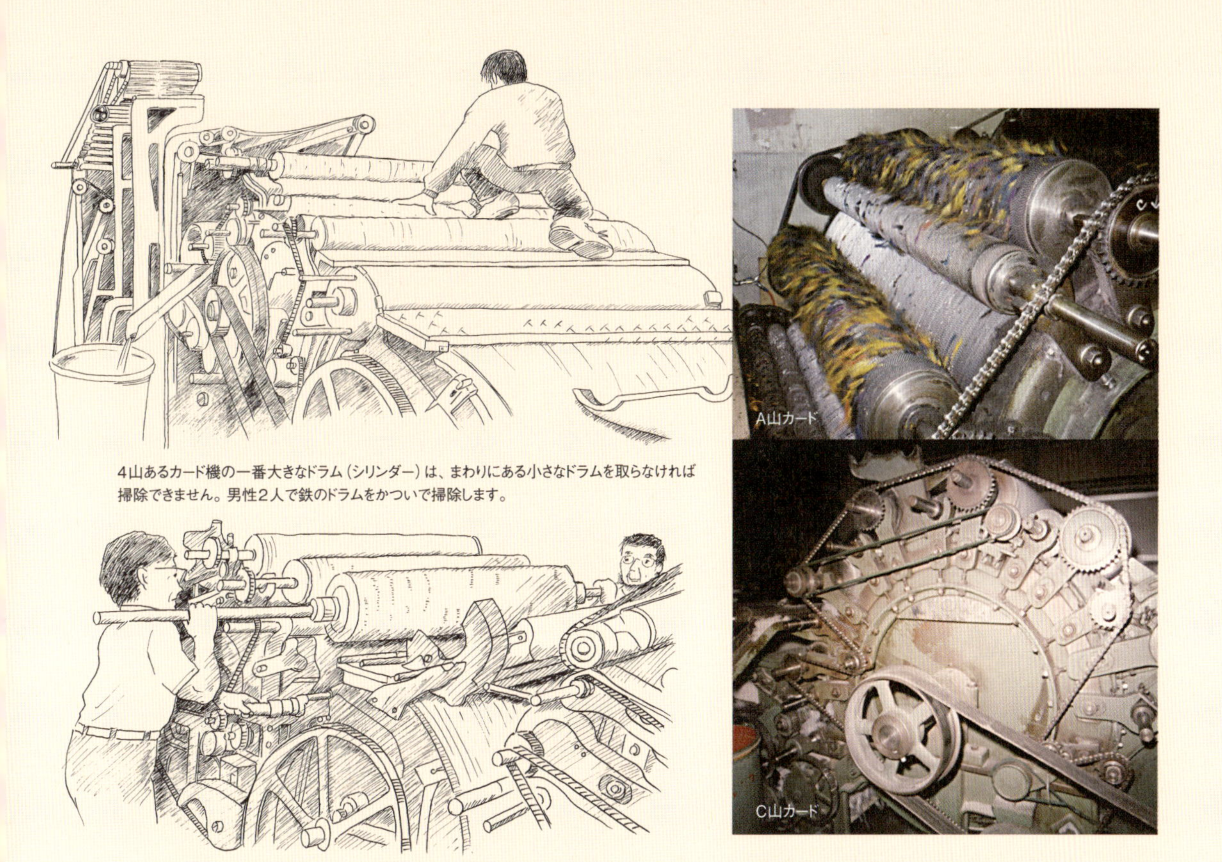

4山あるカード機の一番大きなドラム（シリンダー）は、まわりにある小さなドラムを取らなければ掃除できません。男性2人で鉄のドラムをかついで掃除します。

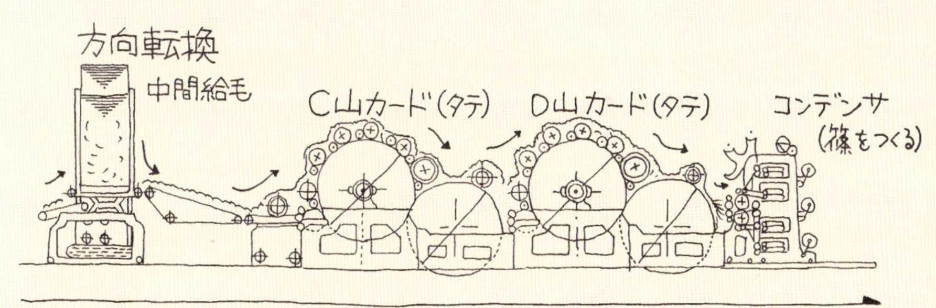

4山カード（左図）：左図のような全長約20mにもわたるカード機の4つの山を通過するうち、羊毛は縦、横、縦、縦と梳きほぐされて、最後に前紡段階の篠が作られます。

④−2 リング紡績

手紡ぎでいうショート ドロー。50cmほどの篠に撚りをかけていきます。局部的に撚りをかけるので糸が均一でない所ができます。

吉野毛糸紡績株式会社

［梳毛製織の工程］

製織工程では、まず経糸を準備します。コーンに巻き取られた糸を使い、6,000本～10,000本の経糸を、もつれないよう、順番を間違えないように並べていきます。次に緯糸をシャトル（杼）に準備し、経糸の間を通して織っていきます。織り幅は168cmで、長さは約55mです。

織りあがったばかりの反物は、ごわごわしています。まず毛焼して表面の毛羽を焼いてから、お湯と石けん水の中でじっくり洗い、縮絨（繊維と繊維を絡める）されていく工程で（洗絨機―湯伸機―縮絨機―乾絨機―剪毛―蒸絨）、羊毛のフェルト化する性質を使って、しなやかで膨らみのある、手触りの良い織物に仕上げていきます。

仕上げ工程で、シワを伸ばしながらプレスし、入念な検査をします。洗っているうちに変化したサイズを調整し、糸ムラや小さな傷は熟練者によって直されていきます。最後のプレス段階を経て、風合いのある毛織物ができあがります。

毛織物はそれぞれ用途によってその工程は様々ですが、いずれにしても羊毛のフェルト化するという特徴を生かして、ウールならではの風合いを生かした製品作りがおこなわれているのです。

綜絖通し（葛利毛織工業株式会社）
製織
洗絨
蒸絨
検反（御幸毛織株式会社）

経糸整経

[羊毛紡績糸の工程 Wool Yarn Manufacturing Systems Wool Processing]

D.A.Ross, "Lincoln university Wool manual" Wool Science Department Lincoln University, 1990.

紡毛紡績における羊毛のブレンド

紡績糸を作るときは、クライアント（アパレルメーカー、織屋）からのリクエストに応じて、まず中心になる原料を決め、それを可紡性とコストを考え合わせて、繊維長が長いものから短いものまでをバランスよく三角形になるようにブレンドします。下図の14番手単糸のフラノ用紡毛糸の場合、中心になる原料はメリノトップ64sの60mm。それに強度を与えるためのナイロンを10%、価格を下げるために同じ64sでも裾物のクラッチングやロックス、そして風合いや膨らみを出すために短い繊維のノイルをブレンドします。

［14番手単糸メリノ（64s）のフラノ用紡毛糸における繊維長の比較］

フラノ：起毛されたコート地

	繊維長	繊度	割合	目的
メリノ ノイル	10〜30mm	64s	20%	起毛の風合いを良くするため
メリノ ロックス	30mm	64s	20%	毛長のバランスとコスト
メリノ クラッチング、ピーシス	50mm	64s	30%	毛長のバランスとコスト
メリノ トップ	60mm	64s（21μ）	20%	中心になる素材
ナイロン	64mm	2.5〜3.0デニール	10%	可紡性を高くし、強度を高める

［裾物の名称と特徴］

裾物の名称	特徴
ファースト ピーシス	裾物の中でも毛長が約50mmあるもの
クラッチング	お尻のまわりの毛。30mmくらいの毛長のあるもの
ロックス	落毛など、裾物の中で一番短い10mmくらいの毛
ノイル	トップを作るときに櫛に残った短いつぶ状の毛

裾物を入れる理由は、コストの面だけでなく、繊維長の違う原料をバランスよく配分することにより、可紡性を高めるためです。そして、特に仕上げで起毛するフラノの場合、短い毛であるノイルが入ることによって風合いが良くなるという効果を出せるからです。また、一般的に紡績糸では、糸の断面に最低40本以上の繊維がないと糸切れするといわれています。

［可紡性を高める］

紡績工場におけるカードの針布はメリノに合ったピッチになっています。58s以下の中番手の羊毛（10cm以上の毛長）の場合、まずカード前の段階で毛を切っておかなくては、針布のドラムに毛が巻きついてしまいます。また、工場ではたくさんの機械が同時に動くため、原料100kg以下では機械の調子が出るまでに終わってしまいます。最低300〜500kgなければ均一な糸は引けません。手紡ぎ糸に比べ、紡績糸は撚りをたくさん入れなければいけません（200回/m以上）。手紡ぎ糸はテンションをかけずに、ゆっくり紡ぐので、100回/m以下と甘撚りでも切れない糸を作ることができますが、機械の場合リングの回転するスピードを落とさなくてはいけないので、糸切れの原因になります。そして「繋ぎ」にメリノを入れなければ糸が切れてしまいます。糸の断面に繊維が40本以上ないと粘りがかけるため、機械にかけたとき糸が抜けてしまうからです。

[紡績糸の個性を作る]

紡績糸の個性はどのようにして作り出すのでしょうか。原料はメリノが主流。糸作りはまず太さと撚りで加減していきます。そして何より布に織った後の仕上げ加工で大きく変化をつけていきます。メルトン加工やフラノ加工など織りの打ち込みを強くしたり、縮絨を強くしたり、表面の焼毛やカット、起毛で個性を出していくのです。

このように紡績糸と布は、素材のもち味を生かすというより、その年の流行に合わせて「柄」と「色」と「仕上げ」によって個性を出していきます。手紡ぎ糸と手織り布が羊毛の品種の違いや、糸の太さ撚りの違いから、できあがりの布の個性を引き出していくのとは違う考え方をしていることがわかります。

column

手紡ぎにおける羊毛のブレンド

手紡ぎにおける羊毛のブレンドは、縮絨率も含めて毛質の違うものを合せるので、元の素材の特徴を理解しておくことが大切です。

さて、手紡ぎにおけるブレンドには、「似たもの同士、協調し合うブレンド」と「補い合うブレンド」という考え方があります。

似たもの同士、協調し合うブレンド

・柔らかい:メリノ+カシミヤ+シルクなど→しなやかで柔らかいものばかりを集めました。

・光沢がある:モヘヤ+ロムニー→いずれも光沢のあるもの同士。モヘヤ100%だと堅くて重たい糸になるので、ロムニーを混ぜることによって軽くて光沢のある糸になります。

モヘヤ+コリデール→同じ光沢系の2種類に、コリデールの柔らかさをブレンドすると、ロムニーを合せるよりもマフラーにできるくらいしなやかな糸になります。

・白髪っぽい:ハードウィック+チェビオット→チェビオットと太番手で粗剛な毛ハードウィック、これこそ出合いもん(京都の方言で「とても良い組み合わせ」の意)。一度試してみてください。

補い合うブレンド

・シェットランド+ポロワス→ポロワスは柔らかいがやや膨らみに欠けます。それを補うのにシェットランドをブレンドします。ポロワスの柔らかさが引き立ちます。

ブレンドの割合は、自分の判断・好みしだいです。割合を変えて混ぜてみて、紡いで、織ったり編んだりして、縮絨して、サンプルを作ってから、比較して決めます。同じ糸でも経糸の密度、仕上げ方によっても違いが出てくるはずです。あなただけのオリジナルブレンドを実験してみてください。

ウールのリサイクル 反毛・再生ウール

工場から出た糸屑、古紙回収などで集められた古着を原料として、ほぐして再び繊維にし、紡毛原料となったウールのことを反毛といいます。

衣料品や糸屑を、断裁・カードするため、繊維長は2〜3cmと短く、バージン ウール（新毛）と比べるとハリやコシが失われるため、新毛をブレンドしながら紡毛糸にするのです。（→56ページ「2：毛長ーレングス（Length）」）

ウール100%であれば、新毛を加えながら何度も再生でき、しかも衣料品というファースト ステージに戻すことができます。他のリサイクル繊維が、ウエスや緩衝シートにされているのがほとんどという中、反毛は衣料品に再生することができる稀有な繊維なのです。1960年代既に反毛の生産システムが産業として成立できた理由は、ウールが絹やカシミアに次ぐ高価な繊維のため、手間をかける価格的余地があり、それに技術力が伴っていたからだといわれています。そもそもウールマーク（バージンウール100%の証し・→163ページ「ウールマークとザ・ウールマーク・カンパニー」）は、この再生ウールと差別化し、新毛の消費を促そうとして1964年に誕生した背景があります。言い替えれば、リサイクルという言葉が一般的になるよりずっと以前から、羊毛はリサイクルするシステムをもっていたのです。

反毛の材料は、工場から出た糸屑や裁断屑、店頭から出た在庫処分品、古紙回収などで集められた古着など。まず仕分け工場でウール製品を選び、色分けします。その後、反毛工場でオイリング（油を加える）して布を柔らかくし、断裁し、カード機でほぐします。こうして布や糸は再びウール原料として紡毛紡績工場で糸になり、織物工場、縫製工場を経て衣料品になり、アパレルメーカーを通じて店頭に並ぶのです。反毛は色数に制約はありますが、染色しなくてもそのまま紡毛原料になるのでコストダウンできるメリットがあります。

20世紀の大量生産大量消費には限界があることが衆知された現在、この再生ウールのシステムは、持続可能で循環する物作りであることから、改めて注目されています。

仕分け工場では、ボタンやジッパーを取り、色分けして、ウール100%を仕分けします。

糸くずやセーターはほぐされ、再びカードされます。

column

目と手で素早く選別

布袋に詰め込まれた糸屑や裁断屑、在庫処分品や古着が山のように積まれている部屋の一角で、仕分けの作業はおこなわれていました。セーターなどから縫い目やジッパー、織りネーム、ボタンを切り取る。裁断屑から布端のネームを切り取る。紡績会社から出た糸屑は色分けし、コーンからはずす。

見た目はウールでも、化繊が織り込まれた伸縮性のある複合生地が近年増加していて、ウール100%か判断するには布を裂いてみなければわからないそうです。なぜ丁寧に選別するかというと、ウール以外の素材が混じると均一な糸ができないからです。この、人の目と手による仕分けの作業が、その後の品質を大きく左右します。取材先の愛知県一宮市の工場では10人で1日約2t、セーターなら約2,000着が仕分けられていました。仕分け担当の方は、「ウール100%かどうかは、まず手触りでわかる」と話していました。他に光沢、重み、裂いた時の音も含めて瞬時に判断するのです。分ければ資源、分けなければゴミ。まさに人にしかできない仕事といえるでしょう。

原料になる糸くずやセーター

紡毛工場のミュール紡績

できあがった紡毛糸や生地

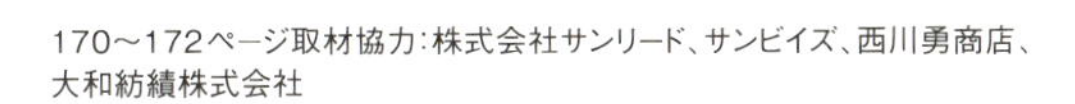

170〜172ページ取材協力：株式会社サンリード、サンビイズ、西川勇商店、大和紡績株式会社

column

リサイクルの優等生「反毛」

1990年代に、ペットボトルから作るリサイクルの衣料品がクローズアップされたことがありました。しかしそれよりはるか前、1960年代には既に、羊毛はリサイクルされて、再びウール製品にされていました。リサイクルという言葉が広く一般に知られる以前から産業として成り立っていたのです。他の再生繊維がウエスか緩衝シートにされているのがほとんどの中で、ウールの再生繊維だけが衣料品としてファースト ステージに確たるポジションをもっています。そのリサイクルのシステムをもっている再生羊毛「反毛」が、なぜもっと利用されないのでしょうか。

実は1980年代、イタリアの紡毛糸原料のほとんどが反毛だったといわれています。しかし当時、羊毛の染色に使われていたアゾ（AXO）染料に発がん性があるということがわかり、ヨーロッパで使用が禁止されました。以後バージンウールにアゾ染料が使われることはなくなりましたが、繰り返し製品を裁断、紡績、リサイクルする反毛には、アゾ染料で染めたウールが再登場する可能性が残りました。それが理由でヨーロッパの反毛産業は大きく縮小していくことになります。例えば街全体が反毛加工をしていたイタリアのプラートでは、たくさんの工場がなくなり、現在残っているのはバージンウールで製品を作っている工場ばかりになってしまったといいます。

では日本はどうでしょう。繊維業界の数十年にわたる激動の中、反毛工場の数は減ったとはいえ、愛知県の尾州や大阪府の泉州の反毛工場は時代に合わせて仕入れ原料を変化させて稼働しています。昔は古着を使っていましたが、現在では梳毛工場から出る糸屑や、縫製工場からの裁断くずなど、バージンウールであることがわかっている原料を使って安価で質の良い糸を作っています。

反毛が産業として成立できるのは、羊毛という原料が元々価格の高い繊維だからこそ。手間をかけてリサイクルすることが可能だったからなのです。

また、羊毛だけでなくリサイクル業界全体にいえることですが、集める手間、仕分ける手間、再生加工する手間をかけて、さらに新しい原料で作った物より安価に、そして品質の良い物ができるかどうかが、今後もリサイクルという社会的命題が継続できるか否かの分かれ道になります。そして「環境問題」も大きなハードル。「価格」と「品質」そして「消費者のニーズ」だけではない、「リサイクル」と「環境問題」こそは、これからの製造業にとって存続できるかどうかのキーワードなのです。

■ 鈴木龍雄
1928年、西宮市生まれ。1950年、現京都工芸繊維大学卒。羊毛フェルトと不織布の総合メーカー（株）フジコー元社長。フェルトと不織布の製造開発に携わる。

■ ひろいのぶこ
1951年、神戸市生まれ。京都市立芸術大学名誉教授。旅する布研究所。作品発表を続けながら、日本の樹皮と草皮の繊維を中心に、東アジアを調査し『織物の原風景』をまとめた。

座談会：工業におけるニードルパンチ

話：鈴木龍雄・ひろいのぶこ
聞き手：本出ますみ

ニードルパンチの登場で繊維産業は画期的に加工工程を省略し、化学繊維の活躍の場を押し広げました。ニードルパンチについて、鈴木龍雄さんとひろいのぶこさんにお話を聞きました。

［織り、編み、フェルト、紙 そしてニードルパンチ（不織布）］

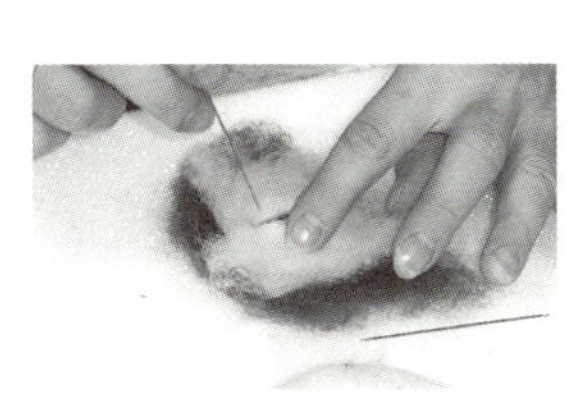

林さとみ作 クラフトのニードルパンチで作った人形

本出：先日鈴木さんからお借りしたニードルパンチの資料を見て、私の中でフェルトについての認識が混乱しています。テキスタイル・布帛（ふはく）・布を繊維でできた平面の物ととらえるなら織物、編物、フェルト、紙、そして今回のテーマである「ニードルパンチ」が含まれると思います。今日はニードルパンチが、テキスタイルの中でどのあたりの位置にあるかを知りたいと思っています。ニードルパンチの歴史は150年ほど前の、19世紀ヨーロッパで、羊毛のようにフェルト化する性質をもたない麻ぼろなどから、フェルト状の物を作りたいという所からスタートしました。ニードルパンチを含めた不織布というジャンルは、テキスタイルの中で歴史が最も浅いにも関わらず、早くも私たちの生活の中でオムツやフィルター、ラッピングシートなど多岐にわたって普及しています。私たちのようにクラフトに関わる人にとってニードルパンチといえば、一本の針で人形を作っていくもので（左下写真）、今までの石けん水を使う羊毛フェルトの人形と比べて、目や鼻など細かい表現ができることで注目されているテクニックです。もともと工場で作られているニードルパンチとクラフトのニードルパンチはどう違うのかについても知りたいと思っています。

ひろい：その前に、とても基本的な質問なのですが、今「布帛」という言葉が出ましたが、鈴木さんはこの織物、編物、フェルト、そして紙というものを表現するときにどういう言葉が適切だとお考えになりますか？

鈴木：たいへん難しい質問ですね。ナイロンが発明された時に、「今までの布帛は“回転の歴史"だった」と言われました。繊維に「撚り」という回転をかけて糸にする、そこから始まってスピンドルの回転、紡ぎ車の車輪の回転、織物もループという回転に至るまで、だから布帛の歴史というのは、繊維に回転を与える歴史だったわけです。でもこれは何十年も前の考え方で、その後ウォータージェット、エアージェットという技術が登場しました。だからそれまでは織物イコール布帛でよかったわけです。

ひろい：私は日本とアジアの麻繊維を見てきましたが、本来この「布帛」の「布」とは、麻などの草皮樹皮繊維で木綿を含まない布、つまり「のの」のことをいい、「帛」とは絹のことを指していました。その2つを一緒にして「布帛」と呼んだのだと思います。基本的には当時の織物すべてを布帛といっていたわけで、木綿は新しい繊維だったので、本来の「布帛」の中には含まれていなかったのかなと思っています。

［ニードルパンチの工程］

鈴木：そうですね、ニードルパンチが出てきた時、これはもともと布帛と呼べる状態ではありませんでした。麻屑などの雑繊維や古い織物を裂いてほぐしてシート状にして、羊毛のフェルトのように固めるために、専用のニードル針を作り出して、繊維を突いて絡めることで始まった技術なのです。これが機械的にできるようになったのが150年くらい前です。

紡績工場のカーダー

ひろい：ニードルの針はとても面白い形状をしていますが、これはどういうアイデアから生まれてきたのでしょうか？

鈴木：元々日本にも「刺し子」というものがありました。断面が三角のピアノ鋼線を、適当な長さに切って先を尖らせ、三角形の稜線の所にヤスリで刻みを入れると、鈎（かぎ）ができるんです。それを稜線の所にずらして3本ほど螺旋状に刻んで作った針を何本か並べて、ぐっさぐっさ上下に刺すという試行錯誤を我々も戦前にやっていました。主に雑毛・反毛（リサイクル ウール）を使うのですが、このときシート状の繊維が上がってこないように2枚の板の間にシートを挟むんです。上の板には針の位置に穴が開いていて、針と板が同時に下りてシートが動かないようになっています。針が上がった時に下のシートが少し進むので繊維が均一に絡んでいきます。針の刻みに方向があるので、針が下がる時に毛を絡ませ、針が上がる時はスムーズに上がるわけです。車の床のシートなどは反毛を使ったニードルパンチですが、しっかりフェルト化していなくても、絡んでいればいいわけです。我々のいる工業の歴史の中で、どんどん効率化が進められ、1分間に3,000回くらい針が上下するような機械にまで発展してきました。

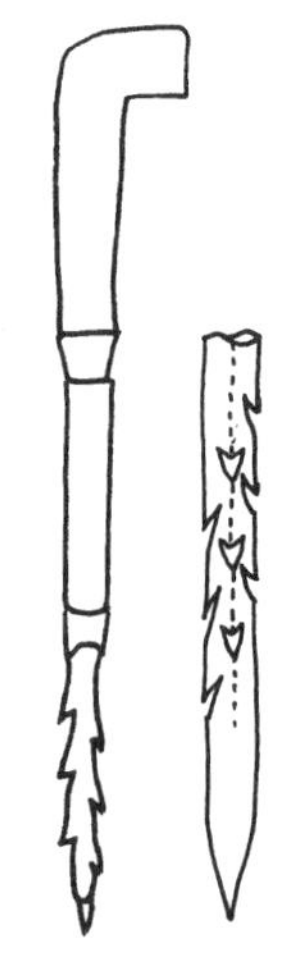

左：ニードル針
右：刺し子機の針

本出：3,000回というと、1秒に50回！どのくらいの速さか想像できませんね！

鈴木：この機械をニードルロッカーといいます。30cmほどの幅のボードに1mあたり1万本の密度で針が植えられています。もっと細かいものは1mあたり2万本の密度です。それを長さ2m〜14mくらいの幅の機械にセットします。機械の高さは3階建てのビルくらいのものもあります。針を上下させるというシンプルなものですが、振動しないように頑丈で大きな機械を作るわけです。

鈴木：これがニードルパンチの機械です。

本出：ほとんど上下している針が見えないですね。

ひろい：針が熱をもちそうですね！針は上から刺すのですか？

鈴木：そう、針は上から刺すものと、上下両方から刺すものがあります。

本出：じゃあ、針のメンテナンスがたいへんですね。針を作るのに苦労はされましたか？

鈴木：はい。始めた時は国産の針を作るのに5年くらいかかりました。最初それらしい針ができて1日目に作ったフェルトはまあまあしっかりした質感でした。それが3日目くらいになると、何となくふわふわしたフェルトになってしまうんです。なぜだろうかと見たら、針が丸くなっていました。先が摩耗して丸くなってしまうんです。それを防ごうと、今度は針に焼きを入れて硬くすると、ぽきぽき折れるようになってしまった。これでは品物にならないうえ、検針をしてから出さないといけない。そんな試行錯誤がありましたが、今ではかなり丈夫な針が作れるようになりました。

［均質な物をたくさん作るのが工業　世界で一つだけの物を作るのが工芸］

本出：均質な物を作るのはたいへんなことですね。

鈴木：それが工業ということです。工業はずっと変わりなく一定の物を作る、工芸は世界で一つだけの物を作ることです。

本出：均質に製品を作るラインが流れていくまでがたいへんですね。

［ニードルパンチができる仕組み］

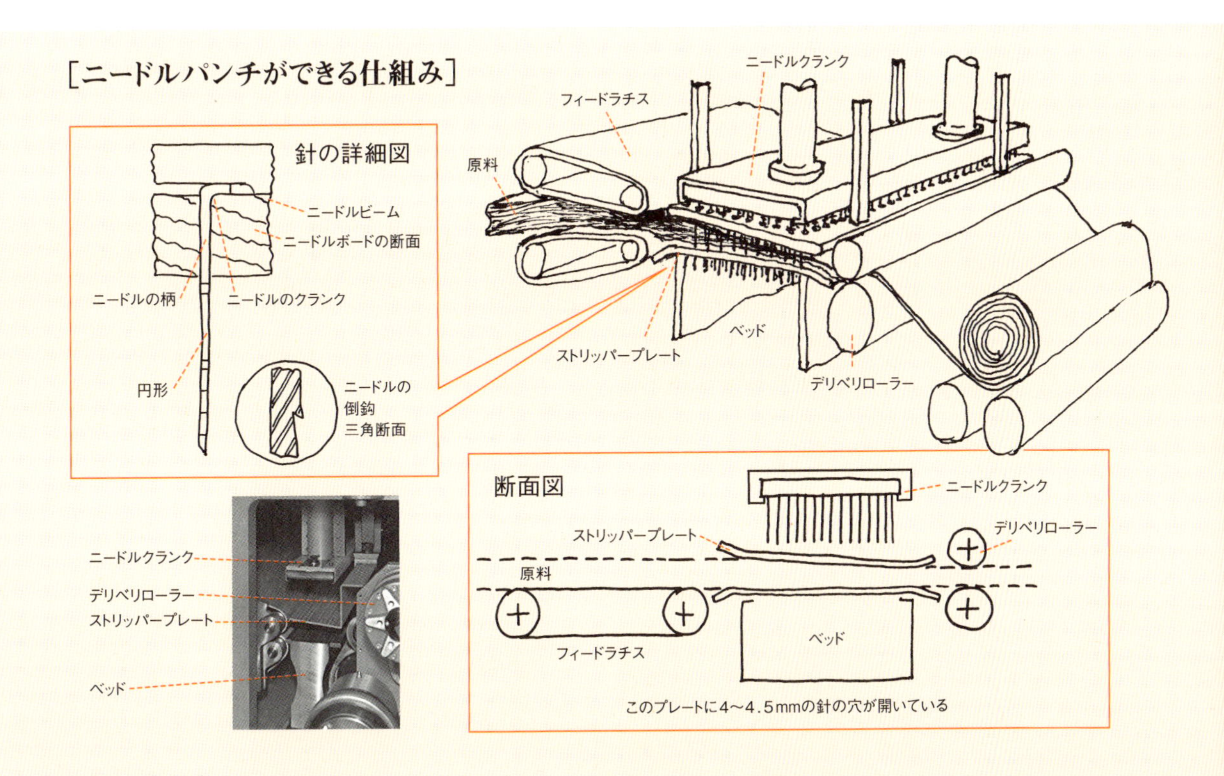

	工程	素材	ウェブ
羊毛のフェルト	水を使う	動物性繊維	平行に重ねてもフェルト化する
ニードルパンチ	水を使わない	あらゆる繊維（化学繊維、木綿、麻、鉱物、ガラス、ステンレス）25mm～75mm	あらゆる方向にウェブ状に重ねる（用途によって違う）。

鈴木：このニードルパンチが登場してきた時、従来のフェルトと見かけがほぼ同じ物ができるというので困りました。片や針で指して毛を絡ませたシート状の物、だからできあがりは乾いています。片や従来の水分を使ってフェルト化させた物なので時間をかけて乾かさなくてはいけません。これは工程として大きな違いなんです。

［羊毛のフェルトとニードルパンチの違い］

本出：それでは、従来のフェルトとニードルパンチの違いはどこにあるのですか？

鈴木：それは、フェルトの場合は羊毛でなければフェルトにできない。しかしニードルパンチの場合はあらゆる繊維をシート状に加工できるわけです。化学繊維から木綿、麻、鉱物繊維…ガラスは少し難しいですが、ステンレスの繊維も加工できます。

本出：では加工のプロセスはどう違いますか？

鈴木：繊維をウェブ状（カードした布団ワタ状）にする所までは一緒です。フェルトの場合、カードし繊維の方向を平行に重ねていっても、石けん水をかければ羊毛繊維が自然と方向を変えていってくれるわけですね。ところがニードルパンチの場合、羊毛以外の繊維は、その方向を変えてくれないので、ウェブ状の物を作る段階で方向を変えて重ねる必要があります。素材と用途によって繊維の方向は千差万別、色々と工夫できるわけですね。また、素材のブレンドについても考えなければいけません。例えば石と砂を混ぜるみたいなもので、繊維の密度が違えば針の細さを変える必要があります。ニードルパンチの発達で、どんどん細い針を使うようになってきました。そしてあまりたくさんの繊維をつかまないようにして、針の細さと密度で仕上げるようになってきています。

ひろい：繊維の長さはどう関係していますか？

鈴木：長いもので75mm、短くても25mm。あまり短くても絡みが弱くなるのと、厚みによっても適当な繊維長は変わってきますね。

［用途にかなう素材と工程を選ぶ］

本出：少し話は変わりますが、京都で紙漉きをしている山口力さんから教えてもらったことを思い出しました。麻布や、綿布などの通常の紙には使われない植物繊維を切り刻んで紙漉きをしている方なのですが、その方に羊毛の紙を漉いてもらったことがあります。（→59ページ「繊維の長さが用途を決める、工程を決める」）

ひろい：にんじんとかごぼうの紙も漉いておられましたね。

本出：そう、ジーンズや蚊帳でも包丁で切り刻んで紙に漉いているすごい人です。羊毛の紙も、紙漉きと同じ工程で、羊毛を1cm未満に切り刻んで、とろろあおいの糊を混ぜて漉いたというもので、できあがりはフェルトそっくりなんですが、ぼろぼろちぎれるんです。紙漉きの工程なので縮絨されておらず、繊維がしっかり絡み付いてフェルト化していないんです。この時、山口さんが「植物繊維であれば何でも紙漉きできます。ただし繊維長が1cm以上あると繊維同士が自然と撚(よ)れて、均質な紙にならない。だから紙にするか糸にするかのボーダーは1cm以下か以上かで判断できる」ということを話しておられました。羊毛の紙のことを考えると、やはり素材に適した工程と用途があるんだと感じます。

［不織布？紙？それともフェルト？性状と形状の違い］

鈴木：もともとフェルトは紙との競合がありました。

紙の原料のパルプは短い繊維で形状的に引っかかりやすい素材であるのに対し、羊毛はフェルト化するという性状（縮絨性、可塑性）をもっています。それと比べて不織布は、ひっかかる性質のない物、例えば石、ガラス、鉱物などの繊維でもシート状の物を作ってきたわけです。熱や樹脂によって圧着させたシート状の物なので、できあがりの形状が紙とよく似ています、繊維の付き方が違うだけですね。

本出：紙は、和紙を漉くときに入れる「とろろあおい」などのとろみで繊維が付いているのではないですか？

鈴木：確かにとろみを入れることもあると思いますが、紙は本来ひっかかりやすい性状をもった素材で作った物。不織布は引っかかる性質のない素材を集めて作ったフェルトのような物。紙とフェルトと不織布を、どこで線引きするのかは、非常に難しい問題なんです。また、不織布には様々なバリエーションがあります。短繊維を超音波で溶融させて、ローラーをかけて作った物。電着といって樹脂を塗っておいて繊維の粉末を静電気で付けた物、だから繊維は垂直に付くわけです。眼鏡ケースなどに使われますね。他にも、すごく小さな穴から圧力を掛けた水をシートに当てて繊維を絡ませて作ったスパンレースというものなどがあります。

ひろい：水の針ですね。

［技術と工程で分類する必要がなくなってきた］

鈴木：今は、色々な作り方が出てきました。だから紙と不織布とフェルトの分類は非常に難しい問題です。

本出：分類する必要がないのかもしれませんね。用途やニーズ、例えば吸湿性、引張強度、薄さ、肌触りとかから工程や加工技術を考えていけば良いのであって、織物である必要すら無いということですね。

鈴木：そういうことです。ニーズに合わせて、新しい技術もどんどん作られています。

本出：現在、織物と編物とフェルトと紙と不織布という繊維業界全体の中での不織布のシェアはどれくらいでしょう？

鈴木：どうでしょう…？日本国内の生産量は不織布が多く、50%を超えている（2016年度の売上では約12%）のではないでしょうか？オムツなどのパット類は、何層にも重ねて作っていますね。

本出：このパットのおかげでムレずに肌もかぶれにくくなっています。肌はさらさらしていて、でもしっかり保水して一番外側は防水もしっかりしています。浸透圧が工夫されているのでしょうか？

［繊維の方向がポイント］

鈴木：それはね、浸透圧ではなく、針で開けた穴の方向によって生まれた機能ですね。何かで穴を開けたとします、すると穴の形状は片面は大きく片面は小さくなりますから、こっちからは水滴は通りやすくても、反対からは通りにくくなって吐き出さないのです。

本出：なるほど！穴の形状で、中には入りやすいけど出てこない。シートの表と裏と使い分けているんですね。

鈴木：例えばパソコンのインクジェットプリンターも、インクを紙に吹き付けた後は、余分なインクはすぐにフィルターで拭き取らなくてはいけませ

フェルト	羊毛のフェルト化する性質を利用した物	・フェルト性 ・可塑性
紙	パルプの形状のひっかかりやすさを利用した物	・繊維の形状による絡み
不織布	ひっかかる性質のない物を（ガラス、鉱物、化学繊維）を含む様々な繊維を集めて作ったフェルト状の物	・熱可塑性で圧着 ・樹脂による圧着 ・針によって絡ませる

ん。ここでもインクを溜めておくのにフィルターが使われています。昔はいちいちそのフィルターを取り替えていましたが、今のインクジェットプリンターは、とにかくどんどん溜めておけるフィルターを使っています。吸収しやすい繊維を使って、フィルターの構造でも多く吸収して吐き出さない、先程お話した一方向にしか通さないものを搭載しているわけです。

本出:入った魚が出て行けないようになっている、返しの付いた罠のようですね。

ひろい:そうなんですね、麻繊維にも方向があって、根元から先に向かって細くなっていて、自然に裂ける方向に従って繊維を採ります。そして糸を績(う)み、織る所まですべて、繊維の仕事というのは方向が大切なんですね。鵜が魚を飲み込むのも必ず頭からといいます。鱗に素直に従うように飲み込むんですね。

鈴木:フェルトもそうです。羊毛は根元の方から動いていきます。他にもウサギの毛はとても短いのですが、毛皮の時に薬品処理で毛先を柔らかくすると根元が固くなるんです。その毛を抜き取ってフェルトにするとき、縫い針のように繊維の堅い方が動いて、柔らかい方が付いてくる。そうすると自然と絡まってくるんです。繊維に方向をもたせるというのは大切なことなんですよ。

ひろい:羊毛の梳毛紡ぎもそうですね、コーミングをするときも根元と毛先を揃えて梳き、紡ぐときも根元から方向性を守って紡ぐととても紡ぎやすく、糸も光沢のある糸になりますね。

本出:オムツの不織布シートは、浸透圧や化学処理がしてあるのかと思っていたんですが、まさか針の刺す方向がポイントだったとは、驚きました!

ひろい:これは針の太さも関係しますか?

鈴木:そうですね、例えば外からの水滴は通さない、でも内側からの湿気は通すような不織布の場合は、開ける穴の大きさが大切なので、針の太さが関係してきます。加工の方法はたくさんありますよ。それからニードルパンチそのものの作り方にも、色々あります。針の先を二股に裂けさせて押し込み、ループ状のカーペットのような物も作れます。今まで、「織物は回転の歴史」だと言われてきたものを、完全に覆したのがこの「不織布」なんです。

[紙と不織布と織物]

ひろい:ここまでお聞きしてくると、不織布という言葉にも違和感を感じますね、例えばフィルムとかシートなどの違う言葉の方が良いのではないでしょうか?

本出:私は逆に、これほど様々な不織布の技術が開発されているうえ、織物の工程だけが明確に定義されているので、それ以外の物はすべて「織らない布=不織布」という言葉でしか表現できないのではないかと思いました。

鈴木:そうですね、実はこの業界自体が「織物」を常に頭に置いて作っていて、むしろ「布」として扱われたいと思っている、だから「不織布」と呼んでいるんです。

本出:例えば織物とニットの場合、伸び縮みはニットの方があります。だからもし、不織布に伸縮性という特徴が加われば、着る人の形状に合わせて作った型に繊維をバッと吹き付けて、縫製も何もしないで即製品になるという可能性もありますね。

鈴木:そうですね、できるかもしれません。素材の選び方しだいで可能だと思います。

[用途にかなう"品質"、その次にくるものは"価格"、そして最後に"高級感"]

本出:用途に合わせて素材と工程を選ぶということはわかりましたが、価格の問題はどうですか?工程のシンプルさも含めていかがですか?

鈴木:工業製品には、用途からくる「ニーズ」、「消費者の嗜好」、そして「製造価格」という側面があります。価格的には紙の製造原価が圧倒的に安く、次が不織布です。実は不織布と織物はほとんど製造コストは変わらないのですが、一般的に織物の方が高級とされていて、不織布というだけで「安いはず」という決め付けがあり、価格が上げられないという苦しさがあります。不織布はありとあらゆる繊維が使えますが、工程では、まず繊維の方向を揃えなくてはいけません。そして、針で刺すなり熱なりで化学処理をします。というように不織布は色々な工程があるので、実際は結構コストもかかります。こんな話があります。昔、プールサイドなどで使われていた「アウトドアカーペット」というものがあります。アメリカから入ってきた物で、ポリプロピレンで作られたニードルパンチで強度もありました。ところが日光にとても弱かった、だいぶん改良されたんですが、屋外での使用はダメということになって屋内で使われるようになってきた。それがニードルパンチカーペットです。家庭でも手軽に切って使えるので、ずい分普及しましたが、やっぱり使っていると、ウールの織りカーペットの方が良いな…となってしまい、しだいに追いやられて、今やディスプレーとか、イベント会場の通路などでしか使われなくなりました。だんだんと追いやられた理由は、やはり消費者の上級志向です。普通の織りカーペットになった理由は、価格だけでなく見栄えのある、品のある物を求めるようになったことです。

本出：用途が同じ場合は、安さだけでなく、やはり高級感がネックなんですね。

鈴木：このニードルパンチカーペット、1960年代の値段が980円/m^2でした、「これは儲かるな」と思っていたら、私が作って売り出す頃には100円/m^2を切ってしまいました。

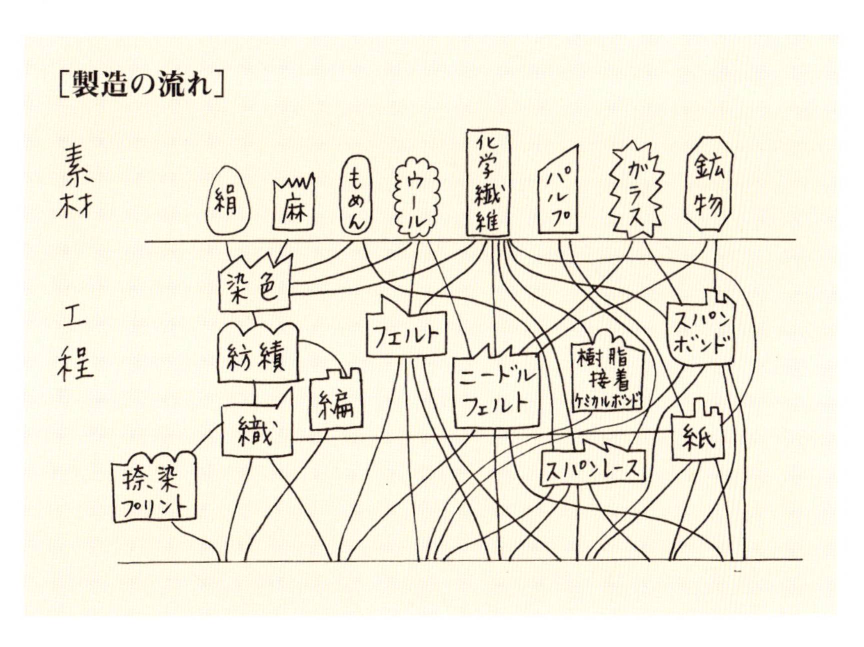

ひろい：話は変わりますが、このごろ花屋さんで見かける色とりどりの包み紙。最近の花屋さんでは紙の方が少ないような気がしますね。

鈴木：あれはスパンボンドといいます。紙は後から着色しますが、不織布は着色も先にできて良いんですよ。繊維がムラになっているのも、最近はそれが良いそうです。

[繊維の未来
それはエネルギー問題
地球環境へ広がっている]

鈴木：今、珍しい物では、発電所で作った電気を蓄電・放電する大きな蓄電池に、炭素繊維で作ったフェルトが使われています。

本出：すごい！繊維が電池になるんですね！

ひろい：繊維の良さというのは柔軟性というか、保管するためにくるくる巻いたり、また広げたりという可変性ですね。それに軽さも魅力だと思っていました。でもそれだけじゃないんですね。

本出：空気や水の濾過に使うフィルターだけでなく、繊維はこれからの環境問題、エネルギー問題にも大いに利用できるわけですね。本日はありがとうございました。

坂田ルツ子作

book 「羊毛産業」で参考にした本

川端季雄『風合い評価の標準化と解析』日本繊維機会学会風合い計量と規格化研究委員会、1975年
日本羊毛産業協会編『羊毛の構造と物性』繊維社企画出版、2015年
『ウールの本』読売新聞社、1984年

羊の世界史

羊は人と共に、大地も大海も移動した

家畜としての羊の歴史は１万年前に遡るとされています。人は羊と共に草を求めて大地を歩き、交易で羊を交換しました。ローマ人、アレクサンドロス大王、さらにはチンギス ハンも羊を連れて西へ東へ移動しました。さらにフェニキア人は船に羊を乗せて貿易し、地中海沿岸各地に羊を持ちこみます。またバイキングの連れてきた羊は、英国に持ち込まれました。羊は、乳と肉と毛で人が生きていくに必要なものを与えてくれる、そして従順に人に付いて歩く動物だったからでしょう。この章ではその羊の歴史に触れます。

羊の起源と伝播

野生の羊が家畜として飼い慣らされ始めたのは、紀元前7000年頃、西アジアのメソポタミア地域とされています。乳や肉だけでなく、毛、毛皮、脂肪、骨、角、さらに糞まで、人に恵みを与えてくれる羊。まずは家畜羊の伝播と拡散を追ってみましょう。

[家畜羊の伝播拡散]

[アメリカ]
西暦19世紀

[アルゼンチン]
⑰西暦19世紀

①紀元前7000年頃のメソポタミア地域（現在のイラクからパレスチナ、レバノンあたり）が、羊が家畜化された地域の一つと推定されています。そしてここからアフリカ、中東、インド、アジア東部、そしてヨーロッパ東部に伝播拡散していきます。

②紀元前7000年頃にはインドへのルートであるアフガニスタンに羊が存在し、紀元前6500年にはインダス河流域に到達。

③紀元前5000年頃、アフリカでは既に羊や山羊が飼われていました。

④紀元前4500年頃、遺跡から羊骨が発掘されていることから、モンゴル高原から極東の中国に、羊が到達していたと推定されています。

⑤紀元前4000年頃、新石器時代の移住者によって、英国にソアイに似た羊が連れてこられました。

⑥紀元前2500〜1000年頃の新石器時代に、パキスタンからインド東部や南部に、羊が牛や山羊と共に拡散。

⑦紀元前2500年頃までに、中東近辺、エジプトで羊の交雑化が盛んにおこなわれました。古代のレリーフやモザイク画にも、水平に伸びたコルク栓抜き状角で長尾ヘアー タイプの羊、らせん状の形の角で尾が細く短い毛のウール タイプの羊、渦巻角（アモン角）で垂れ耳の搾乳にも使われたウール タイプの羊、鋸歯のような角をもつウール タイプの羊、アモン角で脂肪尾のあるヘアー タイプの羊などの姿が描かれています。

⑧紀元前1600〜紀元前1200年頃のヨーロッパの青銅器時代において、本格的にヘアーを少なくする選抜育種がおこなわれるようになりました。

⑨紀元前1500年頃から中東に近い地中海世界で、海洋貿易民族国家フェニキアが勃興し、レバノン杉やメソポタミアの白いウールなどを交易物資として広範囲の貿易をおこなっていました。

⑩ローマ帝国（紀元前100年頃）の時代に、南イタリアのタラント周辺で、羊の組織的な品種改良がおこなわれ、タレンタイン種が開発されます。白色が選別育種され、細くて長い柔毛が得られるようになりました。そしてローマ帝国の拡大によって、牧羊や毛織物の技術はヨーロッパ全域に伝えられることになります。

⑪ローマ帝国の統治時代（紀元前27年〜）に始まる英国における品種改良は、既に新石器時代に連れてこられていたソアイ種、北ヨーロッパから来た在来種、そしてバルカン半島から来たメリノの原種によって進められていました。

⑫西暦700年代にイベリア半島はサラセン帝国の支配下に入り、モロッコのムーア人により良質なウールを求めて改良が続けられます。やがて西暦1300年代に、カスティリア王国においてメリノ種として確立しました。

⑬西暦1200〜西暦1400年頃、毛織物産業はイタリアのフィレンツェやフランドルと並んで英国が主導的な立場になります。

⑭西暦15世紀に始まる大航海時代、コロンブスの航海費用の一部はスペインの羊毛輸出税収入を担保に賄われました。

⑮西暦1789年に、オランダのオラニエ王家によって、南アフリカのケープ植民地にメリノ6頭が移されました。

⑯英国軍人ジョン マッカーサーは、南アフリカで獲得したメリノ13頭を、西暦1797年にオーストラリアへ持ち込みました。

⑰西暦1813年に、スペインからアルゼンチンやウルグアイにザクセン メリノ、ランブイエ メリノ、バーモント メリノなどが持ち込まれました。

⑱西暦1834年に、オーストラリアからニュージーランドへメリノが持ち込まれました。

家畜羊の伝播

[英国]
⑤紀元前4000年
⑪ローマ帝国時代(紀元前27年〜西暦4世紀)
⑬西暦1200〜1400年頃

[北ヨーロッパ]

[オランダ]
⑮西暦1789年

[ローマ]
⑩紀元前100年頃

[スペイン]
⑫西暦700年
⑭西暦15世紀
⑰西暦16世紀

[アフリカ]
③紀元前5000年

[メソポタミア]
①紀元前7000年〜紀元前6000年
⑦紀元前2500年
⑧紀元前1600年〜紀元前1200年
⑨紀元前1500年〜

[モンゴル・中国]
④紀元前4500年

[インド]
②紀元前7000年〜紀元前5000年

[南インド]
⑥紀元前2500年

[南アフリカ]
⑮西暦18世紀

[オーストラリア]
⑯西暦18世紀

[ニュージーランド]
⑱西暦19世紀

羊の学名 語源

羊の学名はオビス（Ovis）といい、18世紀にスウェーデンの学者カルル リンネが命名しました。家畜化した羊はOvis Ariesと分類されます。英語のSheepはアングロサクソンの古語であるSceapあるいはScoepから転じたものですが、ラテン語のOvis、リトアニア語のAwis又はAwizは、サンスクリット語のAviが転化したものです。Aviの語源Av'には「守る」「保護する」という意味があり、人が羊を狼などの害獣から守り、家畜にしたためだといわれています。

写真：Bridgeman Images/アフロ

そして近年の研究で羊の家畜化は1万年前には始まっていたとされています。人は羊を守ることによって肉と乳と羊毛を得て、過酷な環境でも生き延びてきたのです。

［羊の動物分類上の位置］

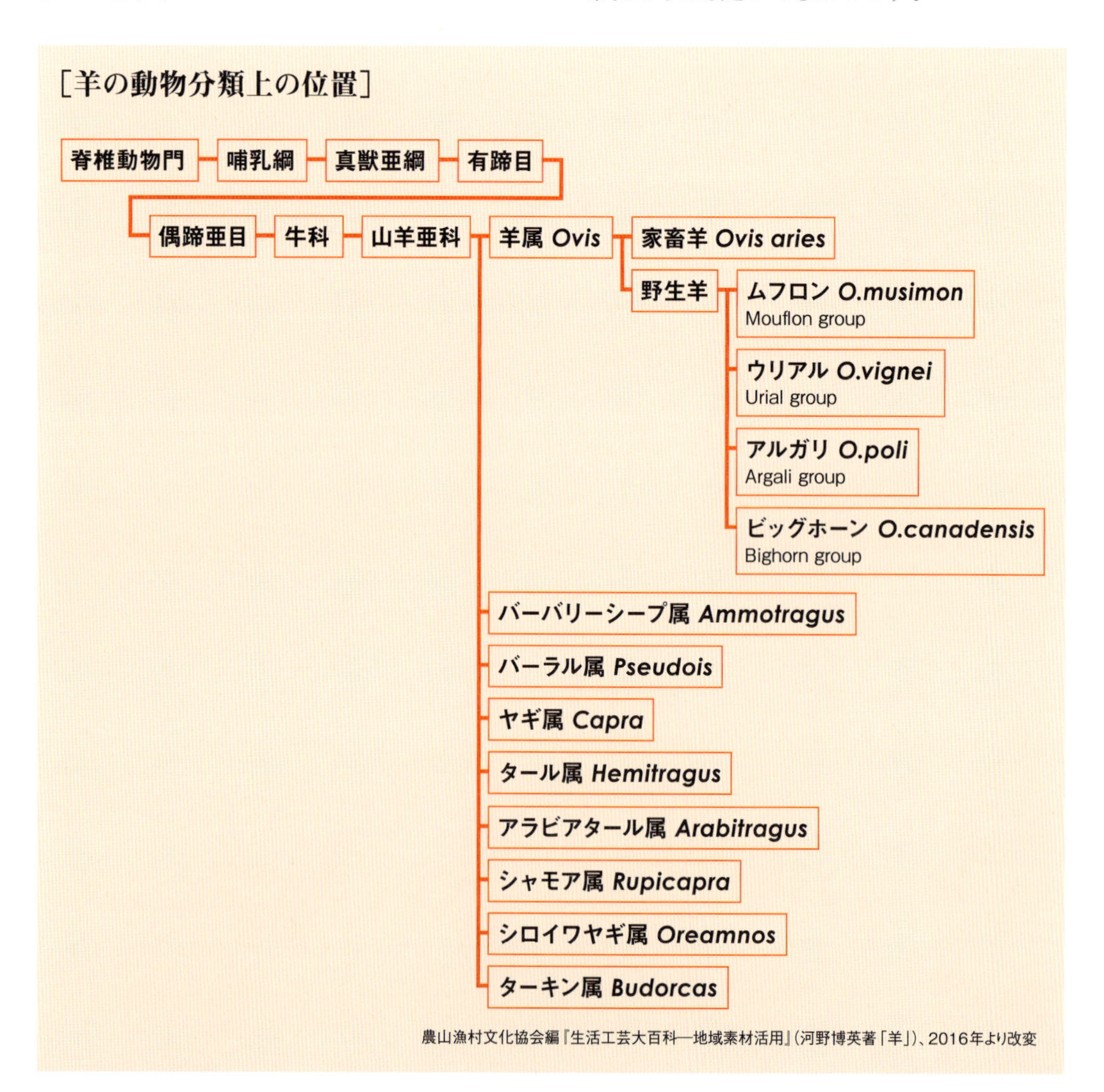

農山漁村文化協会編『生活工芸大百科―地域素材活用』（河野博英著「羊」）、2016年より改変

［世界における羊の分布］

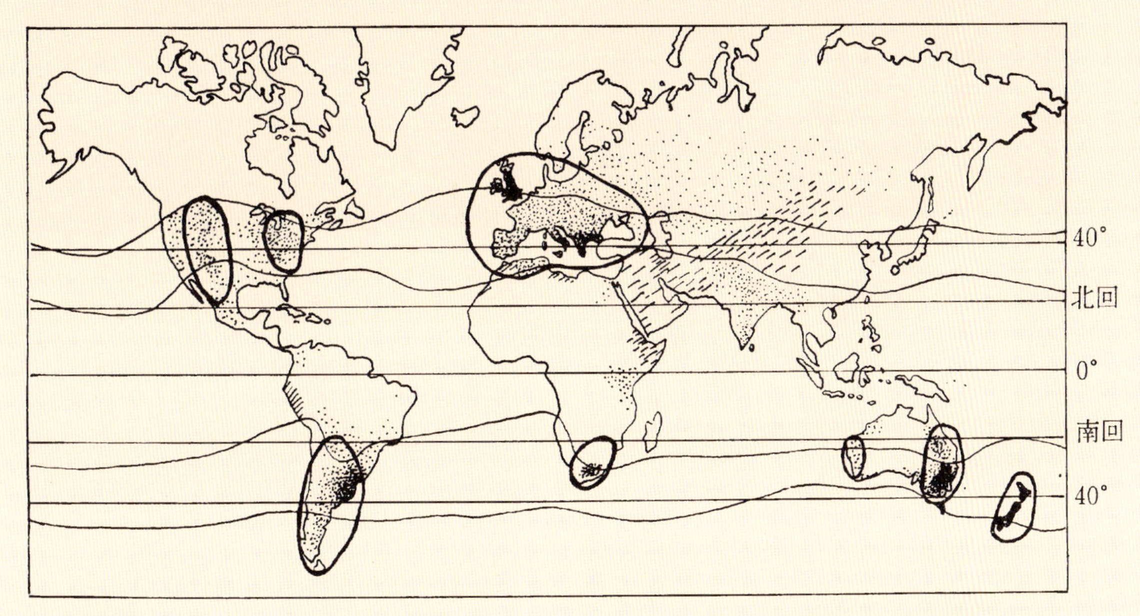

森彰『羊の品種—図説』養賢堂、1970年

世界の羊の分布

2015年、世界の羊の頭数は10億頭台で、その羊毛は210万t（脂付重量）です。世界の人口が70億を突破していますから、1人300gを消費。羊1頭で7人分の羊毛消費を支えていることになります。

羊は主に、北緯40度と北回帰線の間と、南緯40度と南回帰線の間の帯状のあたりに分布し、北半球ではヨーロッパ西部と南部、そしてアメリカ、アジアでは中国・トルコ・イラン・イラク・アフガニスタン、そしてインドで多く飼育されています。南半球ではアルゼンチン・ウルグアイ・ペルー・ブラジル・南アフリカ・オーストラリア・ニュージーランドで多く飼われています。

羊は、農耕に適さない粗放（そほう）な草原、半沙漠（わずかに草が生えている乾燥地）でも、草を食べ、4つある胃袋で反芻（はんすう）し成長していき、人間に貴重なタンパク源、肉と乳を与えてくれます。また毛は、シベリア、モンゴル、中央アジアなどの、冬はマイナス50℃以下になるような風雪の厳しい極寒の地でも、また中東やアフリカなどの昼間は40℃を越えるような灼熱の半沙漠でも、人の体を守ってくれます。羊毛は熱を遮る力が強いので、遊牧民はテントや長袖の衣服に羊毛を使って自分たちの肌を守っています。

そして日本を含むアジアの一部を除いて、羊は世界中に分布し、それぞれの立地条件に適応し、人の目的に応じた育種がおこなわれ、品種は枝分かれしていきました。そして「移動による交雑」と、「隔離による育種」の繰り返しが、羊の品種を分岐させていきました。交易や戦争によって羊が移動し、行き着いたその地の気候風土やニーズによって、淘汰され育種が進み、品種が確立していったのです。

中国 敦煌

ヨーロッパ ムフロン　写真：F1 online/アフロ

ラッカ　写真：ANP photo/アフロ

ソアイ　写真：Ardea/アフロ

ビッグ ホーン　写真：WESTEND61/アフロ

アルガリ　写真：Ardea/アフロ

羊の品種の分類

羊はまず野生種と家畜羊に分かれます。用途や国によって品種（Breed）の分類の仕方は変わります。学者によっては、1,000種と数えられたり、3,000種という説もあります。

近年インターネット上に、学術書にはない羊の名前を見かけます。その土地で昔から呼ばれてきた古い名前であったり、方言による呼び方の違いだったり、雑種交配した個人がA種×B種＝ABと愛称のように呼んでいるうちに一般化したり…と、純血種として羊毛公社などから正式に登録された品種名ではない名前も見られます。それはこれからも留まることはないでしょう。なにしろ羊は家畜ですから、たどり着いた土地の気候風土と人間のニーズに合わせて新たな品種へと変わり続けていくのです。

また、分類の方法もいくつかあります。国や業種によって分類の仕方が違うからです。ここでは主な分類法を見てみましょう。

1：利用目的で分類

・毛用種 Wool Breeds—メリノ
・肉用種 Mutton Breeds—サウスダウン
・毛肉兼用種 Wool and Mutton Breeds
　—コリデール
・乳用種 Milk Breeds—フライスランド
・毛皮用種 Fur Breeds—カラクル

2：羊毛による分類

・毛長(もうちょう)(Length)
　短毛種(たんもうしゅ) Short Wool Breeds
　　—サウスダウン
　長毛種(ちょうもうしゅ) Long Wool Breeds
　　—ロムニー マーシュ
・太さ
　細毛種 Fine Wool Breeds—メリノ
　中毛種 Medium Wool Breeds—コリデール
　粗毛種 Coarse Wool Breeds—ハードウィック

3：原産地による分類

英国種、フランス種、イタリア種など。地域名では中東脂尾羊など。

4：土地条件

・英国での分類の一例
　低地種 Lowland Breeds
　　—ボーダー レスター
　高地種 Highland Breeds
　　—ブラックフェイス
　丘陵種 Down Breeds
　　—サウスダウン

5：その他

他に、外貌や体格、毛色、顔色、耳形、横顔(ローマ鼻形・Roman Nose Type)、角型(無角・Polled Breeds、有角・Horned Breeds—螺旋形・Spiral Horn、コルク栓抜き型・Screw Horn)、尾の状態(短尾、長尾、脂肪蓄積)などで分類されます。

脂尾羊

羊木臈纈屏風(正倉院宝物)

古代の羊からメリノまで

羊の家畜化は、野生羊の仔羊を飼い慣らすことから始まったとされています。その原種は、ユーラシア大陸に生息するムフロン(Mouflon)、ウリアル(Urial)、アルガリ(Argali)で、特にムフロンはアジア ムフロンとヨーロッパ ムフロンが存在し家畜羊の祖先ではないかといわれています。ビッグ ホーン(Big Horn)は、アラスカ、カナダ西部、アメリカ西部、メキシコに生息しています。

[近代メリノの源流、スペイン メリノ]

メリノの起源はメソポタミア時代(紀元前2000年頃)に、西アジアで家畜化された古代羊で、地中海そして北アフリカ経由で、移住者によってスペインに持ち込まれたとされています。夏は涼しいスペイン北部、冬は暖かい南部へと羊を移動させることで、羊体の筋肉を引き締め、脚力をつけ、毛を細くし、毛質はますます改良されていきました。これがスペイン メリノです。また、このように移動させていたことから「トラベリング シープ・Traveling Sheep」と呼ばれようにもなりました。

西暦1491年にスペインではレコンキスタ(国土回復運動)によって、スペイン王家がメリノ羊を所有。王室はメリノの毛によって富を蓄え、コロンブスの新大陸発見などの航海資金は、フェルナンド国王とイザベラ女王がメリノ羊毛の売り上げによって調達したほどです。フェリペ1世の時にはメリノを王室だけが所有できるようにし、メリノの国外持ち出しを死罪としました。例外はスペイン国王が贈り物としてヨーロッパの王室に与えたメリノで、西暦1765年にはサクソン人の王侯へ、西暦1770年にはフランスのルイ16世に贈られました。これを手にした各国王室は何とか自分の国の環境に合うメリノに改良しようと努力します。それが後の「ザクセン(サキソン)メリノ・Saxon Merino」、フランスの「ランブイエ メリノ・Rambouillet Merino」になりました。英国では残念ながら、環境が合わなかったため品種改良は進みませんでした。

そしてオランダのオラニエ王家は、湿度の高いオランダではメリノの飼育は難しかったため、西暦1789年に南アフリカのケープ植民地にメリノ6頭を移しました。

オーストラリア Sykes牧場 クロスブレッド

さて西暦1790年にオーストラリアに到着した英国の軍人ジョン マッカーサーは、この広大な地でできる産業は、人手をかけず、かつ長い航海で遠い北半球の英国まで送るだけの価値があるものだと考え、牧羊に目を付けます。西暦1797年に南アフリカにあるオランダ所有のケープ植民地を経由して13頭のメリノを獲得、オーストラリアに持ち込みました。それが基礎となって、オーストラリアは200年で約1億頭を飼育するほどのメリノ王国に発展しました。発展できた理由は、内陸の乾燥した広大な土地が、トラベリング シープといわれるように体が強いメリノに適していたこと。そして生産した羊毛を、毛織物産業が盛んな本国 英国に送ることができたからです。さらに海岸の雨の多い地域では、メリノの生育に適していなかったため、環境に合うように英国種とその雑種を品種改良していきました。

オーストラリアではその後もメリノの品種改良を重ね、18μより細い「スーパーファイン・Superfine (Saxon)」、19～20μの「ファイン・Fine (Saxson)」、21～22μの「ミディアム・Medium (Peppin)」、23～26μの「ストロング・Strong (South Australian)」の4系統に発展していきました。

ニュージーランド ペレンデール

さらにメリノは、オーストラリアから西暦1834年にはニュージーランドへもち込まれ、南島の山岳地帯で夏には高地へ、冬には平野部へ移動する移動牧羊がおこなわれました。

アルゼンチンやウルグアイでも、西暦1813年に

column

野生羊から家畜羊へ

品種改良されていない野生種の羊の毛は、外毛と内毛の二重構造になっています。外毛はヘアーという太い繊維です。内毛はウールといって産毛（うぶげ）の柔らかい毛で、15〜40μで髄質（メデュラ）がありません。ケンプは70μ以上の太い毛の中の髄質が中空になっていて、粗毛、剛毛、死毛ともいわれています。ヘアーはケンプとウールの中間の繊度で、断続的な髄質があります。

野生羊を品種改良する際に下記のような重要な点があります。『品種改良の世界史―家畜編』（正田陽一編、悠書館、2010年）第4章 角田健司著「ヒツジ」より一部改変し引用します。

「①毛を細くする―ヘアー・ケンプを細く、また減少させ、ウールを発展させます。②換毛しなくなる―野生ヒツジは春に毛が抜け換わります。換毛する能力がなくなったのは大鋏の発明がきっかけだったといわれています。それ以前は、手で毛をむしり取っていたのでしょう。さらに銅製のナイフや櫛のような毛を梳く道具が使われ、鉄器時代になって大きな鋏で毛刈りされるようになり、その結果換毛能力は消え、家畜羊では換毛はほとんど見られなくなりました。よって、人が毛刈りをしてやらないと、羊はずっと毛が伸び続けます（右上写真）。しかしシェットランド羊のように、一部近年まで毛をむしって採毛していた品種には、換毛の特徴が残っている場合もあります。③白い毛の羊を選ぶ―野生羊の毛は茶やグレー又は黒に近い褐色など有色ですが、ウールを様々な色に染めるために白い毛が必要とされました。白い毛の羊を選ぶことによって有色の個体は減り、紀元前100年頃までには白毛の品種は完成していたといわれています。④脂肪を蓄える羊を選ぶ―羊の脂肪は尾部又は臀部に蓄積されます。乾燥地帯では生存に有利だと考えられています」

品種改良がおこなわれたことにより、羊はその土地や文化に合った特徴をもつようになったのです。

5年分の毛を蓄えた羊　写真：WENN/アフロ

［羊の毛と皮の構造］

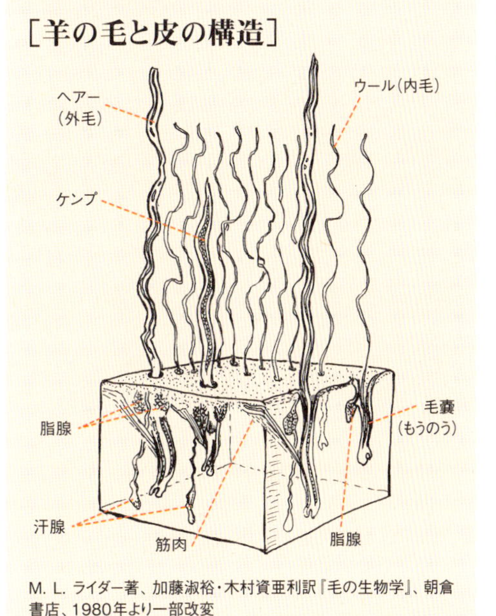

M. L. ライダー著、加藤淑裕・木村資亜利訳『毛の生物学』、朝倉書店、1980年より一部改変

スペインからもち込まれたザクセン メリノ、フランスのランブイエ メリノ、アメリカのバーモント メリノなどが基礎羊になって、牧羊が広がりました。

ではアメリカはどうだったのでしょうか。西暦1809年、ナポレオンはスペインを征服し、降服した王室の羊をすべて競売にかけました。それをスペイン駐在の米国領事が1,700頭買い付けてアメリカに送った、というのがアメリカでのメリノ飼育の始まりです。その後アメリカにはチェラ種（ナバホ チュロ·Navajo Churro）が持ち込まれました。

［その他の国での羊］

南米のチリはコリデール種が中心で、積出港のプンタ アレナスという名前ににちなんで「プンタウール」と呼ばれています。

そしてアルゼンチンは西暦19世紀にスペインからメリノ種を輸入したことから羊の飼育が始まりました。フォークランド（マルビナス）諸島産のコリデールやポロワスから採取された羊毛は英国で「フォークランド（マルビナス）ウール」と呼ばれています。

［オーストラリアにおける羊の品種の系統図］

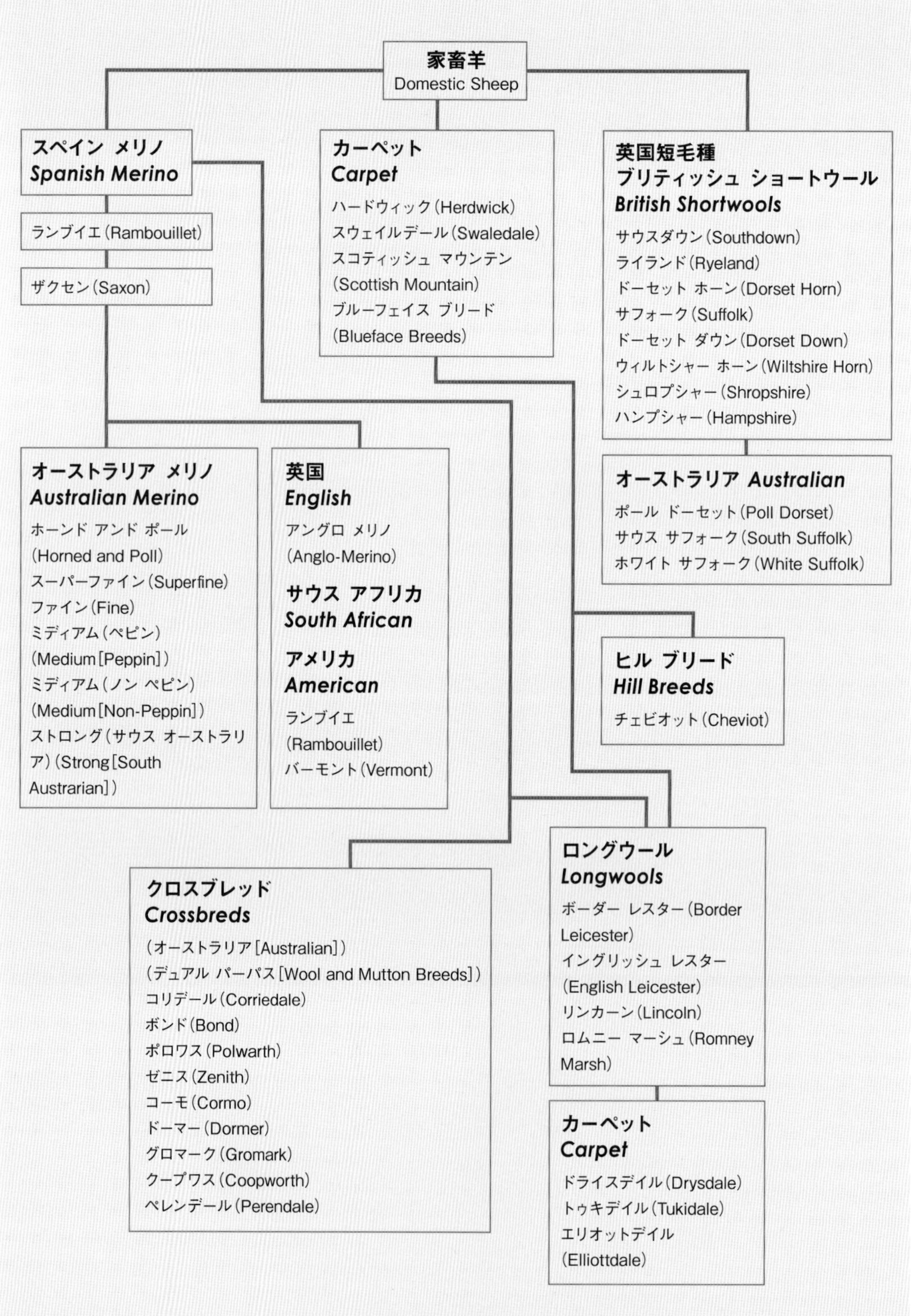

“AUSTRALIAN SHEEP AND WOOL HANDBOOK”の図を元に、一部変更を加えました。

英国の羊

英国の羊の源流は新石器時代（紀元前4000年頃）に連れて来られたソアイ（Soay）だったといわれています。そしてローマ人が英国に持ち込んだ羊はメソポタミアのミディアム ウールド シープとヘアリー シープです。その後、英国のブリテン島はサクソンやジュート、バイキングなど、ヨーロッパ各地から度々侵攻を受け、その時に北方系の羊など様々な品種の羊が入ってきました。

西暦10〜13世紀、英国の羊毛はほとんどフランドルやイタリア フィレンツェの毛織物の産地に輸出するだけでした。そんな中、西暦1337年に勃発した百年戦争を期に英国のエドワード3世は原毛輸出と外国産衣料の輸入を禁止、羊毛産業を国家のものにしようと力を注ぎ始めます。フランドルから移ってきた優秀な織物職人数千人を手厚く庇護し、英国内で毛織物を生産できるようにしました。イギリスの牧羊技術にフランドルの毛織物技術が加わり、ついに英国が「ウール王国」となるのです。

西暦17世紀、ジョン ケイが「飛杼（とびひ）」を発明し手織りの2倍の速さで織れるようになり、英国の羊毛産業革命は幕開けを迎えます。さらに西暦1764年には「ジェニー紡績機」も生み出されました。1人の人間では1錘（すい）しか紡げなかったものが、この紡績機は16〜18本の紡錘で一度に紡ぐことができ、画期的に生産効率は上がっていきました。

英国の毛織物産業が世界を席捲するのと時を同じくして、羊の品種改良も急速に発展していきます。中でもレスター（Leicester）種を作ったベイクウェル（R. Bakewell・西暦1725〜1975年）と、サウスダウン（Southdown）種を作りだしたエルマン（J. Ellman・西暦1753〜1832年）は、英国の羊の品種改良に大きく貢献しました。現在では英国種の数は登録品種だけで60種、登録されていないものも含めると80種ともいわれていますが、多様な品種へと改良が始まったのはこの時代だったのです。

英国でこれほどまで多岐にわたる品種改良ができたのは、変化に富んだ気候風土も大きく原因しています。英国の西側をメキシコ海流が北上し、その暖かい空気「偏西風」が常に西から北西に吹くことによって、緯度が高いわりに（ロンドンは北海道とほぼ同じ）、気候は温和で多雨になります。そしてスコットランド山地、ペニン山地、ウェールズ山地がほぼ南北に背骨のように並んでいる地形のために、西側に雨が多く、東側は雨は少ないものの霧が深く、快晴は少ない、という気候風土なのです。

英国羊毛は下記のように大別される場合もあります。

①山岳種

ハードウィック（Herdwick）、ロンク（Lonk）、ブラックフェイス（Blackface）、スウェイルデール（Swaledale）、チェビオット（Cheviot）、ウェルシュ マウンテン（Welsh Mountain）、エックスムーア ホーン（Exmoor Horn）

②長毛種

デボン アンド コーンウォール ロングウール（Devon & Cornwall Longwool）、ボーダー レスター（Border Leicester）、ウェンズリーディール（Wensleydale）、リンカーン ロングウール（Lincoln Longwool）、ダートムーア（Dartmoor）、ロムニー マーシュ（Romney Marsh）、コッツウォルド（Cotswold）

③短毛種

ハンプシャー（Hampshire）、デボン クロスウール（Devon Closewool）、ドーセット ダウン（Dorset Down）、ケリー ヒル（Kerry Hill）、ドーセット ホーン（Dorset Horn）、オックスフォード ダウン（Oxford Down）、ライランド（Ryeland）、クラン フォレスト（Clun Forest）、シュロプシャー（Shropshire）、ラドナー（Radnor）、サフォーク（Suffolk）、サウスダウン（Southdown）、シェットランド（Shetland）

④稀少品種

ボーレライ（Boreray）、ヘブリディアン（別名：セント キルダ）（Hebridean［St. Kilda］）、マンクス ロフタン（Manx Loaghtan）、オークニー（Orkney）、ソアイ（ソーエイ・Soay）

［英国種の分布］

● 柔らかい（Softness）

● 弾力がある（Bulk）

● 光沢がある（Luster）

● 白髪っぽい（Kemp）

Ⓜ 山岳種

英国羊毛公社発行の"British Sheep Breeds"英国品種の産地データに、72ページの「ポンタチャート・1 羊毛の品種別毛番手と弾力の分布」で使用している羊毛の毛質による4つの分類（「Softness」「Bulk」「Luster」「Kemp」）を合わせて編集しました。個体差のある品種の場合は、"©2010 British Sheep & Wool"の羊毛のカテゴリーに準じました。

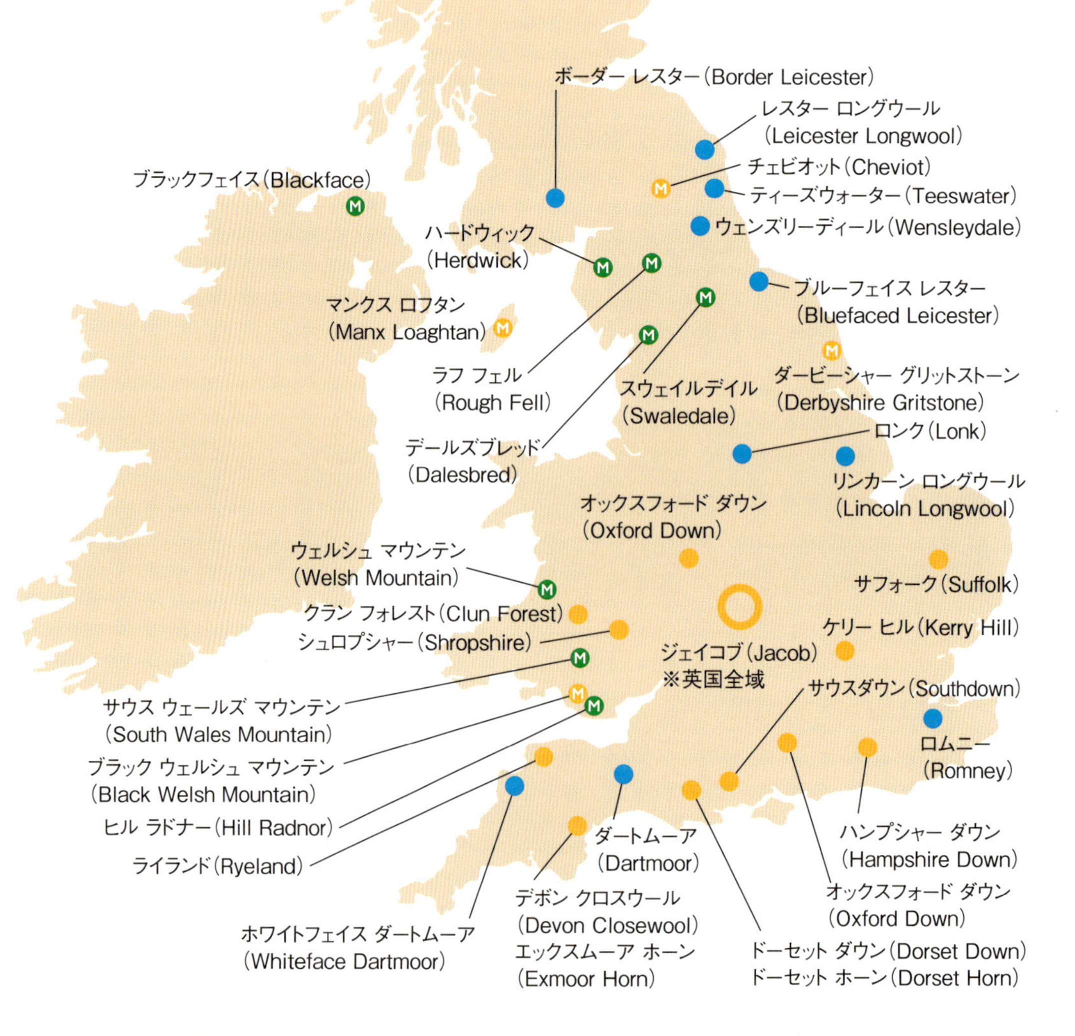

スウェイルデール

ブルーフェイス レスター　写真：英国羊毛公社

チェビオット

ハードウィック　写真：英国羊毛公社

ジェイコブ　写真：英国羊毛公社

リンカーン　写真：英国羊毛公社

ウェンズリーディール　写真：英国羊毛公社

シェットランド

ブラック ウェルシュ マウンテン　写真：英国羊毛公社

その他の国の羊

この章では、羊の品種改良の歴史上で、大切な国と事項に絞って紹介しました。近代羊毛産業にとって最重要品種である「メリノ」と、各地の気候風土に合わせるために品種改良された「英国種」を中心に、そして羊毛を輸出している国の紹介にとどめています。

この章で紹介しなかった国にも、羊は存在しています。例えば中央アジアや中国などでも羊はたくさん飼われています。しかし、羊の肉と毛が主に自国内で消費されているため、世界的な羊毛の輸出入に大きな影響を与えていないため、ここでは紹介を省きました。(→232～233ページ「世界の羊の頭数と産毛量(1990年～2006年)」)

また、世界の主だった家畜羊の品種の数とは、英国(60種)、フランス(70種)、イタリア(60種)、ユーゴスラビア(40種)、ブリガリア(40種)、ロシア(150種)、中東諸国(40種)、インド(90種)、中国(35種)。また、アフリカは120種を超えます。それぞれの国の羊の歴史は古く、ユニークな品種も多く存在しています。

羊毛と獣毛の違い

羊毛と獣毛の違い

羊の毛は、ヨーロッパやアメリカの表示規則では「ウール(Wool)」、羊以外の動物の毛は「獣毛(Animal Hair)」と表示することになっていて、そこにはカシミヤ、モヘヤ、ラクダ類のアルパカ、そしてアンゴラウサギや、牛類のヤクなどが含まれます。

ところで、羊と山羊の違いは何でしょうか。羊と山羊は「属」が違いますが、その毛を見た目だけでは区別はつきません。特に羊「メリノ」と山羊「カシミヤ」の違いとなると、手触りでは違いを判断していますが、毛の細さはとても近いので、顕微鏡を見なければ判断はできないのです。

カシミヤの人気は急上昇し、品質表示をするために、カシミヤと羊毛を見分けるニーズが高くなっています。判別の仕方はまず顕微鏡で見ることです。羊であれば細い繊維の品種はメリノしかなく、その繊維の太さは17～24μで、15μ以下の極細繊維はほとんど見られなくなります。しかしカシミヤの内毛の太さは14μが最も多く、バリカンでの毛刈りではなく櫛で梳き取られているので、根毛が見られます。さらにカシミヤは繊維の表面のスケールが薄いという特徴も挙げられます。このような差から、メリノとカシミヤは見分けられます。しかし染色や漂白された毛は顕微鏡での判断もしにくいうえ、有効なDNAを抽出することも困難なことから、できあがった毛製品から原料を判別することは難しくなります。

生きている動物の段階で容姿を見れば、羊と山羊は簡単に判別できますが、毛だけの状態になってしまうと判別することはとても困難なことなのです。

モンゴルの羊

その他の獣毛

羊以外の動物の毛を獣毛といいます。その代表的なものを紹介します。

モヘヤ（Mohair）

毛長：10〜15cm（年に2度毛刈りの場合）
毛の太さ：40〜24μ
解説：モヘヤとはアンゴラ山羊の毛を指します。トルコ原産で、主な産地はアメリカ、トルコ、南アフリカが三大産国、ニュージーランドでも飼われています。滑らかで白く光沢があり、ステイプルは螺旋状で年齢と共に太くなっていきます。中でも仔山羊の毛をキッド モヘヤといいます。モヘヤの触感は冷たいため、夏の服地のサマー ウール（トロピカル ウーステッドなど）に使われたり、手編み毛糸としてファンシーヤーンにも使われます。また近年は手紡ぎのアートヤーンの素材としても人気があります。

アルパカ（Alpaca）

毛長：20〜40cm
毛の太さ：60〜12μ
解説：アルパカはリャマ、ビキューナと同じラクダ科。ペルーとボリビアが主産地で、チリ、アルゼンチンの山岳地帯でも飼われています。滑らかで光沢がありハリもある毛質なので、高級裏地や薄手のコート、ショール、ニットに使われます。

カシミヤ（Cashmere）

毛長：[内毛]3〜13cm
毛の太さ：[内毛]18〜12μ
解説：衣料品に使われているカシミヤとは、カシミヤ山羊の内毛のことです。カシミヤ山羊の毛は剛直な外毛と柔らかい内毛の二重構造になっていて、その内毛だけを櫛で梳き取りますが、1頭から150〜250gしか採れません。色は白、茶、グレー。インドのカシミール地方が原産で、中国とモンゴルが主産地です。内毛は12〜18μと非常に細く、柔らかく、独特の"ぬめり感"のある手触りで、セーター、ショール、コートなどに使われます。

キャメル（Camel）

毛長：[内毛]2〜12cm
毛の太さ：20〜10μ
解説：フタコブラクダの内毛をキャメルといいます。中近東、中国、モンゴルが産地です。色は茶褐色で、保温性、弾力と軽さ、手触りの柔らかさに富んでいます。キャメルの特長を生かしたメリヤス下着の"ラクダ"は、生成りのキャメルで作った製品の代表。また高級コート地やニット、裏地などにも使われます。衣料品には内毛を使いますが、外毛はベルト、芯地、テント地などに使われています。

アンゴラ（Angora）

毛長：12〜15cm
毛の太さ：[内毛]14〜12μ [外毛]100〜30μ
解説：アンゴラはアンゴラウサギの毛。西暦19世紀末にフランスで、ある女性がアンゴラを使った手紡ぎで作った製品が人気を博し、それがきっかけでアンゴラウサギを飼育する人が増えたといわれています。主産地はフランス、チェコスロバキア、西ドイツ、日本、中国など。光沢があり、羊毛と混紡して高級ニットや服地、帽子などに使われます。手触りは柔らかく、軽く、パステルカラーに染色すると美しい色に仕上がります。

ヤク（Yak）

毛長：[内毛]5.7〜12cm [外毛]11.5〜21.6cm
毛の太さ：[内毛]22〜13μ [外毛]140〜52μ
解説：ヤクは、インド、中国、チベット、パキスタンに分布。主に荷役用、乗用、毛皮用、乳と肉は食用にされています。毛は他の獣毛と同じく外毛と内毛があり、毛刈りはヤクを寝かせて足を縛り、外毛はハサミで刈り取り、内毛は手で取るという方法です。近年、日本でもヤクの内毛を使ったニットが製品化されています。また、外毛はテントやロープに利用されています。

山本亜希作　フェルトの帯と毛氈

book 「羊の世界史」で参考にした本

M. L. Ryder, *"Sheep & Man"* Duckworth, 1983.
"British Sheep and Wool" The British Wool Marketing Board, 2010.
D. J. Cottle, *"Australian Sheep and Wool Handbook"* Inkata Press, 1991.
Deborah Robson, and Carol Ekarius, *"The Fleece & Fiber Sourcebook"* 2011.
正田陽一監修『世界家畜品種事典』東洋書林、2006年
在来家畜研究会編『アジアの在来家畜ー家畜の起源と系統史』名古屋大学出版会、2009年
正田陽一編『品種改良の世界史ー家畜編』悠書館、2010年
ブライアン フェイガン、東郷えりか訳『人類と家畜の世界史』河出書房新社、2016年
杉山正明『遊牧民から見た世界史ー民族も国境もこえて』日本経済新聞社、1997年
文化服装学院編『アパレル素材論 改訂版』文化服装学院教科書出版部、2000年

羊の日本史

日本人は、羊毛好きの羊知らず

メソポタミアに起源する家畜羊は世界中に伝播しているのに、なぜか日本海を越えることはできませんでした。8 世紀に大陸から正倉院に伝来した花氈や、15 世紀の南蛮渡来の毛織物など、ごく一部の貴族や大名、豪商が羊毛製品を珍重することはあっても、羊を飼うという羊文化が育まれることはありませんでした。ところが明治に入って政府が殖産興業で羊毛産業を奨励してから、日本の羊毛紡績産業は急成長し、1980 年代には中国やアメリカに次いで世界有数の羊毛消費国になりました。そんな日本の羊の歴史を追いかけます。

羊と日本人の出合い

[弥生時代～奈良時代―大陸との交易が盛んな時代、宝物として伝来]

日本で羊の記述が見られるものとして、『魏志倭人伝』があります。『中国・和蘭羊毛技術導入関係資料 関西大学東洋学術研究所資料集刊十五』（角山幸洋、昭和62年[1987年]、関西大学出版部発行）によれば、景初3年（239年）12月に明帝から絳地縐粟罽10張（ちぢみの粟模様のある毛織物）、細班花罽5張（細かい花模様をまだらにあしらった毛織物）などの毛製品を含む数々の品が贈られたという記述が残っています。また『日本書記』欽明15年（554年）に新羅から毛製品が、推古7年（599年）には百済から駱駝、驢（ロバ）、白雉（白いキジ）と共に、羊2頭が貢がれたと書かれています。そして『書記』にも、天武10年（681年）に『撚毛為褥席者也』とあることから、フェルトの毛氈ではなく毛織物の敷物が存在していたことがわかります。

法隆寺にも白氈、緋氈、花氈などの毛氈が34床（枚のこと）。さらに正倉院にも（→199ページ「正倉院の花氈の見どころ―フェルトの敷物」）、天平宝字3年（759年）の聖武天皇三周忌の献納時に60床、内裏に毛氈を敷き詰められていたという説もあります。文様のある花氈、文様のない色氈、白氈、その他にも琵琶袋の芯に毛氈が使われていました。この時代、貴族たちの祭礼や政治の場で、毛氈が使われていたことがわかります。

さて奈良時代の『延喜賦役令』に、「下野国で織氈10枚の貢献」という記述が見られます。ここから関東地方で羊の飼育がおこなわれていたのか、又は羊毛を輸入し織った職人がいたのか判断はできないものの、織氈10枚が朝廷に貢がれたことがわかります。仮に1枚4kgの羊毛を使ったとしても、10枚になると原料の羊毛は40～50kg必要です。羊1頭から2kgの羊毛が採れるとして、最低30頭の成羊が必要。品質を揃えるとなると、50頭以上が必要です。これだけの頭数の飼育管理を維持することは、現代の管理技術から考えても、かなりレベルの高い牧畜と製織の技術者がいたことになります。一方で当時入手しやすかった羚羊（カモシカ）、兎褐（ウサギ）の毛を使ったのではないかという説もあります。残念ながらこれ以上のことを裏付ける資料がないので、奈良時代に羊の飼育がおこなわれたかもしれないということは、推論の域を出ません。

[平安時代～鎌倉時代―珍奇な動物として渡来した羊]

平安時代にも羊に関する記録が残っています。弘仁11年（820年）に新羅から白羊4頭が、承平5年（935年）に大唐呉越州人から羊数頭が献上されたと書かれている『日本紀略』。天慶2年（939年）に上郷で羊2頭が飼育されたという『本朝世紀』。承保4年（1077年） 白羊3頭が献上されたという『水左記』。宋国商人が羊2頭を献上したという『芙蓉略記』。承安元年（1171年）に平清盛が羊5頭を後白河院に献上したと記した『百練抄』。このように羊の貢進は続けられました。しかしあくまで珍奇な動物として鑑賞用に献上されることはあっても、その後どうなったかについては明らかにされていません。

[室町時代～江戸時代―南蛮渡来の染織品として珍重される]

江戸時代まで羊に関しての詳細な記述はなかなか見られないのですが、羊毛製品に関しては15世紀の大航海時代以降、東洋に進出したヨーロッパ人が持ち込んだこともあり、日本にも多く現存しています。しかし祇園祭山鉾連合会元会長の吉田孝次郎さんによると、日本人はそれを陣羽織に仕立てたり、京都祇園祭の山鉾の懸装品にしたりと、本来とは違う使い方をしているといいます。

江戸時代の、外国との貿易を制限した鎖国以前から日本には、唐船、日本の朱印船、北前船、

「北倉150 花氈 第1号」(正倉院宝物)

「北倉150 花氈 第3号」(正倉院宝物)

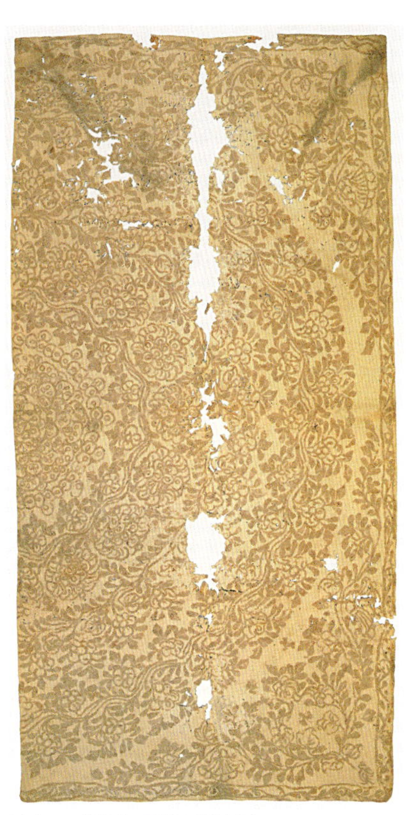

「北倉150 花氈 第9号」(正倉院宝物)

column

正倉院の花氈の見どころ―フェルトの敷物

1つめは、大唐花文(だいからはなもん)をモチーフにした1号と2号が挙げられます。これは深縹色(ふかはなだいろ・藍で染めた紺色)の無撚糸で大輪の唐花を繧繝(うんげん)で表現した物で、サイズは長さ272cm×幅139cm。2つの大唐花の直径は110.5cmと111.5cmと、ほぼ真円です。フェルトを作った経験のある人ならわかると思いますが、直径1m以上の巨大な真円をほぼ同じサイズで2つ並べるというのは、人間業とは思えない高度なテクニックなのです。

2つめには、3号4号の唐子をモチーフにした物。プレフェルトで三角や四角の葉の連続模様を、染色羊毛で唐子(からこ)の頭髪を表現し、プレフェルトの切り落としを縁飾りの文様に使うなど、無駄なく素材を使いきる工夫がされています。また現代のフェルト技法とさほど変わらないことがわかります。(→148ページ「フェルトの歴史」)

3つめは、花氈9号。これは236cm×124cmの白い地氈(じせん)に、長辺を直径とする大唐花の半裁した文様を茶系のプレフェルトで表現した物です。3辺は裏側に折り返してあるのですが、長辺の1辺は裁断されていることから、正方形の花氈を半分に切った物だということがわかります。もしかすると聖武天皇(しょうむてんのう)と光明皇后(こうみょうこうごう)が切り分けて半分ずつ使用したのかもしれません。

さて正倉院の花氈の素材は一時、「素材はカシミヤに似た古品種の山羊。技法は象嵌式(ぞうがんしき)で、地氈に穴を空け、そこに染色した羊毛を嵌め込み文様を表現した」と紹介されていたことがありました。しかし穴を空けるという技法は世界中を見ても歴史を通しておこなわれていません。平成24年(2012年)の羊毛とフェルトの詳細な研究で、原料は羊毛、技法は中央アジアやトルコで伝統的におこなわれているような、簾(すだれ)もしくはゴザの上に文様を置き、その上にベースの羊毛を置き重ね、水分をかけて簾で巻き締め縮絨させた物であることが証明され、「カシミヤと象嵌式」という考えは訂正されました。

このように正倉院には大陸から渡来した宝物を含め、9,000点もの工芸品が現存しています。それらは1200年余りの間、人々に守られてきた宝物で、他国では発掘品でしか見られないような物なのです。作られた時の状態とほとんど変化することなく、今でも見られる物もあり、作った奈良時代の人々の息吹を感じることができます。はるかペルシャ、中国、朝鮮半島などからやって来た宝物が、元の姿のまま守られ現存しているというのは、素晴らしいことなのです。

スペインやポルトガルの南蛮船、朝鮮通信使、紅毛船(こうもうせん)やオランダ船などが様々な染織品を運んできました。一時は幕府要人などの持ち物になっていた毛織物が、いつしか裕福な京都の山鉾をもつ町衆の手に渡って、懸装品となったのだと考えられ、その中には、ムガール帝国(インド)の絨毯、明(中国)の絨毯、朝鮮毛綴、ペルシャ絨毯、ベルギー ブリュッセルのタピストリーに至るまで…16〜19世紀の世界通商史を裏付ける渡来染織品が京都に集まってきたのは興味深いところです。毛肉乳という恵みすべてを使い暮らしていく羊の文化としてではなく、渡来染織品として、日本人は羊毛に触れ、親しみ、何より憧れてきたのだといえるでしょう。

民間では、安永元年(1772年) 讃岐の志度(しど)で平賀源内が、「国倫織(くにともおり)」を作りました。国倫織とは羅紗織のことで、平賀源内は羊の飼育も手がけています。

寛政(かんせい)の初め(1790年代)に、第11代将軍家斉(いえなり)が、奥詰医(おくづめい)の渋江長伯(しぶえちょうはく)にめん羊の飼育を任じています。これは当時オランダから輸入していた毛織物の輸入増加を防ぐものでした。巣鴨に清(中国)から取り寄せためん羊を飼育し始め、300頭まで達したものの、幕府の羊毛業は厳しく批判されます。佐藤信淵(のぶひろ)の『経済要録(けいざいようろく)』の中にも「綿羊は…毎年其毛を摘み切るものなりと云う。…略…数百頭の毛を摘みても、哆羅絨(しらじゅう)一、二本を織るべきの料に過ぎずと、然れば毎年千金の飼料を費やして、僅か一、二本の哆羅絨を得るなり。…国家の損耗(そんもう)するに足れり」とあるように羊の飼育効率が悪かったため、元々日本に生息している兎(うさぎ)、狸(たぬき)といった動物の毛や、秋田県鹿角地方の白鳥布(白鳥の羽を織り込んだ毛布(けふ)の狭(きょう)布)を利用することが提唱されます。続いて享和3年(1803年)、幕府は長崎奉行を通じ、オランダに製絨所設立の援助を求めますが不成功に終わり、中国から技術者を招く計画に変更されます。そして長崎県の八幡町にある水神境内に仮屋1棟を建て、文化元年(1804年)には清(中国)から来た2名が任じられ、めん羊数頭を輸入し、毛氈の製造がおこなわれたという記録『毛氈製造手順覚書』が残っています。

『中島治平聿徳伝』の中島治平が長崎奉行へ提出した綿羊蕃殖羅紗織方及羊毛染方(めんようはんしょくらしゃおりかたおよびようもうそめかた)調査の建白書(安政6年[1859年])には、彼の蘭学の知識に基づく羊毛業について、「綿羊御買上相成候而羅紗織立被仰付度奉存候西洋軍中

「祇園祭　油天神山　見送」
江戸時代に日本人が模倣し製織したタピストリー

西洋古事の一場面・17〜18世紀ヨーロッパ・タピストリーの倣毛綴織掛物
日本　19世紀初頭

寸法　240cm(緯糸)×133cm(経糸)
綴織　平織、平ハツリ、2本掛けハツリ、互の目ハツリ
図像を横倒しにし、できあがりに経糸が横に走る位置で織る。
経糸　毛(白)　Z紡2本をS撚　1cm間に7本
緯糸　毛(藍5色、黒、紫赤、黄2色、白、緑、薄茶4色)Z紡2本をS撚、1cm間に20越／絹(薄茶色〈褪色後の色〉)　S紡2本をZ撚　1cm間に34越

文化9〜11年、藤田貞榮(役行者山町住)の『増補祇園御霊会細記』牛天神山(油天神山)に、「錺(かざり)付…文化十二歳乙亥六月新調　見送　地織縷(る)錦もやう人物」とあり、さらに凡例に「一、山鉾錺(かざり)付之部に水引見送前掛等に地織と記せしは近世京師にて織出すところの綴錦なり文化九歳壬申六月吉辰　藤田貞榮誌之」ともあり、この見送の新調年と地元京で製織されたことがわかる。
(解説:吉田孝次郎)

毛綴陣羽織「一岳宮殿玉取獅子」18～19世紀 肩幅54×丈87×袖丈66cm 毛（平織 繪染）（吉田孝次郎所蔵）

フェルトに描画「群馬に太陽の図」18～19世紀 140×195cm 毛（Felt、繪（え）綴（つづれ））（吉田孝次郎所蔵）

朝鮮毛綴「五羽鶴図」19世紀 133×185cm 毛（Kilim）（吉田孝次郎所蔵）

衣服必ず是を用る候様承り是は寒暑雨露等を凌ぎ候而便利之義も可有之奉存候」とあり、毛織物が寒さや暑さ、雨露をしのぐ特長をもっていると書かれています。江戸時代すでに幕府が国産の毛織物で軍服を作りたいと考えていたことがわかります。

［明治時代―本格的なめん羊飼育と殖産興業が始まる］

明治政府はめん羊飼育を殖産興業の一環として推し進めていきます。理由はやはり軍服官服を国内生産したかったことにあります（→204ページ「日本の毛織物の歴史」）。めん羊事業は江戸時代に始まり、幾度となく取り組まれていた事例からも、政府がめん羊そしてウールを必要としていたのかがわかります。そしていよいよ開国。諸外国と対等な軍備を急ぐためにも、羊の導入は欠かせないことだったのです。

そして明治政府は各県にめん羊飼育を奨励します。私の住む京都府でも府が独自にめん羊を導入し、牧羊場を鴨川のほとりに設けたこともあったといいます。

column

日本における羊の呼称

元々、日本では羊の牧畜はおこなわれていなかったため、近代に入るまで「珍奇な動物」として幾度か大陸から渡来しているにとどまります。奈良時代に下野国で製作された織氈（おりかも）の材料を、羊毛ではなく「羚羊毛（れいようもう・カモシカの毛）」とする説もあり、羊と鹿の区別も文書の上ではわかりません。

江戸時代に入って「羊」を「山羊」と「綿羊」に区別し、食用と繊維用と分けて考えていたようですが、はたして羊と山羊を分ける明確な判断基準があったのかどうかは判然としません。また綿羊は、堀田正衡の『観文獣譜』では「さいのこま」と表記されています。さらに安政年間には函館奉行が開拓事業の一つとしてめん羊の導入を図りました。

明治に入り、国家の殖産興業と直結した羊は「緬羊」と呼ばれ、さらに昭和以降には「めん羊」とひらがなで表記されることが多くなりました。このように羊を呼ぶ名称は時代と共に変化しているのです。

［江戸時代における毛氈（フェルト）製作］

①毛刈りした未脱脂の羊毛を、よくほぐし、長いものはハサミで3～6cmに切り、水を霧吹きし、一晩置いておく。瓦土を干し固めて木槌で叩き、細末（さいまつ）にし漉した土をまぶして篠竹で叩く。

②弓に弦をかけ、吊り下げ、撥（バチ）で打ちほぐす。
…（中略）…

③簾を敷き、毛ふり竹にて羊毛を厚み15～18cmくらいまでほぐして置く。

④水を霧吹きし、隅から裸足で踏みしめ、巻き込み固く括（くく）り、踏みしめます。一旦簾を開いて裏返して巻き直し、踏みしめます。一晩置いておく。

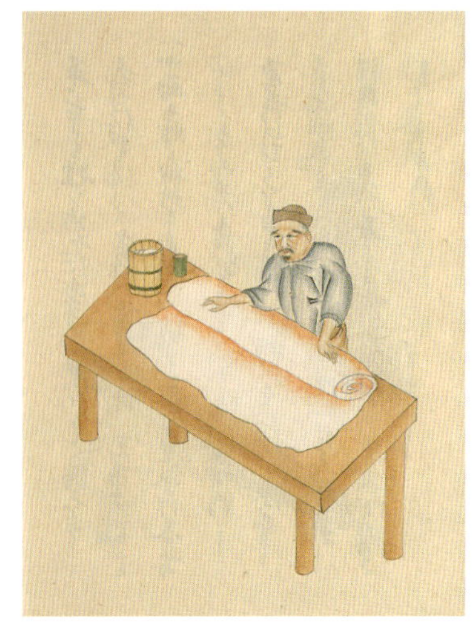

⑤簾を開けて、隅々を切り整え、ぬるま湯を霧吹きして、両手で表面を擦ります。熱湯をかけて、また簾に巻き縛り、押し転がす。開けて熱湯をかけ、また巻き直し、厚薄のムラを直しながら湯をかける。押し転がすにしたがって引き締まり色は白くなります。4つに折りたたんでムラをなくし、池ですすぎ、開いて干す。

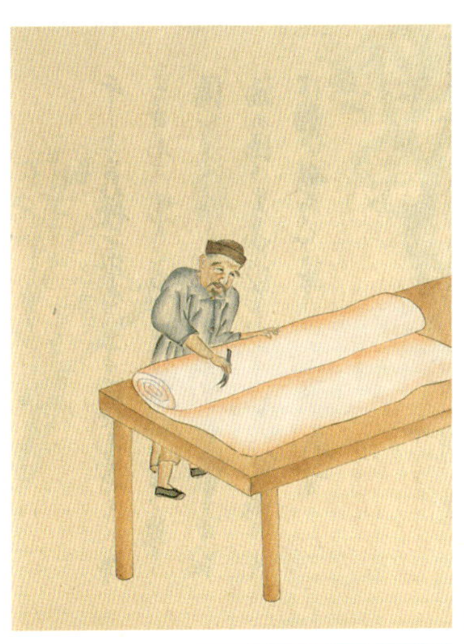

⑥干した氈（セン・毛氈・フェルト）を開き、チリや黒い外毛を抜き取る。

⑦またたたんでタライに湯をはり足で踏み揉み、四隅の形を直し、日光に当てて干す。

⑧乾いた氈を2つに折り、剃刀で毛並を整えます。たたみ直して両面を剃り削る。

⑨割木の燃え盛る直火で四隅の荒毛を焼く。両面とも毛焼きは滞りなく速やかにする。桶に水を入れ石灰を入れ、そこに毛焼きした氈を入れて一晩漬ける。たらいに水と石灰を入れ、その上澄みを釜に汲み入れ煮る。

⑩蘇木の煎汁で染めた氈を麩糊し、よく絞り、板にのせ、図のように竹で押さえ3～4人が腰かけて重りになり、反対側の2人が引っ張り、寸法を整える。

『中国・和蘭羊毛技術導入関係資料』（国立国会図書館所蔵）より
（解説文原文出典：角山幸洋『中国・和蘭羊毛技術導入関係資料 関西大学東洋学術研究所資料集刊十五』昭和62年（1987年）、関西大学出版部発行）現代語訳：本出

めんようの里（1998年） 写真：吉岡陽子

日本の毛織物の歴史

監修：元日本羊毛産業協会専務 大内輝雄

［日本のめん羊飼育と毛織物産業の始まり］

日本のめん羊飼育と毛織物産業の歴史は遡ること明治時代に始まりました。明治政府が官服（軍服や郵便局員、鉄道員などの制服）を洋装に決めたため、毛織物の需要が増大しめん羊飼育が必要になったのです。

まず始めにめん羊飼育、そして、その羊毛を使って毛織物を生産するために、大久保利通を中心に明治8年（1875年） 千葉県成田市の三里塚に下総牧羊場が、そして明治12年（1879年）には東京都足立区の千住に官営の紡毛工場 千住製絨所が完成しました。ここは明治～大正の間、民間への技術供与の中心的役割を担った場所です。そして明治時代には日本毛織（ニッケ）や東京毛織など大企業が創立、続いて大阪府泉州地域の毛糸やカーペット、愛知県名古屋市～旧尾西市～一宮市の毛織物一大産地、東京都、兵庫県加古川市など日本各地に毛織物工場が創業し始めました。各地で輸入羊毛を使いながら羊毛加工技術が発達していきます。

一方、めん羊飼育は、大規模飼育に明治以来何度も頓挫（とんざ）しています。アメリカ、そして中国やヨーロッパから羊がやってきたので、海外の方法を直訳して飼ってみたものの、草地管理、寄生虫、冬期飼料確保の難しさなどの理由で、日本の環境に合った品種や飼育管理方法を見つけられず、羊毛の国内自給はできないまま大正時代になりました。

その後、日本の毛織物加工技術は日進月歩で進歩し、和装が主流だった大正～昭和初期にはモスリンやセルなど、和服地のための梳毛糸が中心に生産されています。現代でもメリノを使った梳毛の薄物が毛織物生産全体の7割を占めているのは、日本人が薄物を好むためといえるでしょう。

リング式紡績機　写真：近藤知彦

［世界一の羊毛加工国へ成長］

明治〜大正時代に、日本人の需要と嗜好に合った質と量の羊毛が国内で供給できなかったため、日本の羊産業は大きく2つに枝分かれしていきます。1つは輸入羊毛を加工する毛織物産業。高度な技術力を背景に世界有数の羊毛加工国になっていきます。

そしてもう1つのめん羊飼育は、大正時代に大きく方向転換を迫られます。明治政府主導の官服を含む、民間の需要を満たすための大規模経営のめん羊飼育から、農家一戸一戸が少頭数羊を飼い自家消費としてめん羊飼育をするという方向転換でした。これは第一次世界大戦後の大正10年（1921年）、日英同盟破棄によるイギリスからの対日輸出停止措置の頃に始まり、第二次世界大戦後に、原綿・原毛の輸入が規制され、昭和36年（1961年）に輸入が自由化されるまでの間、政府は民間の衣料品の不足を補うため、農家の自家消費として緬羊増頭計画を推し進めます。昭和32年（1957年）、農家1軒あたりの羊の飼育頭数はおよそ1.5頭弱、全国で100万頭近くまで増えました。

しかし、ひとたび羊毛輸入が自由化されると、あっという間にめん羊の飼育頭数は激減し、昭和51年（1976年）には約1万頭まで落ち込んでいます。

というわけで日本の羊の歴史は、明治から始まって百年ほどの中で、「羊文化」を根付かせることなく、「羊毛」だけをニーズ優先の経済社会の中で消費していく「羊毛消費大国」になりました。世界中を見渡しても、東南アジアの一部の国を除けば、羊は世界中で飼育されています。アイスランドやグリーンランドなどの、過酷な気候風土でも飼育され、そのほとんどは自国消費に当てられているのです。しかし日本では、羊を飼って肉と毛をもらい、衣食住を満たす「羊の文化」そのものが熟成されずに加工と消費だけが増大されていきました。

日本緬羊協会の果たした役割

文・写真：元社団法人日本緬羊協会 理事 近藤知彦

［昭和20年（1945年～）代 日本緬羊協会の設立］

日本緬羊協会の設立は昭和21年（1946年）2月、太平洋戦争が終結してわずか6ヶ月後のことでした。設立が急がれたのは、戦時中に農家から買い上げられた羊毛や羊毛製品を供出した農家に還元するための受け入れ団体が必要だったからです。戦後の混乱の中で陸軍省や農林省は農家との約束を守って、新設された緬羊協会が還元作業をおこないました。農林省の担当者で北海道にある月寒種羊場長 渡會隆藏（わたらいりゅうぞう）さん（日本緬羊協会初代副会長）が協会設立の準備をしました。全国を廻って地方の有力者に組織整備の必要性を説明して協力を求め、飼育者主体の協会を設立した渡會さんの功績は大きいといえます。

［羊毛委託加工事業の推進］

戦後の衣料事情が逼迫（ひっぱく）したため、めん羊の飼育頭数は急増しました。農家だけでなく一般の人も羊を飼う時代…まさに「お巡りさんも羊飼い」の時代でした。刈り取った羊毛は毛糸やホームスパンに使われましたが、手間のかかる自家加工よりも、一定の加工料を支払って見栄えの良い製品が手に入る委託加工の方が人気がありました。

昭和25年（1950年）に東京都湯島に建てられた緬羊会館

緬羊協会は昭和22年（1947年）に「羊毛加工受託要領」を定めて委託加工事業に着手しました。この事業は委託業者にとってメリットのある事業だったようで、緬羊協会以外にも大小多数の業者が委託加工業に参画し、仕事を受託するために春前の寒い時期に毛刈りをサービスするなど熾烈な集毛合戦が展開されました。この事業は昭和30年（1955年）代の中期まで続きました。

［全国緬羊大会の開催］

めん羊飼育者の意志を取りまとめてアピールするのが緬羊協会の大切な役目です。最初の全国緬羊飼育者大会は、昭和25年（1950年）10月に、福島県福島市で開催された第1回東北7県北海道連合緬羊共進会の期間中に開催されました。大会宣言を見ると、政府に対する不満や要望が書かれているので、この時期既にめん

グンイテーカス

動運と舎羊緬

色染

昭和12年（1937年）刊
北海道庁種羊場『五周年記念アルバム』より

羊の将来について、危機感があったことが感じられます。第2回は昭和27年（1952年）に、第3回は昭和34年（1959年）に東京で開催され、それ以降、全国大会は開催されていません。

［昭和30年（1955年）～40年（1965年）代］

昭和30年（1955年）は日本のめん羊界にとって、最大で最後の一大イベント「第1回全日本緬羊山羊共進会」が東京上野不忍池畔で開催されました。めん羊関係者の熱意が感じられましたが、この頃を境に日本のめん羊界は急速に衰退に向かっていくことになります。

昭和30年（1955年）代中期までは何とかもちこたえましたが、昭和40年（1965年）代は日本のめん羊界にとって最も暗く厳しい時代でした。

羊毛や羊肉は無税で自由に輸入できるようになり、衣料品は町中に溢れ、めん羊の魅力は薄れ、それを反映して、飼育頭数は急減。そんな中でも、緬羊協会、生産者、関係機関の担当者は、起死回生を狙って、将来に向けての調査や研究を続けました。

幸いなことにめん羊には高級肉とされるラム肉の需要があり、そのうえめん羊は多目的な家畜でもありました。

［ラム肉生産技術の確立］

羊肉生産への転換対策は、昭和30年（1955年）代初期から進められていました。いち早く始めたのが北海道で、昭和32年（1957年）に肉

コリデール

サウスダウン

ロムニー マーシュ

サフォーク

用種のサウスダウンを輸入。サウスダウンは肉用種の代表だからという理由で導入されましたが、あまりにも体が小さくて、失望した人もいたそうです。次いで輸入されたのがロムニーマーシュで、この品種の選定の時には緬羊協会の渡會さんが強力に推薦したことが、雑誌『緬羊』に詳しく書かれています。種畜は渡會さんがニュージーランドで購入しました。輸入したのは福島県、群馬県、北海道で総計オス18頭、メス215頭でしたが、品種の特性はコリデールと大差がなく魅力のある品種ではありませんでした。

先に導入した2品種の成績が期待はずれだったので、北海道立滝川畜産試験場（滝川畜試）では独自に調査を進めた結果、サフォークこそ適切な品種だと決め、北海道で大量輸入に踏み切りました。当時のめん羊をとりまく暗い状況下でしたが、道庁は購買費の負担を認めました。昭和42年（1967年）、サウスダウンを導入してから10年ほど経過した時期のことでした。以降、昭和45年（1970年）までの間の導入頭数は滝川畜試と民間合わせて970頭。輸入された種畜は、大型で発育がよく飼育管理に特に問題はなく、羊頭数全体が減少する中、しだいに全国に広がっていきました。

［多目的利用の研究］

ラム肉生産の調査と平行しておこなわれたのが、羊の採食特性を活用した草地の造成や維持管理の試験でした。中でも蹄耕法（ていこうほう）による草地造成では、北海道襟裳（えりも）肉牛牧場の草地造成のために、400頭のめん羊で3年間90 haというすばらしい草地を造成できたことは、日本のめん羊界では画期的な事業でした。その他、牛と羊の混牧による草地の有効利用、果樹園の下草利用、植林地の下草刈の省力化など広範囲な調査がおこなわれ、緬羊協会では、こうした業績の普及をバックアップするために、めん羊経営に関する調査、サフォークに係わる調査などを事業として実施していきました。

［昭和50年（1975年）～60年（1985年）代］

日本のめん羊飼育頭数が戦後最低になったのが昭和51年（1976年）で10,190頭。和32年（1957年）に約94万頭だったのが19年で僅か1%になってしまいました。めん羊の頭数全体が減少する中で、サフォークは着実に増加していきました。

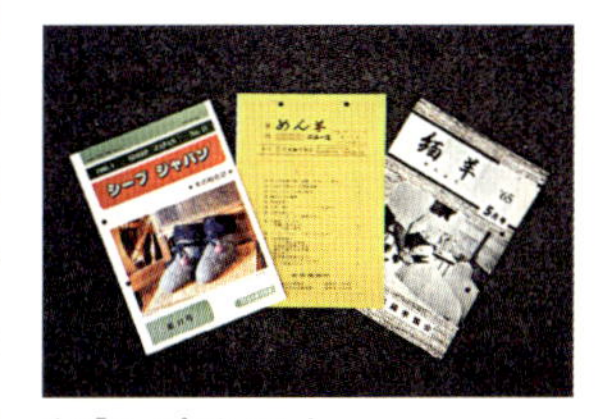

左：『シープ ジャパン』
中央：『めん羊ニュース』　右：『緬羊』誌

ジンギスカン

このような状況の昭和40年（1965年）に緬羊協会は、引き続き羊肉生産のために、様々な振興事業に取り組んでいました。その一つが昭和55年（1980年）に刊行された手引書『これからのめん羊飼育』です。同じ年にめん羊飼育リーダー研修会もおこなわれ、15年ぶりに情報誌『めん羊ニュース』も発行されました。

昭和45年（1970年）から始まった稲作転換事業に伴うめん羊導入や、めん羊を取り入れた町興しなどで、しだいにめん羊界に活気がでてきました。

また、生産者や関係者が続けていたラム肉宣伝の努力がようやく実を結ぶようになってきました。同時に、国産のヘルシーな食品を求める風潮に便乗し、海外からのラム肉を売り込む宣伝でラム肉自体の需要が急増したことは、国産ラム肉生産の追い風になりました。

しかし、折角芽が出かかってきた時期の昭和59年（1984年）に北海道でスクレイピー（羊や山羊などの神経系を冒す病気）が発生したこともありました。

［平成元年（1989年）～］

元号が昭和から平成に変わり、情勢はさらに明るさが見えてきました。その一つが、めん羊機関誌の『シープ ジャパン』の発行です。当時、北海道内では4つのめん羊関係情報誌が発行されていましたが、この4つと緬羊協会の情報誌『めん羊ニュース』が合併されて充実した内容になり、季刊誌として平成3年（1991年）12月から発行されることになったのです。

その他にも緬羊協会では多くの事業がおこなわれました。主な事業を続けて紹介します。

［ラム枝肉規格と格付基準の制定］

平成3年（1991年）からラム枝肉規格を制定するための調査が実施されてきましたが、平成9年（1997年）に日本緬羊協会は「ラム枝肉規格と格付基準」を制定しました。これは生産者、需要者の両方にラム肉の生産、流通に役立つもので、協会にとっても意義深い業績でした。

［めん羊管理・活用研修会の開催］

この研修会は、平成10年（1998年）から滋賀県畜産技術振興センターで開催されているものです。内容は剪毛技術と原毛の選別技術です。特に原毛の選別技術の研修は日本で唯一のものです。（→52ページ「汚れた毛を取り除く スカーティング（Skirting）」）

平成3年（1991年）ひつじコミュニケーションにて

[めん羊を身近にするサミット（全国めん羊生産振興フォーラム）]

35年ぶりに「全国」と銘打ったフォーラムが平成2年（1990年）6月に北海道士別市で開催されました。協議内容は、各地域でのめん羊生産の現状、問題点、今後の方向やめん羊振興の方策などでした。

このフォーラムは、平成元年（1989年）11月に岩手県盛岡市で開催された「総合シンポジウム＝羊をめぐる未来開拓者のつどい」の成功が引き金になって催され、そして平成3年（1991年）以降に開催された「ひつじコミュニケーション」に繋がりました。（→224ページ「昭和55年（1980年）以降の羊をめぐるできごと」）

[めん羊生産振興普及定着化事業]

ラム肉の需要増大、地域振興やふれあいにめん羊が活用されるようになってきたのを受けて、緬羊協会はめん羊生産者、羊毛羊肉需要者、関係機関の人たちが一堂に会して講演、シンポジウム、ディスカッションなどをおこなって当面する問題を協議することを目的にした事業を平成3年（1991年）から3年間実施しました。特に、北海道滝川市で開催された「ひつじコミュニケーション'91」は実行委員会の若いメンバーによって精力的で緻密な計画のもと、全国から多くの参加者が来場し熱気の溢れる催しになりました。平成4年（1992年）は長野県長野市信州新町で、平成5年（1993年）は北海道札幌市と長崎県鷹島町（現 松浦市）で開催されました。

[日本緬羊協会の築いた礎]

日本緬羊協会は、終戦のわずか半年後に農林省の主導で設立され、58年近くを経過して農水省の指導で解散・統合しました。もともと日本のめん羊は、国策として羊毛生産のために導入され、手厚い保護のもとに飼育が奨励されてきたため、導入当初から国との結び付きの強い家畜なのです。

緬羊協会も、設立当初から農林省との係わりが深く、歴代会長は農水省の出身者が就任してきました。協会の58年間の足取りを見るとその活動の状況は、めん羊の飼育頭数の推移とほぼ一致していて、飼育頭数が伸びている時期には活発に活動し、飼育頭数が減少している時期には、沈滞しています。

滋賀県畜産技術振興センターでの毛刈りの研修会でデモンストレーションする國政二郎さん

特に活発に活動していたのは終戦直後から昭和中期までの約15年間です。しかし、めん羊界が本当に上向きであったのは昭和20年（1945年）～昭和25年（1950年）頃までのわずか5～6年で、その後にも一見成長しているように見えた時期もありましたが、それは昭和20年（1945年）代の成長を受けた惰性でしかありませんでした。

緬羊協会は登録頭数の減少などもあって財政的に苦しい時期がありましたが、歴代の協会員の先見性によって緬羊会館という財産を所有していましたし、一部を賃貸していたので、幸いその収入によって苦しい時期を乗り越えることができました。

一方、実務を担当する職員や役員として人材にも恵まれました。昔の華やかな時代はもちろんのこと、苦しい時期の昭和30年（1955年）代中期から緬羊協会を支えてきたのが解散時の副会長國政二郎さんで、その功績は大きいものでした。その後を引き継いだのが昭和62年（1987年）に事務局長に就任した羽鳥和吉さんで就任早々から多くの補助事業などで忙しい中でも新しいめん羊飼育に向けて充実した仕事をしてきました。平成12年（2000年）からは八木淳公（あつのり）さんがニュージーランドのめん羊牧場での研修体験を踏まえて、自信に満ちた活動で協会を牽引（けんいん）しています。

■近藤知彦
昭和4年（1929年）生まれ。昭和25年（1950年）から北海道立種羊場（後の滝川畜産試験場）に勤務、初代めん羊科長。羊の飼育管理全般、生産物の加工研究と技術普及に従事。北海道肉用家畜協会、日本緬羊協会理事、日本緬羊研究会副会長を歴任。

写真：戸刈哲郎

[めん羊の飼育頭数と主要な事項]

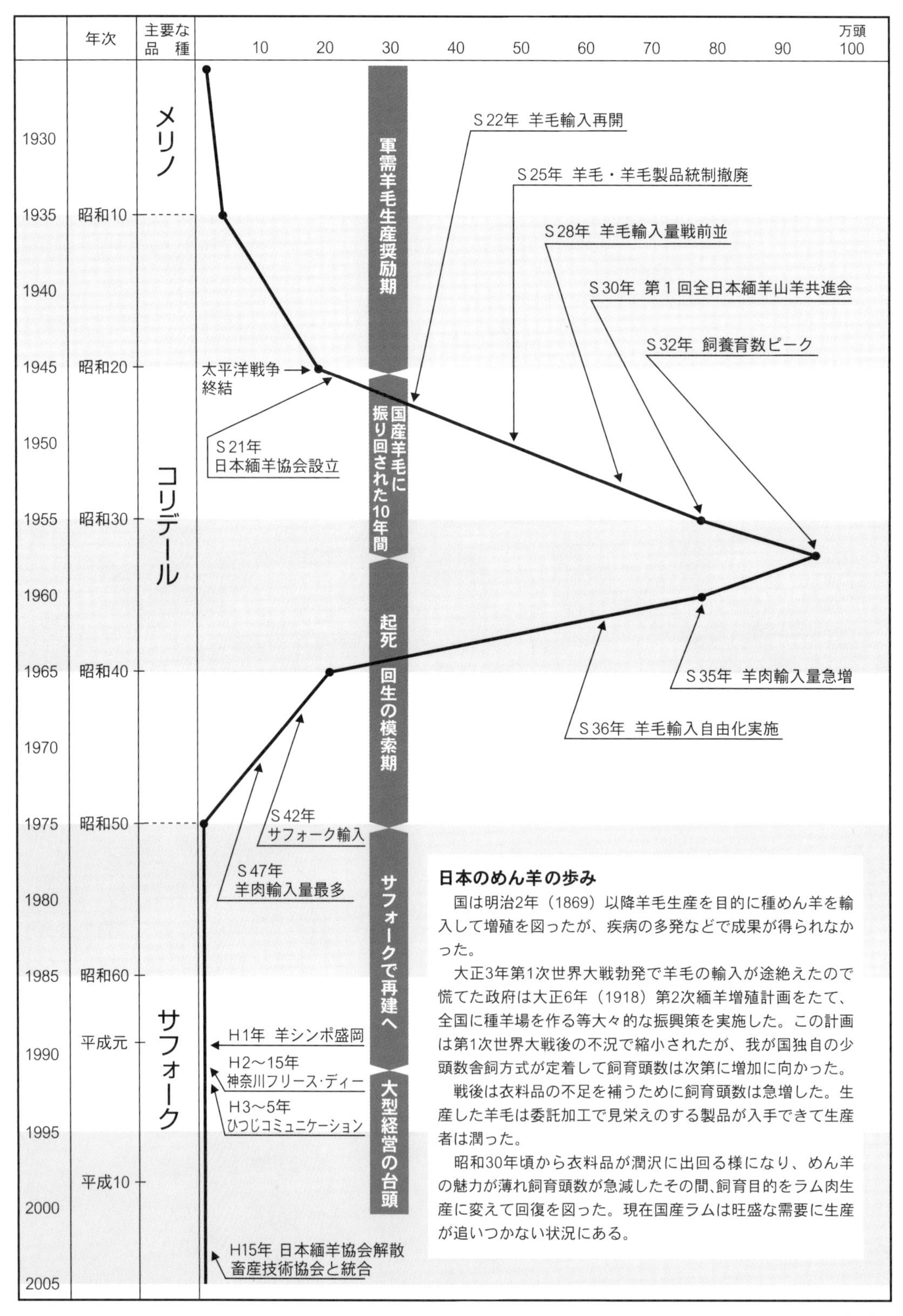

図：秋山英子

［戦後日本の政治経済とめん羊の歩み］

1945
1946
1947
1948
1949
1950
1951
1952
1953
1954
1955
1956
1947
1958
1959
1960
1961
1962
1963
1964
1965
1966
1967
1968
1969
1970
1971
1972
1973
1974
1975
1976
1977
1978
1979
1980
1981
1982
1983
1984
1985
1986
1987
1988
1989
1990
1991
1992
1993
1994
1995
1996
1997
1998
1999
2000
2001
2002
2003
2004
2005

太平洋戦争終結、農地改革実施（1945）

1945　飼育頭数18万頭
1946　日本緬羊協会設立
1947　緬羊協会羊毛委託加工開始
1947　羊毛輸入再開
1949　日本緬羊登録協会設立

財閥解体、朝鮮特需（1950）

1950　羊毛、羊毛製品の統制撤廃
1950　全国緬羊飼育者大会開催（福島県）

講和条約・安保条約発効（1952）

1953　羊毛輸入量が戦前並に（80万俵）

55年体制成立、高度経済成長始まる（1955）

1955　第1回全日本緬羊山羊共進会開催
1955　日本緬羊研究会発足（東京都）
1957　登録飼育頭数ピーク（約94万頭）※登録外の飼育数を含めると100万頭以上いたともいわれている。
1957　サウスダウン輸入開始
1959　全国めん羊大会（東京都）

安保闘争、所得倍増政策（1960）

1960　羊肉輸入量急増（枝肉36,214t）

農業基本法制定（1961）

1961　羊毛輸入自由化、
1961　第2回全日本緬羊山羊共進会開催（福島競馬場）
1962　ロムニーマーシュ輸入開始

ベトナム特需（1965）

1967　サフォーク輸入開始

ドルショック（1971）

第1次石油危機（1973）

1976　登録飼育頭数戦後最低（約1万頭）

1980年代貿易摩擦（1980）

1984　北海道でスクレイピー発生

プラザ合意（ドル安ショック）バブル経済（1985～1992）（1985）

昭和天皇崩御、東西冷戦終結（1988）

1989　羊をめぐる未来開拓者のつどい（盛岡市）
1990　めん羊を身近にするサミット（士別市）
1990　第1回神奈川フリースデー
1991　ひつじコミュニケーション'91（滝川市）
1992　ひつじコミュニケーション'92（信州新町）

55年体制崩壊、細川内閣成立、ウルグアイ・ラウンド農業合意、村山内閣（94ー96）（1993）

1993　ひつじコミュニケーション'93（札幌市、長崎県鷹島町）
1997　英国でクローン羊作出成功

テロ特措法制定、金融業界の自由化「金融ビッグバン」（2001）

2000　北海道立滝川畜産試験場廃止
2001　茨城県でスクレイピー発生

有事立法を可決（2003）

2003　日本緬羊協会解散、畜産技術協会と統合

図：秋山英子

おまわりさんも羊飼い 昭和20年（1945年）代

文：元社団法人日本緬羊協会副会長
國政二郎

［羊との出合い　そして羊と共に］

昭和23〜24年（1948〜1949年）、私がまだ農林学校の学生の頃、親戚から羊2頭を譲ってもらうことになり、百円札の束を腹に巻いて持参し、代金の精算を済ませて15kmほどの道のりをリヤカーに羊を乗せて連れてきたのが、羊との初めての出合いです。

翌春、当時の蒙古開拓帰国団をやっと探して毛刈りをお願いし、庭にゴザを広げ、みんな協力して悪戦苦闘の毛刈りをしたことが思い出されます。

その後、昭和26年（1951年）に北海道立滝川種羊場（後の滝川畜産試験場）に甲種練習生として入って1年を過ごした後、昭和27年（1952年）から福島県緬羊指導農協連合会、昭和31年（1956年）から長野県のめん羊団体、そして昭和36年（1961年）からは東京の日本緬羊協会で勤務しました。めん羊の登録業務、子めん羊セリ市場、飼育指導の講習会など、春先からは専ら委託加工用の集毛に関する仕事をしました。

［昭和20年（1945年）代、羊1頭分の羊毛価格が初任給1ヶ月分に相当する］

戦後、衣料資源としての羊毛が著しく不足して国産羊毛に対する需要が増加していました。一時は羊毛価格が3.75kg（当時の1貫匁で約1頭分相当）当たり5,000円〜6,000円にもはね上がり、めん羊飼育の先進地で開催された子めん羊市場での取引価格も平均10,000円以上にもなるという活況を呈したのです。当時の高校卒の初任給が3,000円から5,000円の時代で、めん羊1頭飼育することによって生まれる仔羊と羊毛代を合わせると、現在の金額に換算して30〜40万円にも相当する額でした。福島県の安達地方では1戸で数頭から10数頭も飼育する農家があって、羊から得られる収入も相当な金額となっていました。この頃が「おまわりさんも羊飼い」といわれた時代です。

すなわちこの頃羊の頭数は激増し、終戦後の昭和20年（1945年）に18万頭（羊毛生産量推定539t）であったものが、昭和25年（1950年）の統計では36.5万頭（同推定1,457t）、昭和30年（1955年）には78.5万頭（同推定

2,851t)、昭和32年(1957年)には95万頭(同推定3,429t)となり、実数には百万頭ともいわれ、わが国のめん羊飼育史上最も多くの飼育頭数を数えたのです。

当時、めん羊飼育の盛んな地区では、桜の咲く前から委託加工会社数社の業務推進員や毛刈人たちによって無秩序な集毛合戦がおこなわれ、色々なトラブルが発生していました。留守中の老人を言いくるめて刈っていく者、刈り取った羊毛の重量を誤魔化していく者、加工製品の粗悪なものの提供など、中には夜中に脇腹や背中の毛のみを刈って盗んでいく者まで現れる始末でした。

[自家消費8割、販売2割 委託業者に羊毛を託せば 毛糸や服地になって返ってきた]

乱立する道内外の加工業者によってしだいに集毛合戦は激化し、手土産持参、剪毛料サービスで、3月末頃から力任せにめん羊を裸にしていく業者も現れ、また最初の頃は製品の還元時期の遅れや、見本帳と製品が違う、純毛製品ではない、などといったトラブルが起こりましたが、昭和28年(1953年)頃からしだいに落ち着いていきました。戦後の生産羊毛は、全国的にはその80%程度が自家消費に当てられ、20%程度が販売に向けられていたものと推定されています。さらに自家消費については、自家加工と委託業者を通じて紡績工場や地方の加工場に出して製品化する委託加工に分けられました。また、販売面では衣料資源不足を反映して有利に販売されてきたものが、昭和26年(1951年)になって羊毛の輸入割り当ても緩和され、しだいに漸落の傾向となっていきました。

そんな状況の中、昭和27年(1952年)には電気バリカン(当時は電機剪毛器と称した)が輸入され、続いて国産のバリカンも製作販売されるようになりました。協会では米国サンビーム社の自習書を翻訳して『剪毛の順序と要領』なるものを作成頒布して、昭和29年(1954年)頃から本格的に使用されるようになり、剪毛技術の向上により地方での集毛合戦はさらに激しさを増していきました。

その後、戦後始められた国産羊毛の委託加工事業は、昭和30年(1955年)代に入って衣料事情が好転し、羊毛輸入が完全に自由化されるなど、利用者にとってのメリットがなくなるに従ってしだいに衰退し、業者も減少して昭和40年(1965年)代になってその殆どが姿を消していったのです。

そして、昭和50年(1975年)代、昭和60年(1985年)代と、人々の記憶の中から羊は姿を消し、現在に至ります。昨今のジンギスカンブーム、はたしてこの先どのような展開になるのか…「グルメ」という流行が先行しているように思えてなりません。

column

岩手のホームスパン

文：岩手県立大学 盛岡短期大学部 教授 菊池直子

ホームスパンと“岩手のホームスパン”

ホームスパンは、広辞苑によると「太い手紡ぎの毛糸を用いた手織の毛織物。また、これに似せて機械紡績糸で織ったもの。洋服地用。」とあり、一般的には、手紡ぎ・手織りの毛織物から範囲を広げ、手織り風のざっくりした外観の機械織りツイード類として説明されています。一方、“岩手のホームスパン”は、機械織りツイードと区別して称することが多く、岩手で育まれた手仕事の文化として理解されています。

ホームスパンは実用品ですから、その時代の生活に適応しながら発展するものです。現代のように多様化する生活様式においては、ホームスパンに対するニーズや考え方なども多様化していると考えられます。

“岩手のホームスパン”の先駆者

ホームスパンは、大正期に政府が農村の副業として羊の飼育と羊毛加工のホームスパンを奨励したことにより、全国的に普及しました。農林省は大正15年（1926年）に『羊毛家庭紡織法』を発行・配布し、また、全国各地でホームスパン講習会を開催し、農村のめん羊飼育に伴うホームスパンの発展を推進しました。岩手におけるホームスパンの本格的な始まりは、この頃です。

先駆者は、和賀郡十二鏑村（現在の花巻市東和町）の梅原乙子といわれ、梅原家では、大正4年（1915年）頃から羊を飼育し、乙子が羊毛を自家用に加工していたようです。乙子は大正10年（1921年）に盛岡市で開催された羊毛加工講習会に参加し、さらに農林省友部種羊場に出向いて指導を受けました。ホームスパン技術に習熟した乙子は、商品としてのホームスパンを作るようになり、講習会などの普及活動にも尽力しました（注1）。乙子の技術は、子息の五郎に受け継がれ、五郎の子息もホームスパンを製作していたようですが、その後の後継者がなく途絶えてしまったことは、誠に残念です。

九戸郡軽米町では、中村ヨシが大正期からホームスパンを作るようになったといわれています。ヨシは昭和8年（1933年）に盛岡市へ移転し、岩手織物工芸研究所（後の中村工房）を開設して絹織物・紬・ホームスパンを製作し活躍しました。工房の2代目は中村行雄・登志夫妻、3代目は子息夫妻の博行さん・都子さん、4代目は子息の和正さんが受け継ぎ、現在に至っています。

民芸運動と“岩手のホームスパン”

農村の副業であったホームスパンに美的な価値を与え、工芸としての礎を築いた人物が、及川全三です。及川は元々小学校教員でしたが、大正14年（1925年）に慶応義塾幼稚舎を退職した後、民芸運動を起こした柳宗悦に会い、柳から英国の染織家エセル メレのホームスパンを見せられ、染織工芸の道を勧められました。在京中に5年ほどの歳月をかけて羊毛の植物染色を独学で会得し、昭和8〜9年（1933〜1934年）頃に帰郷（現在の花巻市東和町）してホームスパンと色染和紙で民芸運動を実践しました。昭和11年（1936年）に出版された『羊毛本染実験覚書』（注2）は、岩手県産の染草による羊毛染色を解説した著書で、農村工芸の改善に大いに貢献したようです。

及川の功績には、後継者の育成もあります。柳からの紹介により、最初の内弟子となった福田ハレは、昭和18年（1943年）から13年間及川工房で働き、独立後、昭和33年（1958年）から戦争未亡人などのための授産施設「みちのくあかね会」でホームスパンの指導にあたりました。その「みちのくあかね会」は昭和37年（1962年）に株式会社となり、現在も女性のみで構成される組織を堅持し、分業制で英国羊毛にこだわるホームスパンを作り続けています。

及川は昭和23年（1948年）に国画会工芸部の会員となり、国展への出品をライフワークにするなど工芸家として活躍しました。また、門弟を育成する他、高村光太郎からの推薦がきっかけになり昭和26年（1951年）頃から約10年間、福田と共に盛岡生活学校（現在の盛岡スコーレ高等学校）で講師を務めました。昭和30〜42年（1955〜1967年）に三島学園女子大学（現在の東北生活文化大学）などでも講師を務め、工芸教育に尽力しました。教育用に及川が作成した印刷物をみると、化学の専門知識に基づく合理的な植物染色を指導したことが認められます。さらに、日本民芸協会岩手支部長（後の岩手県民芸協会会長）、岩手ホームスパン協会会長を歴任するなど、民芸運動やホームスパン業界において貢献しました。

“岩手のホームスパン” 産業と県行政の歩み

ホームスパンは、全国的に昭和5〜10年（1930〜1935年）頃が最も盛んであったといわれています。ちなみに昭和9年（1934年）のホームスパンの生産額をみると、北海道が圧倒的に多く、次いで福島、岩手、広島、宮城、山形、香川、群馬、熊本、栃木…の順でした（注3）。全国的に生産されていたホームスパンですが、敗戦後に社会の繊維事情が回復してくると衰退し消滅していきました。そのような中、岩手のホームスパンは、敗戦後の復興と共に地場産業にまで発展し、国内唯一の産地を形成しました。その事由について北海道や福島県との違いに注目すると、敗戦後に県行政がホームスパン産業を継続的に支援したことが一因と考えられます。

県行政がホームスパンに関わった最初の記録は、昭和3年（1928年）の陸軍特別大演習のときに試作の服地を献上したというものでした。それ以降、県の公設試験研究機関の繊維部は、ホームスパンの推進を目指し技術指導などをおこなっていましたが、昭和17年（1942年）に戦争の影響により繊維部が廃止されました。敗戦後の繊維産業復興のため、県が繊維工業部を公設試験研究機関に再設したのは昭和23年（1948年）のことでした。

その頃のホームスパン業界は、多量に生産されるホームスパンの仕上げ加工が問題化していました。仕上げ加工は、ホームスパンの付加価値を高める上で不可欠な工程ですが、手作業による処理能力には限界があったといえます。業界は仕上げ加工設備を公設試験研究機関に設置することを要望し、県は高額な費用を投じてその要望に応え、昭和25年（1950年）から設置を開始しました（注4）。

岩手のホームスパンは、経済の高度成長期（昭和30年（1955年）代～昭和40年（1965年）代半ば）を迎えて需要が高まり、生産量が飛躍的に伸びました。しかし昭和51年（1976年）以降、服地の生産量が減少の一途を辿るようになりました。原因は、服地用途のジャケットやオーバーコートなどが注文服から既製服に移行した時代の流れによるものと考えられます。公設試験研究機関は、平成24年（2012年）に仕上げ加工設備が故障したことを機に、およそ80年にわたる支援事業を終了させました。

“岩手のホームスパン”を継承する人々

現在、盛岡市や滝沢市、花巻市に製作拠点をもつ工房や企業が、それぞれの考え方や方針でホームスパンを製作しています。ホームスパン界を牽引した歴史ある工房や企業は、大正期から受け継がれる中村工房、敗戦後における女性の授産場から設立された株式会社みちのくあかね会、敗戦後の幾多の組織変遷を経て昭和36年（1961年）に設立された株式会社日本ホームスパン、10年に及ぶ研究実績を基に昭和38年（1963年）に創業した岩手ホームスパン工房、昭和45年（1970年）創業の蟻川工房などです。

株式会社みちのくあかね会は、先に述べたように授産場から始まりましたが、授産事業をホームスパンに定着させるまで、多くの方々の社会的運動や指導・協力がありました。特に、鎌田すずえ、阿部トシヨ、横田チエ、矢崎須磨や、指導にあたった福田ハレ、安部信雄（岩手県工業指導所）などの功績は大きかったといえます。

蟻川工房は、福田ハレの子息の蟻川紘直が創業しました。蟻川は、柳悦孝（柳宗悦の甥、染織家、元女子美術大学学長）に師事した人物ですが、平成10年（1998年）に亡くなられました。その後、妻の喜久子さんが工房を引き継ぎ、平成20年（2008年）からは伊藤聖子さんが工房代表をつとめています（注5）。蟻川工房の特色は、創業者の代から“実用と美”という民芸の精神を貫いているところです。また、弟子をとる制度を整えていることも特色です。後継者の育成は、ホームスパンの確かな技術を岩手に根付かせるうえで大きな貢献でした。これまで育てた県内外の門弟は35人以上にも及び、現在、活躍している田中祐子さん、植田紀子さん、森由美子さん、舞良雅子さんも門弟です。作り手のそれぞれの個性、感性がホームスパンに表れ、岩手のホームスパンは実に多彩です。

また、岩手大学の染織研究室や盛岡スコーレ高等学校（旧・盛岡生活学校）などの教育機関、日報カルチャースクールなどの社会教育の場にも恵まれたことは、ホームスパンの知識と技術の継承に繋がりました。

「何故、岩手でホームスパンが続いているのか」と問われることがあります。戦前は、全国各地で製作されましたので、その回答は戦後にあります。敗戦後に県行政が支援し産業として発展したこと、民芸運動により工芸として発展したこと、この2点が、“岩手のホームスパン”の全国的な認知度を高め、岩手にホームスパンが続いている主たる要因と考えられます。

book「岩手のホームスパン」で参考にした本

（注1）梅原五朗「岩手ホームスパンの歩み」『染織と生活』No.19 34～37ページ、染織と生活社、1977年
（注2）及川全三『羊毛本染実験覺書』岩手縣教育會出版部、1936年
（注3）岡本正行『理論實際　緬羊飼育精説』546～548ページ、賢文館、1937年
（注4）堀正文「染めと織り」『いわての手仕事』153～158ページ、岩手県文化財愛護協会、1994年
（注5）まちの編集室『てくり別冊 岩手のホームスパン』LLPまちの編集室、2015年

大雪山の麓にある松浦千代子さんの自宅と工房周辺

農家の女性が支えたホームスパン

文：武藤浩史

［戦前、滝川種羊場でホームスパン指導者養成の国家事業が始まる］

松浦千代子さんは北海道旭川市の西、大雪山の麓、愛別町に生まれ、昭和7年（1932年）に地元の水田農家に嫁がれました。

羊との出合いは昭和11年（1936年）、北海道庁から羊2頭を払い下げてもらい飼育したのが始まりです。刈り取った羊毛からセーターや靴下を作っていましたが、編むだけでは飽き足らず、服地を織ってみたいと考えていたそうです。そんな折、当時北海道で羊の育種や研究、技術の普及の中心的存在だった滝川種羊場でホームスパン技術指導者養成の女子実習生を募集していると聞いて、「これしかない」という思いが募ります。もともと向学心があって、本当は女学校へ進学して学問をしたいと思っていましたが、7人兄弟の長女だったので許してもらえず、20歳で親の決めた農家へ嫁いでいました。当時は小さな子どものいる農家の嫁が家を空けて研修に参加することは、非常識極まりないことと考えられていた時代。しかし悩んだ末「それでもこれが自分にとっては千載一遇のチャンス」と決心し、実家の両親に相談しました。すると実家の両親は嫁ぎ先に手をついて「どうか娘の願いを叶えてやってください」と願い出てくれたのです。晴れて許しをもらった松浦さんは後ろ髪を引かれる思いで、子どもを残して研修を受けに滝川種羊場へ向かいました。

研修といっても現在のカルチャースクールとは全く違うもので、国家のための技術者養成で、羊を飼育する農家の副業というのが前提だったこともあって、軍隊式の研修内容は羊の飼育、解剖、調理まで含んだもので、早朝から夜にまで及ぶ厳しいものでした。どうしても解剖した羊を調理して食べることができず、吐きながら耐えていましたが、研修8日目に真珠湾攻撃が勃発し、日本も第二次世界大戦へ突入、研修は中止になってしまいました。

[戦中に始まる農村地域のホームスパン振興事業]

それでもどうにか基礎だけは学ぶことができたので、帰宅後は地元の地域に紡毛や染色を指導する立場に立ちながら、ホームスパンへの思いを募らせていきました。しかし戦局の悪化と共に民間の純毛使用禁止、さらに羊毛の全量供出になり、最後に農家が使用を許されたのは羊の頭と足の部分だけになってしまいました。今、私たちが裾物として当たり前に廃棄しているものすら、家族の衣類を確保して生きるために貴重な資源だったのです。

[戦後の物資のない時代 糸紡ぎは自給自足の手段だった]

農村の生活は決して楽なものではありませんでした。当時の話はお年寄りからもよく耳にしますが、農家は羊を数頭飼育し、家族の衣類はみな羊毛で作り、日中の農作業の後、夜が深くなるまで女性たちは糸を紡いで編物をしたそうです。兄弟の多い家庭では、年長の子は男の子でも編み棒を持ち靴下や帽子を編んだといいます。「そうしなければ明日学校で寒い思いをして行かなければいけないので、必死だった」と語る老人は、当時を懐かしむ反面、貧しく厳しい時代を思い出すので、「糸紡ぎは見たくない」とも話していました。

松浦さんも家族が寝静まった後で織機に向かって、厳冬期の暖房もない作業場でせっせと織り上げたといいます。夫の背広も子どもの学生服も全部ホームスパンで作ったそう。今なら「贅沢なこと」と羨ましがられることだと思いますが、当時は他に選択肢がなく、必要に迫られてのことではありました。でも、これほど親の苦労と愛情を直接感じながら過ごすことが子どもたちに与えた影響は計り知れません。88歳で亡くなった夫が生涯愛用したスーツは、裏地は擦り切れているものの表生地は固めに紡がれた糸で、今でもシャキッとしています。これが戦時中に裾物の羊毛を集めて紡がれた糸が原料というから驚きです。

松浦さんは戦中に米1俵と交換に譲り受けた織機の綜絖を今でも大切に保管しています。織機の材料となりそうな材木をせっせと拾い集めて、昔、織機を作ったことのある人に依頼し、昭和21年（1946年）にやっとの思いで自分の織機をもつことができました。そして初めて1反の服地を織り上げた時の喜び…当時は「夢ではないか」と疑ってしまったそうです。古い織機に木目のように刻まれた経糸の跡は人生の足跡そのもの。体の一部、手先の延長ともいえる織機は、ひと織りひと織りに込められた人には語れぬ織り手の苦楽を知っている大切なパートナーなのかもしれません。

松浦千代子作 よもぎとくるみの草木染スーツ

ニッケ
—日本毛織の120年

[類まれな先見性と商才をもった一人の男がニッケを興した]

日本毛織株式会社が、その商号を残しながら通称社名「ニッケ」を採用したのは、平成20年(2008年)6月のこと、明治29年(1896年)の創業から数えて112年目にあたります。

[創業…そして苦難の道のり]

川西清兵衛氏

意外に知られていないことですが、ニッケの創業者は川西清兵衛という起業家で、いくつもの企業を立ち上げた偉人です。今でも残る企業には、山陽電鉄(兵庫電気軌道)、新明和工業(川西航空機)、大和製衡と富士通テン(川西機械製作所)などがあります。清兵衛翁が生まれたのは慶応元年(1865年)、大阪市中央区でした。この時代には珍しくないことですが、商家の五男として生まれた筑紫音松という名の青年が25歳で神戸市の川西家に婿養子に入り、7年後の明治31年(1898年)に商才を認められて、六代目「川西清兵衛」を襲名します。

その2年前、まだ音松と呼ばれていた清兵衛は毛織物会社の設立を目指して株式を公募します。趣意書には、当時はまだ欧米から輸入されることの多かった毛織物が商品として有望であるのに、これを製造する会社が国内に少ないと訴えていますが、現実的な動機には、5%の羊毛輸入税がこの年の4月に撤廃されたことがあったようです。

ともあれニッケは、明治29年(1896年)12月3日に神戸市で産声をあげました。以来、今日までニッケが歩んだ道のりは、必ずしも平坦ではありませんでした。とりわけ、外国からの輸入に頼らざるを得ない羊毛の調達に苦労した第二次世界大戦期、日本中がパニックになったオイルショック期は特筆しなければならない時期です。

第一次世界大戦で戦場にならなかった日本は特需に恵まれ、軍需品やヨーロッパ製品の代替で輸出が大きく伸びました。繊維業界も好況となり、羊毛業界も工場や生産量を表す精紡錘数(紡績機械の糸を作るコマ「紡錘」の数)が倍増しました。当然、日本の羊毛輸入量も大きく伸びましたが、産地のオーストラリアを実質的に統治していたイギリスが「豪州羊毛管理政策」を日本に適用、オーストラリアも羊毛の「売買禁止令」を公布して、突如として調達困難に陥ります。敵国でもない日本が標的になったのは、羊毛の再輸出量が大きかったため、敵国に流しているのではと疑われていたようです。結局、このピンチは、三井物産や大倉組(大倉商事)の活躍、そしてニッケの勇士たちが南アフリカからの調達を増やして乗り切ることができました。

[日の丸ヒツジ?]

ところで、この時期すでにニッケは、国産のヒツジ飼育を奨励する国策に合わせて、国内でのヒツジ飼育に乗り出していました。遡ること、明治45年(1912年)、現在の兵庫県明石市と稲美町に跨る土地に「緬羊試育場」を設け、34頭の中国羊種(寒羊種)を育てていました。毛・肉兼用タイプで、毛布など軍需用が目的だったようです。日本でヒツジを育てることの難しさは、一般にいわれる気候風土のせいというより、徳川時代に野犬化した狩猟犬による犬害もあったと記録にあります。大正から昭和にかけてヒツジの飼育は国内で続けられますが芳しくなく、目標の100万頭は戦火と共に遠のき、達成は戦後の昭和32年(1957年)までお預けとなりました。その年には2,800tもの日の丸羊毛が刈り取られました。毛布なら2百万枚に相当します。

昭和59年（1984年）と昭和63年（1988年）にオープンしたニッケパークタウン（兵庫県加古川市）、ニッケコルトンプラザ（千葉県市川市）といったショッピングセンターはよく知られています。

「諸行無常」という言葉があるように、世の中はいつも変化しており、永遠に変わらないモノはあり得ません。繊維で発展してきたニッケも、今では衣料繊維の他、産業機材、人とみらい開発、生活流通の4事業本部で、合計54社で構成する企業集団に成長しました。

［ヒツジから学ぶ 私たちの未来］

オイルショックとは、一般に昭和48年（1973年）の第四次中東戦争に端を発した石油危機を指し、生活面では「狂乱物価」という言葉に代表されるように消費パニックを引き起こしました。これ自体は毛糸や毛織物の価格を引き上げる場面もありましたが、総需要抑制や公定歩合引き上げにより、この時期の企業業績は大きく落ち込みました。すでに翳り（かげ）の見えた羊毛産業への打撃も大きく、ニッケも構造改善の名のもとに設備の統廃合や、新卒採用の停止などをおこないました。ようやく明るいニュースが聞こえたのは官営千住製絨所の創業から100年目にあたる昭和54年（1979年）のことでした。

この時期すでにニッケは事業を多角化、非繊維事業の展開をしてきました。昭和36年（1961年）のニッケ不動産に始まり、昭和56年（1981年）までの20年間に、ニッケ機械製作所、ニッケ商事など、怒涛の勢いでグループ会社設立が進みました。

［未来の足音］

平成25年（2013年）10月8日、ニッケレジャーサービスが営んできた土山ゴルフコース跡地に「ニッケまちなか発電所 明石土山」が開業しました。この事業は6万8千坪の敷地に、ソーラーパネル5万5千枚が設置された大規模な施設です。無機質な空間の癒し、そして発電効率を下げる雑草除去を目的として、ニッケのシンボルである羊3頭が放たれました。マスコミが、昔この地でおこなわれた牧羊と絡めて「この土地はヒツジとの縁がある」と言ったように、この地こそ明治45年（1912年）に設けられた「緬羊試育場」跡地なのです。現在では5頭に増えたヒツジと陽光を受けて輝くソーラーパネルは、牧草という接着剤で結びついて不思議に馴染んでいます。　（ニッケ 総務法務広報室）

column

“ホームスパンは軽くて暖かい”を検証する

岩手県立大学 盛岡短期大学部 教授 菊池直子

ホームスパンは、“軽くて暖かい”、“弾力がある”とよくいわれますが、特性を定量的に示したものは見当たりません。そこで、保温性、圧縮弾性などの各性能について、無作為抽出した服地用途のホームスパン22種と機械織りツイード26種を実験検証してみました。

保温性は、KES—サーモラボⅡ（カトーテック製）を用い測定しました。各試料の保温率について、布の厚さとの関係で示すと右上図のようになります。保温性は空気の含有量に影響されるため、厚地になるほど大きいことが認められます。厚さはどちらも0.5～1.7mmの範囲ですが、保温率はホームスパンが大きく、特に薄地はその傾向が顕著です。保温率の平均値は、ホームスパン43.5%、機械織りツイード36.8%で、両群に有意差（有意水準0.1%）が認められました。ホームスパンは、空気を多く含み保温性が大きいといえます。

右下図は、保温率と質量の関係を示しています。質量の平均値は、ホームスパン242±62.5g/㎡、機械織りツイード285±66.0g/㎡で、ホームスパンが有意に軽量（有意水準5%）であることが認められました。同じ質量で比較すると、ホームスパンの保温性が大きく、ホームスパンは“軽くて暖かい”特性を有するといえます。

［厚さと保温率の関係］

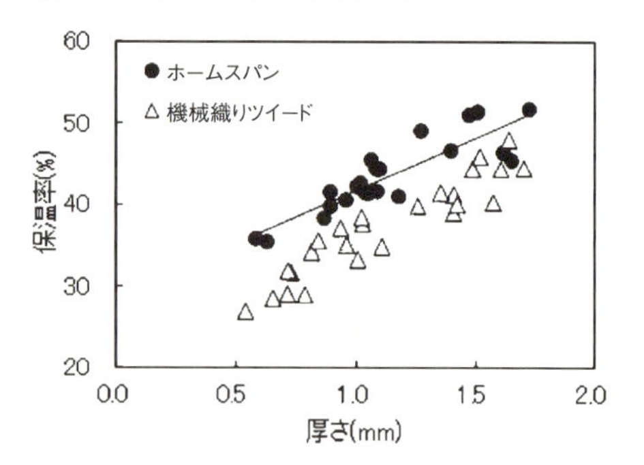

［質量と保温率の関係］

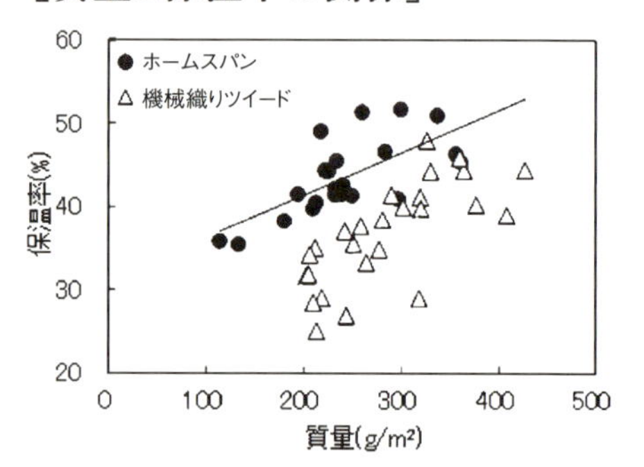

菊池直子「岩手のホームスパンの昔、今、そして未来」『平成28年度岩手県立大学公開講座　滝沢キャンパス講座・宮古キャンパス講座・地区講座報告集』

蟻川工房のホームスパン

column

モスリン―和装と洋装を繋いだ 薄手の毛織物

明治に始まる日本の羊毛産業の歴史は、欧米列国に追いつくために、羊毛の特徴である雨風を防ぎ、暖かく耐久性と難燃性の高さを生かした軍服官服を国産羊毛で作りたかった国の政策によって始まります。しかし軍服官服以外の、主に女性の和装として使われた「モスリン」という毛織物の存在も忘れてはなりません。

モスリンとは元々、木綿や羊毛の梳毛糸を平織にした薄地の織物の総称です。ヨーロッパではモスリンという言葉は綿織物を指しますが、日本では先に流入したメリンスとの混同もあって、主に毛織物をモスリン(毛斯綸)と呼ぶようになりました。中でも経糸緯糸とも50〜60番手の梳毛単糸で織られた平織を指します。

明治時代に入り洋装が進むにつれて、メリノ羊毛で織られた薄手の毛織物が多く輸入されるようになります。中でもモスリンは薄く暖かく柔らかい素材として、普段着の和服や冬物の襦袢(じゅばん)、半纏(はんてん)、夏物の軍服などに用いられ、伝統的な染色技法である友禅を施したものも流行しました。

その後、明治23年(1890年)に羊毛がオーストラリアから輸入され始めると、毛斯綸紡織、東京モスリン紡織、日本毛織など、一斉に日本にも紡績会社が生まれます。さらに明治27〜28年(1894〜1895年)の日清戦争の好景気で、それまで上流階級のものだったモスリンは、着物、帯、紐、下着、とりわけ羊毛は汚れがしみつきにくいということで腰巻や生理帯として、一般の女性にも愛用されるようになります。明治36年(1903年)には国内でのモスリン生産が軌道に乗り、輸入量と国内生産量が同じくらいになりました。生産量はさらに増加し、明治40年(1907年)には機械捺染によるモスリンが登場するなど、いよいよ大衆の日常着に成長していきました。

昭和期に入っても、薄くて暖かく、汚れにくく皺になりにくい毛織物モスリンは日本の女性に大いに好まれ、おしゃれ着として、また肌には直接触れない長襦袢に日常的に使われます。また、仕上げの段階でガスを使い表面の毛羽を焼くことによって、より滑らかに加工するようになったことから、絹のような風合いが備わっていきました。それにバラやチューリップの洋花、古典的な友禅模様、アールヌーボーやアールデコを取り入れたハイカラなデザインをのせたものは都会の女性に好まれました。またぼんち柄といわれる電車や乗馬、野球、洋犬。さらに戦中になると時代を写す戦闘機や銃、兵隊の姿なども登場するようになります。このようにモスリンのプリント柄の華やかさと耐久性は、現代の化学繊維・ポリエステルに通じるものがあるといえるでしょう。

しかし昭和12年(1937年)にオーストラリア羊毛の買い付けが中止され、続く昭和13年(1938年)には国家総動員法が成立、綿糸配給切符制が実施されると国内用モスリンの製織も禁止されてしまいます。この厳しい時代の流れの中でモスリンは急速に衰退の一途をたどりました。

昭和30年(1955年)代、私が子どもの頃お正月に、母が真新しい下着と共に、花柄の着物を用意してくれたことがありました。今思えばそれはモスリンでした。そして傍で父もセル(モスリンより厚みのある毛織物)の着物を着ていた記憶があります。それほど毛織物は日本人の普段着として馴染みの深い物でした。21世紀の現代、日本が今も世界有数の羊毛消費国である背景には、このモスリンという薄手の毛織物が、庶民に愛されたということが大いに影響しているといえるのではないでしょうか。

資料提供:公庄れい

昭和55年(1980年)以降の羊をめぐるできごと

[“オーガニック”という新しいキーワードが“羊”と繋がる「羊をめぐる未来開拓者のつどい」]

明治以来、試行錯誤を重ねながら、多くの人々の熱意によってようやく日本の環境に定着し、昭和30年(1955年)頃には日本中で約100万頭の羊が飼育されていました。戦後の食糧難と衣料不足の時代には毛肉兼用種のコリデールが多く飼われました。世の中が少し落ち着いて羊毛の輸入が再開され、その後の輸入自由化によって国産羊毛の価値が下落し続けた情勢を受けて、羊飼育の主目的が羊毛から羊肉へと切り替えられたことによって肉重視のサフォークが導入されました。戦前から軍や農林省によっておこなわれてきた羊肉活用の研究、消費拡大と普及活動が定着した羊の主産地域・北海道では、「ジンギスカン」が食文化として発展し、ご当地グルメに成長(→206ページ「日本緬羊協会の果たした役割」)。その後、意外なところから羊は再び注目されることになります。

1980年(昭和55年)代日本は高度成長を迎え、経済も暮らしも良くなりましたが、同時にその歪みも生じ、「公害」という言葉がマスコミで頻繁に取り上げられるようになりました。農産物に関しても化学肥料や農薬を使わない農法が紹介されたり、「有機栽培」「オーガニック」という言葉が登場したのもこの頃です。そんな時、突然ステージに上げられたのが羊だったのです。

平成元年(1989年)、岩手県盛岡市の岩手大学にて「羊をめぐる未来開拓者のつどい」シンポジウム(通称「羊シンポジウム'89」)が開催され、畜産関係者、出版関係者、大学などの研究・教育者、自然食や有機野菜の流通関係者、そして手工芸・ホームスパン関係者など約500人が日本全国から集まりました。その呼びかけ人は(株)種山ヶ原の稲葉紀雄さん、楠本雅弘さん、佐々木寿さん、鶴見武道さんらを中心とする「未来開拓者共働会議」のメンバーです。

このシンポジウムは、「森と土と羊の新しい共働を求めて」がテーマで、めん羊の飼育技術・経営方式の確立を目指す情報と経験の交流、羊毛加工・羊肉料理の技術向上のための情報と経験の交流、有機農業の確立を目指す国際交流を目指して、スライドレクチャーやデモンストレーション、パネルディスカッション、国産羊毛を使った作品の公募展、ワークショップなどが開催されました。いいかえれば、農業、林業、畜産業、紡績業、流通業、出版業、手工芸者の真ん中に「羊」を据えて繋がり、世の中の急速な開発と消費生活に歯止めをかけ、地球環境を壊さない経済活動をしようというシンポジウムでした。アメリカ オレゴン州から来日したジョン ヌーマイスターさんが「有機農業の基準と指標について」と題した講演をするなど、時代の風を満々と受け止めて、羊という船の帆柱が立った感がありました。

その後、羊が様々な人たちの共通財産になったのは、シンポジウムそのものの力だけでなく、シンポジウムのことをまとめた記録集『羊は未来を拓く』、そして『まるごと楽しむひつじ百科』という2冊の記念碑的な役割を果たした本の力によるものでした。

[スピナーと羊飼いの交流を育んだ「神奈川フリースデー」]

このシンポジウムに刺激されて平成2年（1990年）「神奈川フリースデー」が始まりました。発起人は百瀬正香さん、松本真知子さん、工藤聖美さん、そして村尾みどりさん。まず、神奈川県の秦野市農協に続いて丹沢山麓の服部牧場を拠点として、日本全国からスピナーと羊飼いが集まり、平成15年（2003年）の最終回には2,000人の入場者、90店のクラフトショップや羊飼い直営のフリースのお店が並び、フリースの人気投票、毛刈りのデモンストレーションなどがおこなわれました。平成15年（2003年）までの14年間で、このイベントをきっかけに日本の羊飼いとスピナーの交流が進み、その関係は充分に温まっていきました。

[日本に英国の希少品種マンクス ロフタンがやって来た]

平成2年（1990年）に百瀬正香さんは、英国からマンクス ロフタン種を20頭導入し「レア・シープ研究会」を発足します。そして平成29年（2017年）には、日本全国の17牧場にその血統は受け継がれ、血統記録をした75頭のマンクス ロフタンが日本にいます。現在は東京農業大学の古川力さん、羽鳥和吉さんをはじめ60数名の会員と畜産技術協会の支援のもと、その種畜管理がおこなわれています。

[「羊シンポジウム'89」のその後]

昭和62年（1987年）に発足した「未来開拓者共働会議」は、平成8年（1996年）に稲葉紀雄さんの急逝によって、発起人の一人を亡くしたものの、稲葉さんの理念とネットワークは『シナジー』という会報、そして『羊と紡ぐ森と海』通信で継承されました。

シンポジウムのテーマの一つとして、「国産羊毛の活用」についても話し合われました。そして国産羊毛を使った靴下が、平成7年（1995年）に（株）種山ヶ原で生まれました。2000年（平成12年）代に入って日本国内の洗毛工場がすべて閉鎖されるなど、多くの困難の中で試行錯誤を続け、今も引き継がれ作られています。

[スピナーの熱気溢れるイベント「東京スピニングパーティー」]

吉沢鏡子さんと、石田紀子さんが発起人となって、平成13年（2001年）に東京スピニングパーティーが始まりました。その後は吉沢さんを中心に、東京都の晴海で全国から材料や道具のお店、作家のブースだけでなく、牧場が直接フリースを売るお店など100を超える出店と、2日で1,900人を超える来場客で大いににぎわいましたが、平成23年（2011年）に一旦休止されます。

その後2年のブランクをはさんで、平成25年(2013年)に「新・東京スピニングパーティー」として青島由佳さんが引き継ぎ再開。現在は東京都のすみだ産業会館で毎年9月に開催、平成29年(2017年)の開催では、レクチャー、ワークショップ共に各約400名の受講者と、100を超えるブースに3,500人を超える過去最高の来場者を記録し、日本で唯一のファイバーフェスティバルとして、スピナーと羊飼いが集う熱気溢れるイベントとして定着しています。

[国産羊毛を流通させる取り組み]

平成23年(2011年)6月に私ことウール クラッサー 本出ますみは「国産羊毛コンテスト」を始めました。第2回からは(公社)畜産技術協会後援のもと開催されています。これは羊毛の扱い方と、毛質の見方、そして羊毛が適切な価格で流通することを目指したものです。毎回20余りの牧場がエントリーし、40〜50の出品フリースは、ほとんどが2〜3日中に売り切れるほど、国産羊毛への評価は上がってきました。(→280ページ「国産羊毛コンテスト 2011年〜」)

[羊毛の公募展—織り、編み、フェルト さらにニードルパンチの新風]

羊毛から作った織り、編み、フェルトの作品を展示する、全国規模で開催された公募展は、この約30年で、出品される作品の傾向も、出品する人も大きく変わってきました。

平成元年(1989年)の岩手県盛岡市で開催された「羊をめぐる未来開拓者のつどい」シンポジウムにおける「日本の羊わくわく展」には81点が出品されました。ホームスパンなどの伝統的な織物やニット作品が中心でしたが、昭和55年(1980年) 頃に日本に入って来たフェルトの技法を使ったタピストリーが登場し、会場で目を引きました。

続いて、私が発起人となり「光る羊」と「ヒツジパレット」という羊毛を主軸とした公募作品展を開催しました。平成8年(1996年)の「光る羊」では応募作品171点。織り43%、編み22%、フェルトが33%、その他2%と、続々とフェルトをする人が増えてきました。平成24年(2012年)のヒツジパレットでは263点。織り40%、編み15%、フェルト28%が漸減。この時期に人気に火が点いたニードルパンチ(→154ページ「ニードルパンチ」)が、12%に食い込みます。そして、平成27年(2015年)のヒツジパレットでは、織り40%、編み11%、フェルト26%。そしてニードルパンチが20%と急成長してきました。

このニードルパンチは、2000年(平成12年)代に入ってから一般に広く普及し、テレビのCMにも登場するなど、「羊毛のちくちく」と呼ばれ、子どもたちでも知っているほどの社会現象になりました。ニードルパンチの魅力は、経糸と緯糸で構築する織り、糸1本で立体に造形していく編み、服・バッグ・敷物だけでなく彫刻的な造形としてアートの可能性を押し広げた伝統的な水を使ったフェルトなどとは違って、針1本で人形や動物などの造形が自由にできるというところにあります。また、子どもでも楽しめる技法だったことも魅力的でした。ニードルパンチは木・土・金属の彫刻ではできなかった、やり直しが何度でもきき、自分が気に入った形ができるまでは粘土のように造形を

木村泰子作

作り込んでいけることもあり、手芸の裾野を大いに広げました。そしてニードルパンチの作品には、小説や映画のような物語性が感じられるものもあり、それまでの羊毛の染め織り編みの作品とは一線を隔するものでした。

今までの羊毛の世界観が衣食住=「暮らし」がキーワードだったとすると、ニードルパンチは針を刺すことで自分の世界を作り込んでいける「アート」の世界を、さらに押し広げてくれました。しかも特別な道具を必要としません。必要なのは「思い」と「集中力」と「感性」。これらがニードルパンチが大流行している理由ではないでしょうか。

従来の染め、織り、編みの作品とは違った、造形的な作品に広がる「ニードルパンチ」という、これからの"モノツクリ"を牽引してくれる頼もしいジャンルが加わったといえるでしょう。

[作家の刺激の場 クリエイティブフェルト協会]

平成21年(2009年)に高橋美恵子さん、若井麗華さんの呼びかけで発足したクリエイティブフェルト協会は、羊毛を主原料とした手作りのフェルト制作の、情報交換と研究の場として、ワークショップや作品展などを開催。日本のフェルトクリエーターたちを牽引しています。

[盛岡のホームスパンの祭典 Meets the Homespun morioka 2017]

明治期に始まり、全盛期には日本各地で生産されていた毛織物、それがホームスパン(→216ページ「岩手のホームスパン」)です。岩手県盛岡市には、その技術を脈々と受け継いできた工房が数多くあり、それぞれに多彩な表現で製作が続けられています。そんな盛岡にある7つのホームスパン工房(作家)と、その門下生などの作品が一堂に集められた展覧会「Meets the Homespun morioka 2017」が平成29年(2017年)11月にホームスパンミーティング実行委員会によって開催されました。日本のホームスパンの100年余りの歴史を感じさせる展覧会でした。

[日本毛刈り協会が発足される]

平成27年(2015年)に大石隼さんが「日本毛刈り協会」を発足。北海道のBOYA FARMにて「JAPAN SHEARS」という、毛刈りとシープドッグによる羊の群れのコントロールの技術を競う大会が開催されました。技術の向上と交流を目的として毎年開催されている大会ですが、民間から始まっためん羊振興事業としても注目されています。

織り：洲崎英美作　フェルト：辻俊子作

book「羊の日本史」で参考にした本

正倉院事務所編『正倉院寶物6中倉』毎日新聞社、1996年
杉本一樹『正倉院宝物―181点鑑賞ガイド』新潮社、2016年
尾形充彦『正倉院染織品の研究』思文閣出版、2013年
角山幸洋編著『中国・和蘭羊毛技術導入関係資料』関西大学出版部、1987年
吉田孝次郎『京都近郊の祭礼幕調査報告書―渡来染織品の部』祇園祭山鉾連合会、2013年
吉田孝次郎監修『京都祇園祭の染織美術―山・鉾は生きた美術館』京都書院、1998年
横川公子編『近現代のきものと暮らし』武庫川女子大学附属総合ミュージアム設置準備室、2017年
乾淑子編著『図説着物柄にみる戦争』インパクト出版会、2007年
『染織と生活No19―特集手織りホームスパン』染織と生活社、1977年
木村敦子構成『岩手のホームスパン』まちの編集室、2015年
田中史生『国際交易の古代列島』角川学芸出版、2016年
『ウールの本』読売新聞社、1984年
『新ウールのすべて』チャネラー、1991年
羊をめぐる未来開拓者共働会議編『羊は未来を拓く―記録集・羊シンポ'89・盛岡』農山漁村文化協会、1990年
『めん羊・山羊技術ハンドブック』日本緬羊協会、1996年

世界の羊毛消費
そして環境問題

激動の世界経済の中で－1990～2018年

20 世紀に入って世界の羊毛産業は、羊毛産国と加工国、そして消費国という国際貿易の流れが、刻々と変化していく時代を迎えました。一方でメリノを中心とするグローバルな羊毛産業とは関係なく、何千年と変わらず在来種の羊を飼い自国消費している国々もあります。さらに現代の羊毛産業は、単に作って売って消費するだけではなく、環境問題についても考える必要が出てきました。古来より羊は財産であり、人の経済活動と関わり、人の暮らしと密着して生きてきました。今一度、羊をめぐる経済について考えたいと思います。

手仕事のクライシス
羊の国
オーストラリア ニュージーランド 英国

日本では羊はまだまだ馴染みの薄い存在で、その歴史も百年余りです。しかし糸紡ぎを楽しむスピナーは多く、とても熱心で、技術的なレベルも高いと私は思っています。羊に馴染みの薄い日本でも、これだけ羊毛が愛されているのなら、羊をたくさん飼っている国ではどうでしょうか。羊の国—オーストラリア、ニュージーランド、英国。いずれも羊毛が輸出産業の一翼を担っている国を見つめてみました。

[「メリノ以外はみんなクロスブレッドです」]

1984年、川島テキスタイルスクールで「スピニング」のクラスをスタートさせたレイニー マクラーティさんの、「メリノ以外はみんなクロスブレッドです」という言葉が原毛屋を名乗り始めたばかりの私の魂に火をつけました。当時の私は鼻息だけは一人前で、英国のジェイコブはどうの、オーストラリアのコリデールはこうのと、いっぱしの講釈をし、羊毛関係の資料をむさぼるように読んでいました。「ジェイコブとか、チェビオットとか、一度もメリノと交配したことがない品種まで、メリノとの交雑種というわけ？」と思ったのです。

ニュージーランド

その10年後、ニュージーランドでクラッサーの勉強をする機会を得た時、この疑問はものの見事に氷解します。その授業では品種ごとの分類はせず、毛番手や毛長などの毛質で分類していたからです。

そしてオーストラリアでは、メリノが全体の集毛量の70%以上、後の30%はメリノとの交雑による品種なので「クロスブレッド」と呼ばれている、ということもわかり、納得しました。

[オーストラリアの失われた10年、そして干ばつ]

オーストラリア、プレル牧場

世界一の羊の国 オーストラリアは、1990年代一番底の状態をじっと我慢していました。原因は1991年に始まる「オーストラリアの失われた10年」に遡ります（→232ページ「世界の羊の頭数と産毛量（1990年～2006年）」）。1980年代、オーストラリア政府は羊農家保護のため、羊毛の最低支持価格を1kg7ドルに上げました。当時オークションで10ドルという時代に、売れ残っても政府が7ドルで買い取ってくれるというので、誰も彼もが羊の頭数を増やしました。新規参入、いわゆる「ニュー カマー」といわれる羊牧場が増え、あっという間に羊は18,000万頭に増え、オーストラリア政府は通常の倍の羊毛在庫を抱えてしまうことになります。1991年に政府は最低支持価格を廃止します。それからの10年間が在庫調整期間となり、2001年にようやく消化されました。これが“失われた”といわれる所以です。しかし、そこへ2002年と2006年の大干ばつがやってきました。羊の頭数は一段と減り、2007年には1987年の約半分の9,000万頭となり、羊毛の年間集毛量は395,000t。80年前と同じ規模にまで下がりました。

補助飼料を買ってまで、羊の頭数をキープしようとする日本とは違い、オーストラリアでは草地の総栄養価=羊の頭数。干ばつになると充分な草は育たなくなり、当然羊の頭数も減るというわけです。2007年10月に訪れた、シドニーから西へ約100km、ゴールバン クロックウェルにあるコリデールブリーダーのプレルさんの牧場でも多聞にもれず、通常1,200頭いる羊が、2006年に続く干ばつで800頭まで頭数を減らしました。「このクリスマスまでに雨が降ればなんとかなるのだが…」ともらした言葉が重く心に残りました。

当時、オーストラリアの生産牧場では、「天候さえ良ければじわじわと増えていくだろう」と言われていました。薄手のウール製品の原料であるメリノには確たる需要があるからです。紳士用ビジネススーツに代表されるように、世界中の羊毛需要がより薄手のもの、肌触りの良いものへとシフトしています。衣料用繊維全体の中で1.5%（2010年）といわれる羊毛は、じわじわと消費量が減ってはいますが、高級志向が進んだこともあって、メリノはますます重要視される傾向にあるのです。

[ニュージーランド —カーペット ウール ロムニーの低迷]

その隣の国ニュージーランドは、カーペット用ウールのロムニーが主な品種です。しかし、そのことが羊の頭数が下降線をたどる原因でもあります。世界的なカーペット用羊毛の消費の低迷から、1990年に5,785万頭いた羊が、2000年に4,226万頭に減りましたが、さらに減り続けるだろうといわれています。衣料用の繊維の中で化学繊維が占める割合が急激に高まっていて、羊毛などの天然繊維は高級志向を受けメリノばかりがニーズを増やしていますが、全体としては漸減を余儀なくされています。ニュージーランドは敷物用の太番手羊毛を中心に産出しているため、さらに厳しい現実にさらされているのです。

[英国—口蹄疫で大混乱]

そして英国。1996年からの10年余り英国からは何一つとして良い話題を聞くことができませんでした。

1996年の「BSE」に始まり、「スクレイピー」、2000年代には「口蹄疫」と、次々と羊の伝染病が発生し、肉だけでなく羊毛の出荷も大打撃を受け、羊毛公社も大改革を余儀なくされました。私が輸入している羊毛も2002年、輸出停止になり、英国の港で足止めされました。以来、英国からの羊毛は日本の通関で燻蒸処理されたり、書類上の審査も一段と厳しくなったりしました。

英国羊毛公社

そして英国では、口蹄疫からくる羊の頭数の激減だけでなく、羊毛の流通システムや羊毛を取り扱うクラッサーを取り巻く状況、羊毛公社の組織や考え方まで、この20年で大きく変わりました。60種類ある英国種といわれる羊を、羊毛の毛質ごとに8つのカテゴリーに分け、そこからさらに毛番手とグレード別に20から30にも分けていたクラス分けを、今では毛質別に7つのカテゴリーに分けるだけになりました。

2007年に私が訪れたヨークシャーのウール ブローカーの所でも、山積みにされたベールを開けて出てきたフリースの中から、「気に入ったフリースを選んでもいいよ」と言われてかき出したものの、200kg近くある1ベールの中で、比較的質の良いものはわずか。スピナー用のフリースが、全収毛量の中でも文字通り、上位数%もないという現実をまざまざと見せつけられました。

口蹄疫の後、羊農家もかろうじて肉出荷はできるようになったものの、羊毛に関しては毛刈り職人の賃金すら支払えないほどの価格暴落で、まだまだ毛に配慮して飼育出荷する余裕はなかったのです。

[羊の病気]

病名	説明
BSE	BSE（牛海綿状脳症）とは、異常プリオン（感染性蛋白質）が神経組織などに蓄積して起こるといわれている伝染病で、中枢神経系の細胞がスポンジ状に空胞変性を起こす疾患です。
スクレイピー	スクレイピー（Scrapie）は、羊や山羊類の神経系を冒す、伝達性海綿状脳症（TSE）の一つで、致死性の高い変性病。発病すると体を木などに擦りつけるようになり、衰弱します。
口蹄疫	口蹄疫ウイルスが羊、豚、牛、山羊、鹿といった蹄が偶数に割れている動物などに感染する病気です。蹄の付け根や口などに水疱ができ破裂するので、体力を消耗します。

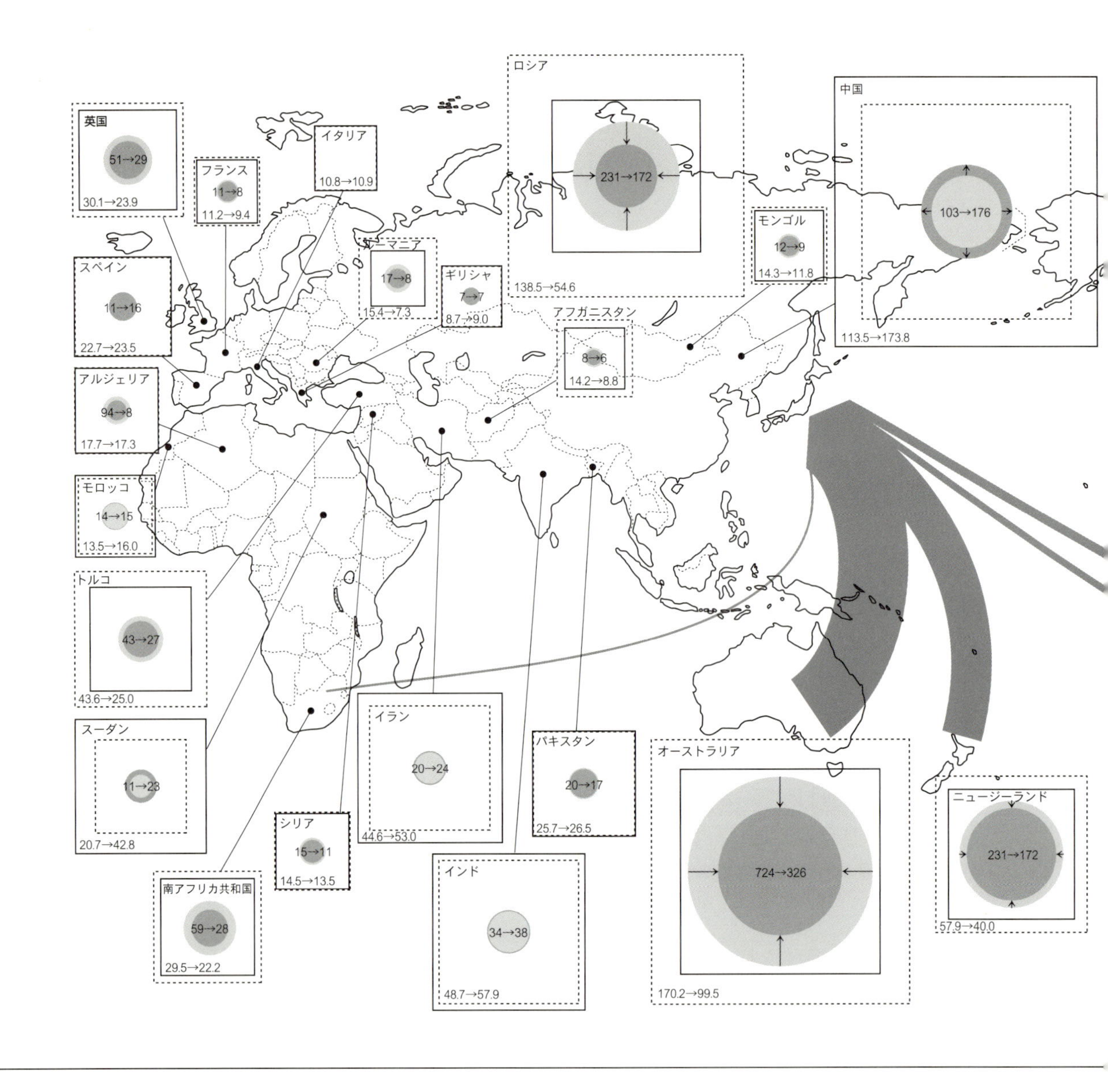

世界の羊の頭数と産毛量（1990年～2006年）

監修：元日本羊毛産業協会専務 大内輝雄

世界の羊の頭数は、1990年と2006年のデータを比較すると、11億8,923万8千頭から10億2,349万6千頭と14%減少していることがわかります。これは羊毛産国のオーストラリアが58%、ニュージーランドは69%、英国が79%、ロシア39%と、軒並み頭数を激減させたことが原因です。1990年以降の羊毛産業低迷は、1970～80年代にオーストラリアで実施された羊毛の最低支持価格制度が失敗したことが原因です。これはオーストラリア政府が、売れ残った羊毛を1kg当たり約7ドルで買い取るという羊毛産業保護策でした。羊毛産業を始めるリスクが低くなったことで、新規参入で羊飼いになる農家が増え、急激に羊の頭数が増え、1989年にはオーストラリアの年間需要の倍の羊毛生産量になりました。結局1991年にこの制度は廃止され、自由競争に切り替えられましたが、当時オーストラリアの1年分の取引量に当たる羊

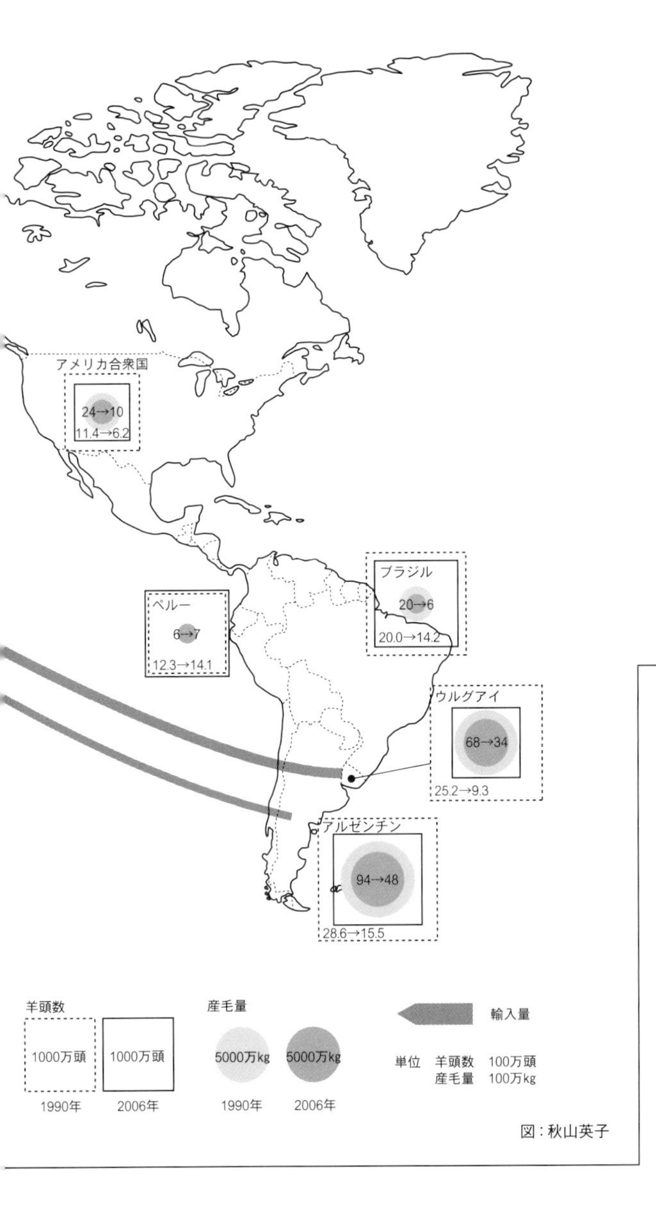

図：秋山英子

[1990年と2006年 世界の羊の頭数と産毛量の変化]

世界の羊毛産業は20世紀に入って、いよいよ羊毛産国と加工国、そして消費国の流れが刻々と変化していく時代を迎えました。左図は1990年と2006年までの世界の羊の頭数と産毛量について、『I.W.T.O.羊毛工業統計集 2007年』の資料を図にしたものです。

毛が在庫となってしまい、解消するのに10年かかってしまいました。さらに追い打ちをかけるように2002年、2006年に大干ばつが起こったことも、羊の頭数の激減に繋がっています。

また世界の羊毛需要が細番手にシフトしているのも大きな要因です。これに大きく影響を受けたのが、主にロムニーなど太番手の羊毛を生産しているニュージーランドです。また東海岸の干ばつと洪水も羊の頭数の減少に拍車をかけました。結局ニュージーランドでは乳牛の牧場（デアリー ファーマー・Dairy Farmer）と羊の牧場を兼ねている農家は何とか耐えましたが、小規模もしくはカラード シープの牧場は、その数を減らしました。

そして英国では、1996年に始まるBSEやスクレイピー、2000年代の口蹄疫などの病気が原因で、羊の頭数は減少。余波を受けた羊毛公社や羊毛産業のシステムも、がらりと構造を変えてしまいました。ロシアでの羊の頭数の減少は、かつてのソビエト連邦の崩壊が招いた経済混乱から、外貨稼ぎのため、羊を生体のまま中国などの海外に売ったことが原因です。一方で中国は150%に、インドも120%に頭数を増やしています。これは経済力が強くなるに従い、羊肉の需要が増えたことによるものです。

ここまで見てきた羊毛を輸出している数か国以外の、在来種をもつ中東や東欧、アフリカ、中南米の国々では、1990〜2006年の間は羊頭数がほぼ横ばいです。なぜなら歴史的に気候風土に合った在来種の羊がいる国々では、基本的に羊毛も羊肉も自国生産自国消費。とりわけイスラム圏の国々は、宗教上の理由から、羊を自国で生産し消費しています。それゆえ、これらの国は輸出入の数字に大きく影響を及ぼさないのです。

[世界の繊維生産量]

世界の繊維の消費は、1970年から2015年の45年で、約4.3倍の9万6,534mkg（mkg=100万kg)に増えました。

そして1970年に全体の37%だった化学繊維は伸び続け、90年代に50%、2015年には71%となり、繊維消費全体の3/4を担うほどになろうとしています。1970年当時51%でトップだった木綿は、1990年に化学繊維と逆転し、2015年には1970年の2.3倍の生産量と増えているにもかかわらず全体の25%にとどまり、繊維ナンバーワンの座は完全に化学繊維にとって代わられました。

そして1970年当時、残りの11%を羊毛の7.7%、麻3.2%、絹0.2%で取り合っていましたが、以後の30年で羊毛は、生産量も1万7,010tから、1万1,160tに減少。2016年には、繊維の全消費量の1.2%にまで減少しています。

羊毛全体の生産量は落ち込んでいるものの、2010年以降、オーストラリアのメリノに限っては頭数が低水準ながらも安定しています。2015年にはメリノ ウールの価格帯がカシミヤの90%ほどと高価格になり、国際的な価格競争にさらされる質より量を求められるステージではなく、カシミヤのように稀少繊維として高価格で量より質を求められるステージへと変わりつつあるといえます。

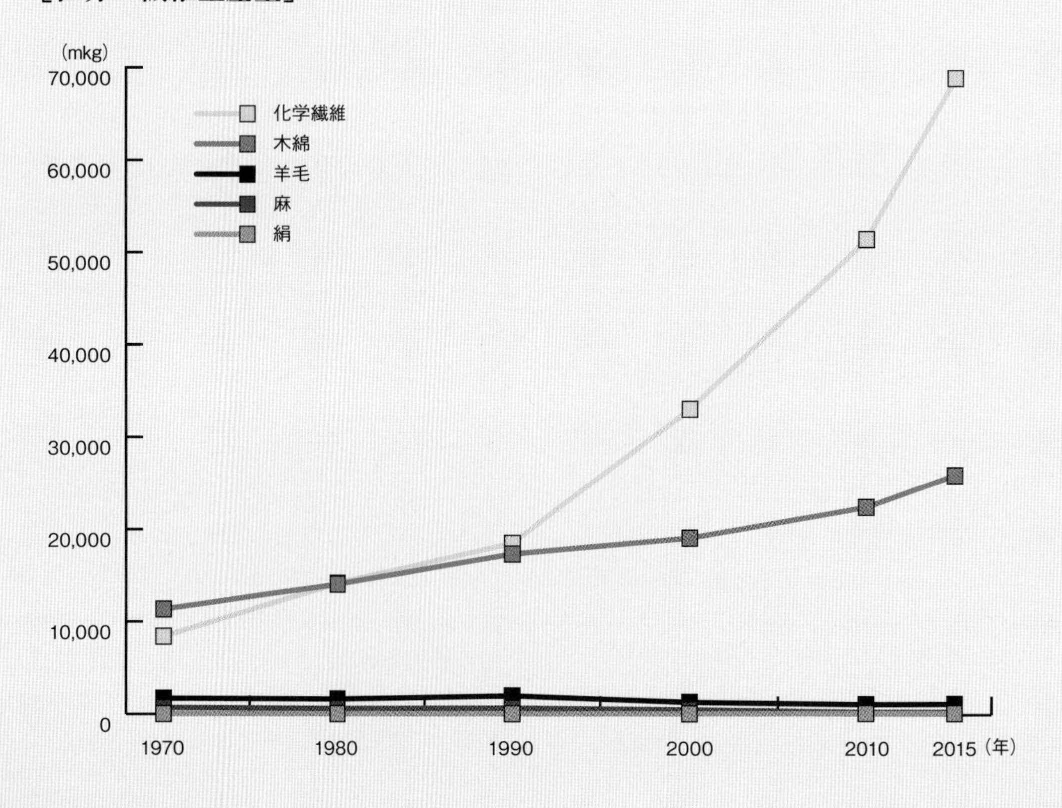

［世界の羊の頭数の変化　1990年−2005年−2015年］

"©2017 International Wool Textile Organization" のデータを元にして作成しました。

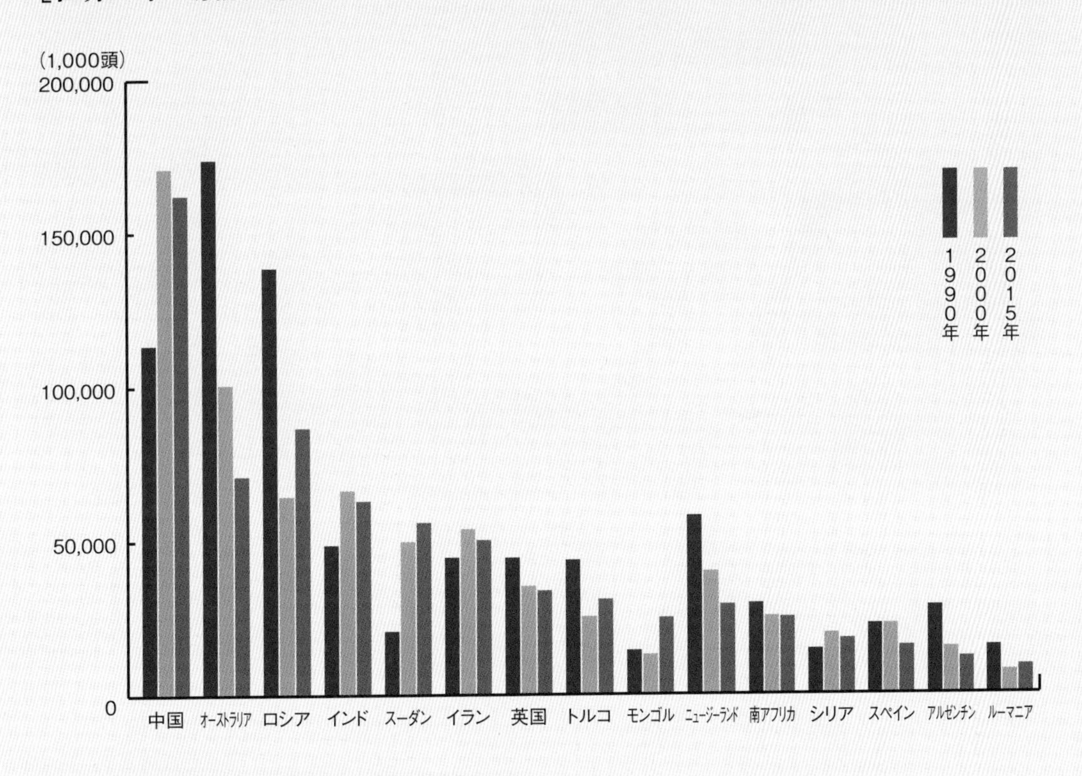

［世界の産毛量の変化　1990年−2005年−2015年］

"©2017 International Wool Textile Organization" のデータを元にして作成しました。

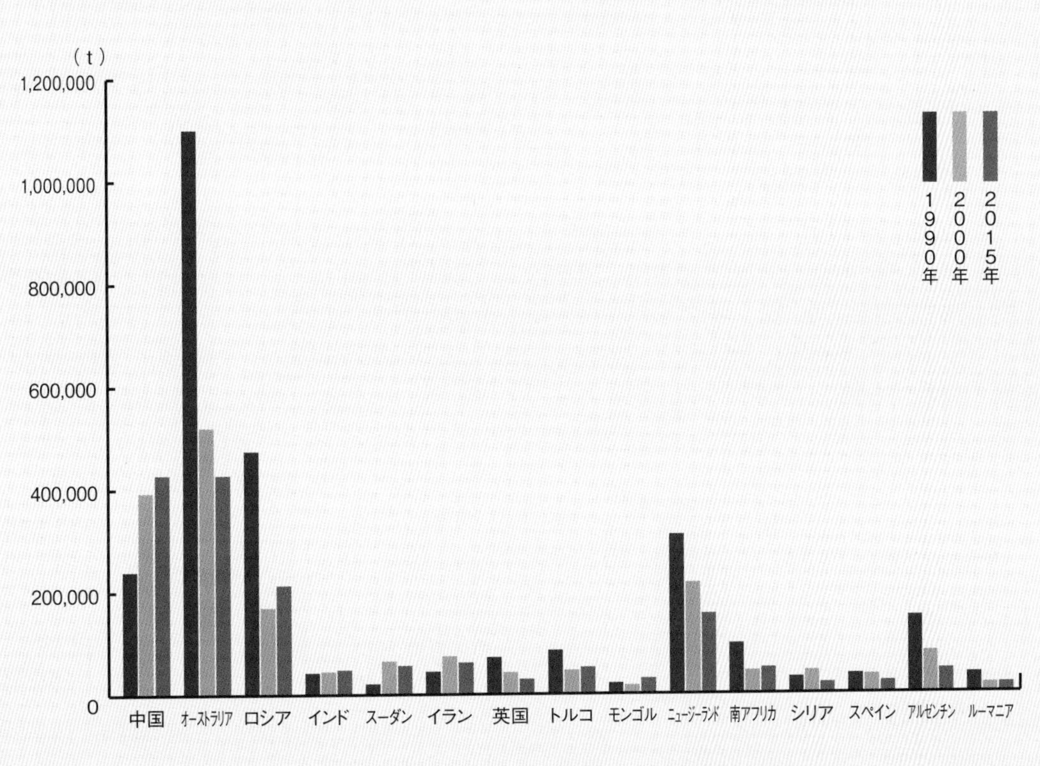

ニュージーランド　カラード シープ ブリーダーの J.B & Ellen Bruce（2007年）

羊毛産業の現実

［羊毛産業は高級化へシフト］

このように他繊維の消費は伸びているにもかかわらずウールは消費量が減り続け、ますます高級化が進んでいます。中でも細番手の羊毛で15～18μといったカシミヤのように細いスーパーファイン ウール、絹のように稀少価値のあるウールの需要はますます増え、これからも生き残っていくのではないかといわれています。

すなわち太番手のロムニーを多く飼育しているニュージーランドとは裏腹に、メリノを中心としたクロスブレッドのアルゼンチンや、細番手のコリデールのウルグアイは好調に頭数を増やしているとのこと。このままでいくと、細番手の品種のみが残り、品種に多様性が無くなり在来種や純血種の維持すら難しくなるのではと危ぶまれています。

［カラード シープ ブリーダーの高齢化］

そういった専業の羊農家（生産牧場）とは、別の世界にカラード シープ ブリーダーはいるといえるかもしれません。ナチュラルカラー（有色の羊）の羊農家は本来、趣味の羊飼いですから、飼育頭数も少ないのが一般的です。自分で紡ぐために飼っているペット ラムなら2～3頭。50～100頭も飼っていたらビッグ ファームといわれます。そして、リタイヤ後に始める人が多いので、当然高齢化はすぐにやってきます。1995年頃に私が出会った当時は働き盛りだったカラード シープのブリーダーも今や皆70～80代、しかも跡継ぎがいるわけではありません。毛の色、スポットの出方までコントロールしようと、カラード シープを遺伝子レベルで交配する技術の研究成果が、次の世代に引き継がれることを望みます。

［ウールの良さとは何か］

オーストラリアにメリノが上陸して200年余り、究極の量産システムをもつ世界商品に成長したメリノが、1990年代からの20年でファストファッションの主役・化学繊維にとって代わられました。2016年の繊維全体の中で羊毛は1.2%です。

「ウールは化繊と比べて、どこが違って、どこが良い、だからやっぱりウール」と言えるだけのメッセージを、ウール業界全体が模索しています。

しかしこれはウール産業だけに問われているのではありません。実は私たちの消費生活そのものが問われているのだと思います。私たちは何を食べ、何を着るのか。そしてそれを誰が作るのか。世界経済の様相が、今大きく変わろうとしているように思います。

ウール消費市場の最新動向

文：繊研新聞社 浅岡達夫

世界のウール消費は、2008年〜2017年の10年間でそれまでの米欧日の先進国主導型から中国主導の市場へと大きくシフトした。とりわけ洋服の中でも高額品であるウール製品は、市場としての中国シフトが顕著となっている。

その理由は二つ。ウールの販売市場がもっとも拡大したのは中国であり、もうひとつが高額なウールを沢山使うパリコレ参加ブランドに代表される高級ブランド、すなわちラグジュアリー市場も中国が占める比重が高まってきたことが大きい。

一方で、先進国の凋落は顕著だ。ウール製品の購買額が減ったことや、ラグジュアリー市場として大きなシェアを占めていた米欧日が市場を縮ませていることが大きい。とりわけこの傾向が顕著なのが世界最大のウール市場であった米国の販売市場の縮小で、今後も中国主導の世界ウール消費という構図は強まりそうだ。

オーストラリアの公的羊毛機関AWI（オーストラリアン ウール イノベーション）が2011年にまとめたウール市場調査によると、世界の衣料市場は米国23%、中国10%、日本6%、イタリア6%、英国5%、ドイツ5%、フランス4%、ロシア4%という順番になっている。とりわけラグジュアリー市場だけを取ると、中国のウエートは27.5%と指摘する。富裕層が拡大している中国のラグジュアリー市場の伸びは高く、リーマンショックの後遺症にあえいだ2009年でも前年比で12%の成長率を見せた。

ウール消費市場の把握は難しい。ウール100%の製品の比率が下がり、ポリエステルなどの複合素材使いが多くなったほか、コートとカーディガンの中間アイテムである「コーディガン」に代表されるアイテムの広がりによって、商品別の把握も難しくなっているからだ。このためウール消費は、ウール原料の需給、ウール製品の貿易統計、各国の商業データから推測した姿となる。

中国の羊毛関係調査によれば、中国の毛織物生産は16年度で6億m、1,200万反の規模と推測される。1980年代にさかのぼると、世界の毛織物産地は日本の愛知県・岐阜県を地域としている尾州、そしてイタリア北部でトリノ近郊のビエラ、同じくイタリア中部フィレンツェ近郊のプラートの3つと称された。とりわけ尾州とビエラはウールをよく使う梳毛産地の代表格で、ピーク時の尾州産地、ビエラ産地は年産で毛織物4億mとされた。現在は毛織物3大産地が半分以下の規模になっており、一方で中国はピーク時の尾州、ビエラを50%も上回る規模を維持している。

中国はウールの消費国として世界最大、そして毛製品の輸出国としても世界最大だ。世界の貿易統計から推測すると、欧州（EU主要15

数年前にコートとカーディガンの中間アイテムとして人気を博したのが「コーディガン」。羽織り感覚、カジュアルな着こなしが多くなっており、2016〜2017年秋冬でのケープ風のコートなど、こうした中間的なアイテムがウールではさらに増えている。

か国）向け、日本向けがそれぞれ1,000万点、米国向けは700～800万点と推測される。

IWTOは2016年4月にオーストラリアのシドニーでおこなった全体会議で、中国のウール消費の伸びは著しく、逆に米国ウール市場の凋落が目立つとした。

この傾向は、米国農務省がまとめた繊維の需給調査でも裏づけられている。同省によれば、ミル消費（繊維製品を綿花やウール、合繊など繊維原料の消費量から推測した数量）から見たウール消費は、2007年の3,000万ポンド（1ポンド=450g、1万3,500t）が2017年には1,250万ポンド（5,625t）と、約4割の規模に縮小した。繊維の総消費数量に占める比率は0.3%から0.2%に下がった。

一方でウール混紡の衣料用途は、2,041万ポンド（9,186t）で、ポリエステルやナイロンなどとウールを組み合わせた混紡商品の比率が高まっている。

先進国のウール商品は海外からの輸入がほとんどになっている。このためウール製品の輸入量はイコール、輸入国の消費規模を表している。

羊毛紡績会の羊毛統計によれば、日本の海外からのウール製品輸入は、2005年の総点数1,953万7,000点が、2016年には1,046万点へと減少している。減少幅は46.4%。アイテム別での減少幅を見ると、紳士スーツ、婦人外衣（コートを除くジャケットなど）の減り方が激しい。

EU主要15か国（EU15）の推移も日本と同様だ。ウール製品の総点数は減少しており、アイテム別ではジャケットやブレザーなどの外衣は大幅に減少。他方でスラックスやスカートといった中軽衣料の減り幅は少ない。年度によっては前年比で増加するアイテムもある。

全体的には、ウールは秋冬の防寒物であるコートやジャケットなどのコモデティ（実用品）から嗜好性や趣味性が強いファッションアイテムにその使用が増えており、この傾向はますます強まることは間違いない。平行してファッション商品の中でもより高額品であるラグジュアリー市場へのシフトも進む。

オーストラリアのウール原毛の価格が高値で推移している点も影響している。ウール原毛が高くなれば牧場の利益が増えて、ウール生産が増えそうに思うが、環境問題への対応（化学飼料からオーガニック飼料への変更や、環境に配慮した消毒剤の使用など）でコストが増えるほか牧場の後継者難や人手不足などで牧場経営は厳しい。こうした牧場を取り巻く構造的な問題もあって、オーストラリア羊毛の生産高は増えない。南アフリカやニュージーランドなどの他の産毛国も同様な傾向を示しており、おそらくウールの世界生産量は増えることはないと考えられる。

ウールはこうした社会的な背景を受けて、高額品に使われやすい細い繊維への移行、家庭洗濯が可能なイージーケア性を提案するなど、より付加価値を高めた差別化原料へと重点が移行する。またよりブランドにイメージが訴求しやすいように、牧場までさかのぼるブランド型ウール、ヴィトンやプラダ、シャネルなどといったパリコレに登場するような高級ブランド、スペインのZARA（ザラ）やスウェーデンのH&M、それにユニクロのような著名SPA（企画、製造、小売を一貫しておこなう業態）とで、差別化したウール（これまで使われたことが少ない英国や南アメリカも含む地域限定型や牧場名によるウール）とデザイナーを配したブランドとのダブルネームの取り組みなど、ファッション化やラグジュアリー市場への対応は益々進みそうだ。

また消費国としては、世界最大の羊毛消費国に躍り出た中国の今後に注目したい。中国は毛織物や毛製品を輸出する生産国としてだけでなく、世界の高級ブランドを買い集めるラグジュアリー市場の主役としても、今後益々存在感を増す。日本や欧米のウール産業国、そしてオーストラリアやニュージーランドなどのウール産出国にとって、中国へのビジネス参入が生き残りに欠かせないだろう。

羊毛の放射能汚染

1986年4月26日、旧ソ連でチェルノブイリ原発事故が起こりました。この事件で、ヒロシマ・ナガサキ以外にも、放射能汚染が起こり得ることを思い知らされました。

その翌年の1987年1月に英国から羊毛を入荷しました。チェルノブイリから英国は2,400kmほど離れてはいますが、京都に到着した羊毛の袋を開ける時、一瞬ためらいました。というのも当時、風と雨などによって起こる放射能汚染の値が高い地点「ホットスポット」についての報道や、ヨーロッパ産の食品の不買ニュースが頭をよぎったからです。「遠いヨーロッパのこと」くらいにしか思っていなかったことが、現実として目の前にやってきた瞬間でした。「もしかすると被爆した後に毛刈りした羊毛ではないか。まずは検査してみよう」、と思いデータを採り始めました。1987〜1993年までの計7回、英国羊毛の放射能汚染の検査を、京都大学放射能実験室の荻野晃也先生にしていただき、それを総括したものが240ページのグラフです。

入荷した羊毛は英国各地から集められた、シェットランドをはじめチェビオットなどの全10品種。最初の年は1品種1サンプル5gずつで検査しました。シェットランドとジェイコブから放射能汚染が検知された以外は、ほとんど数値には表れませんでしたが、シェットランドの汚染値に驚きました。そして、その後もシェットランドだけ高レベルの汚染が続きました。チェルノブイリから2,400kmほど離れたシェットランド島の羊毛から高濃度の放射能が検出されたということ。それは爆発後の風向きと雨の影響で、距離が離れているにも関わらず、シェットランド島が放射能汚染のホットスポットになってしまったということなのです。

1987年にシェットランド羊毛から検出されたセシウム134と137は、チェルノブイリの爆発で撒き散らされた物質です。その合計は869Bq（ベクレル）/kgと高濃度でした。当時でも日本の食品基準である370Bq/kgをはるかに上回る数値です。しかし869Bq/kgの羊毛も、洗えば31Bq/kgまで下げることができました。繊維にセシウムが付着していて、洗い流せることが判りましたが、下水に流れて行った放射能のことを考えると心に重たいものがのしかかるようでした。

その後もシェットランドのフリースだけ高濃度汚染が続くので、1990年に入荷した27頭全頭を検査しました。それが241ページのグラフです。すると、34.6Bq/kgと、ほとんど検出されないものから、1,036.6Bq/kgという高濃度汚染のフリースまで、汚染にはばらつきがあることがわかりました。同じシェットランド島の、同じ牧場から来たフリースだというのに、これほど汚染に個体差があるとは思いがけないことでした。

そして2011年3月11日。日本を襲った大地震と津波、その直後に福島第一原子力発電所の事故が起こりました。対岸の火事ではなく、私たち日本人は再び放射能汚染と向かい合うことになったのです。

2011年現在、地球上には439基の原発が存在しています。3・11の後、日本では全原発が一旦ストップしました。しかし再び一つまた一つと再稼働しています。目の前の利便性を優先し、長く続く放射能汚染に目をつむり、明確な代替え案を見つけられずに数年が経ちます。

図らずも1987年にシェットランド島から来た羊毛によって、放射能汚染は風に乗って、はるか遠くまで届くことに私は気づきました。直接被害があった地域だけではなく、汚染は世界中に拡散するのです。原子力発電に頼らない暮らし方を目指さなければいけません。人と羊は、一万年にわたって大地を汚さず共に生き延びてきました。その羊から学べることがあるはずだと、私は思うのです。

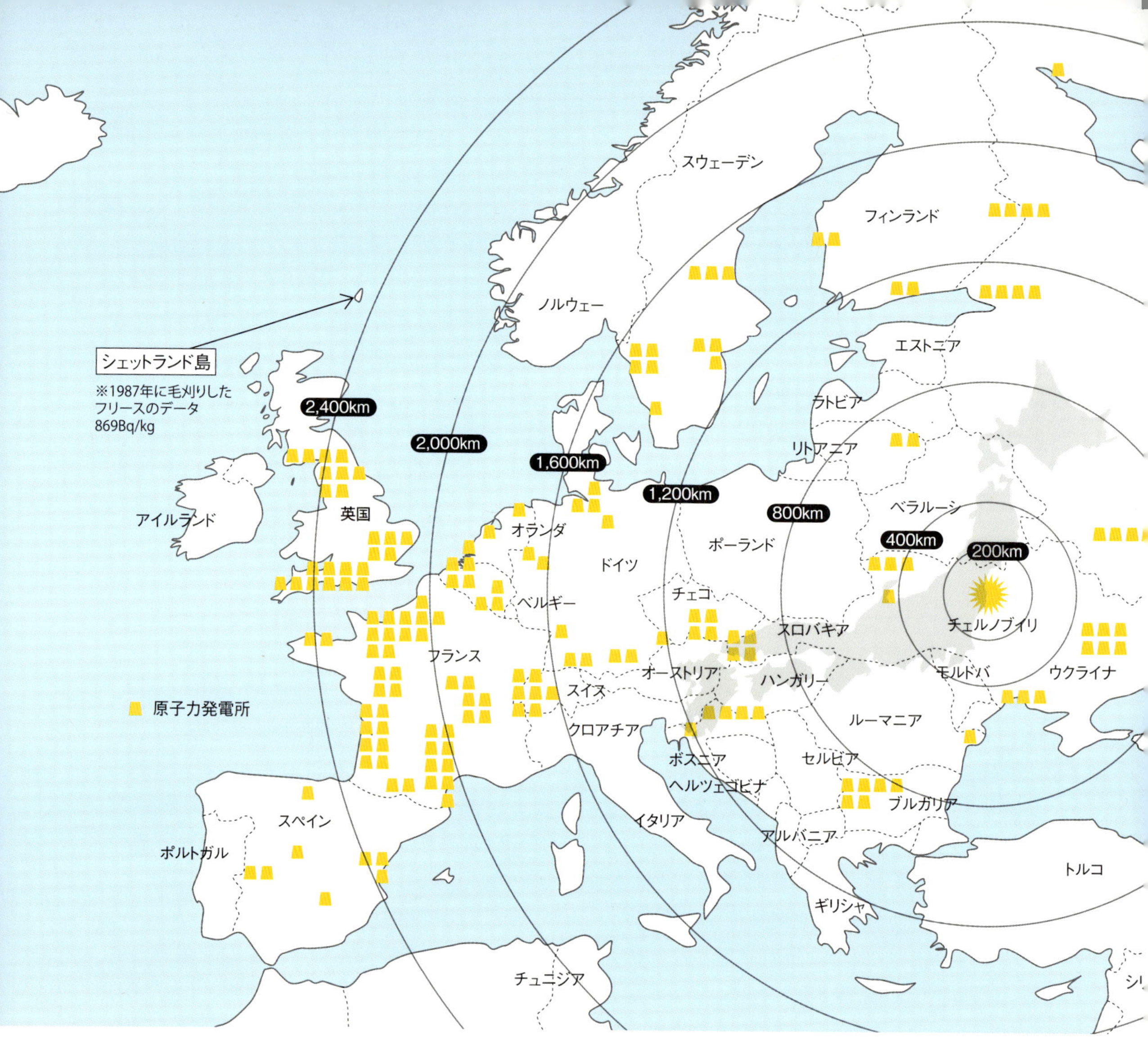

[1987年～1993年に毛刈りした英国羊毛における放射能汚染値]

このグラフはフリース1kgあたりのセシウム134と137の含有量を示しています。
英国各地から集められた羊種を測定しましたがシェットランド以外は、初年にジェイコブで200Bq/kg近い数値が出ただけで、他は非常に低い数値でした。シェットランド種だけに異常に高い汚染数値が出たことは、飼われていたシェットランド島がチェルノブイリ直後に風下で雨が降り、ホットスポットになったのではないかと考えられます。

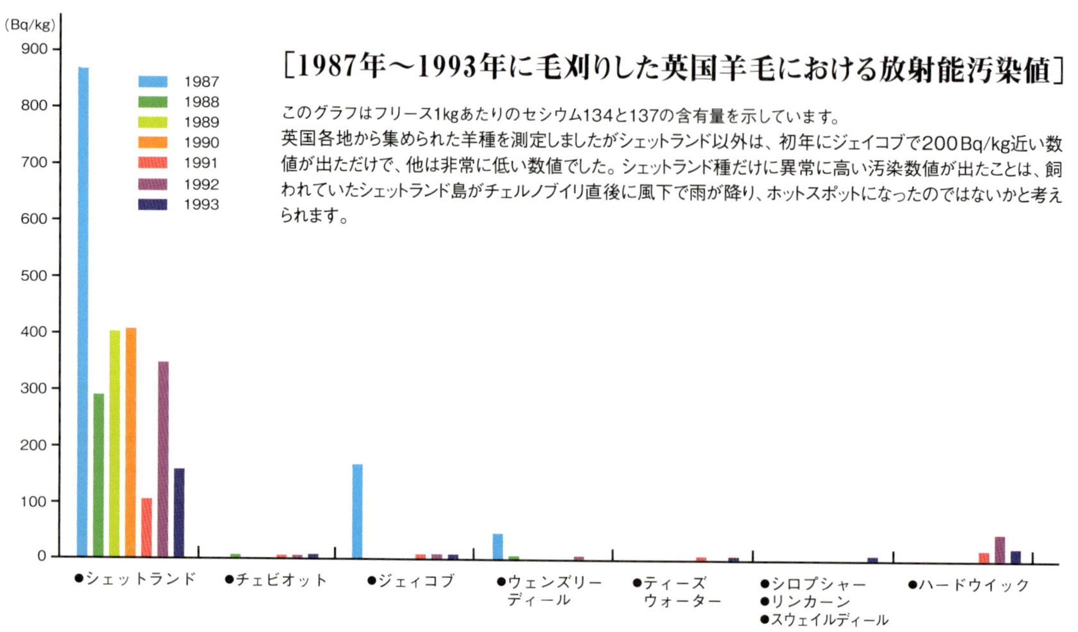

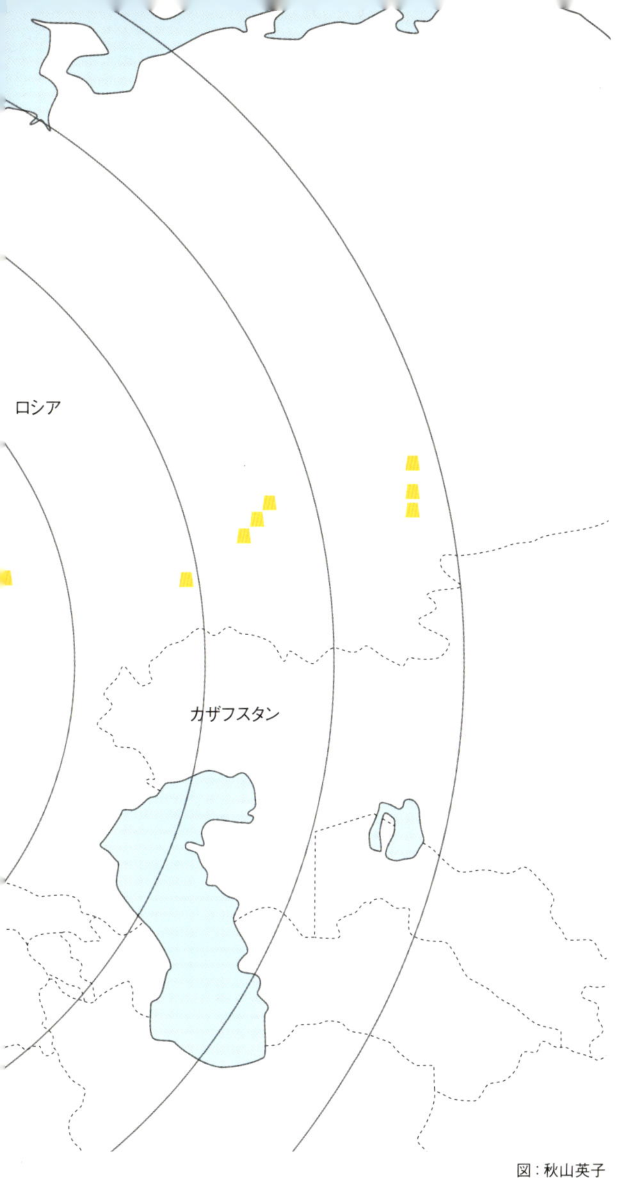

図：秋山英子

［羊毛の放射能汚染］

1986年のチェルノブイリのあと、日本に入荷した英国のシェットランド羊毛から高濃度の放射能汚染が検出されました。汚染がどのくらいの範囲に及んだのかをイメージできるように、2008年の段階でヨーロッパで稼動している197基の原子力発電所の地図に、日本地図を重ねてみました。

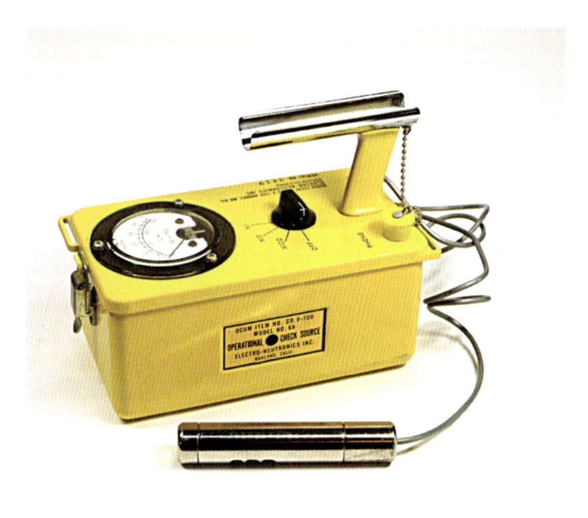

［シェットランド羊毛における固体別放射能汚染の分布グラフ（1990年）］

1990年に入荷したシェットランド27頭全頭を検査しました。
すると最小値は34.6Bq/kgと、ほとんど検出されないものから、
最高1,036.6Bq/kgまで、同じシェットランド島産の羊毛でも、
個体によってばらつきが非常に大きいということがわかりました。

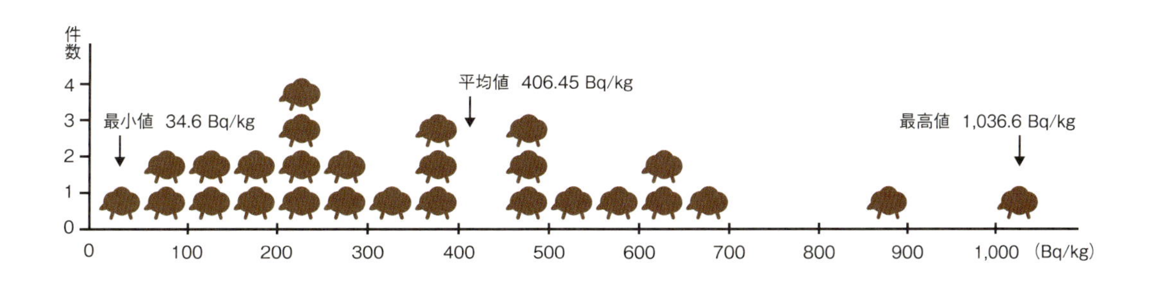

エコデザイナー 益田文和さんに聞く

[エコデザインとは？ 地球70億の人間の衣食住をデザインすること]

2008年1月、多摩美術大学の「バナナでつくろう地球の布」というプロジェクトのフォーラムで、パネラーをされた益田文和さんにインタビュー。「エコデザイン」と、これからの物作りについてお聞きしました。

本出：今回のバナナ・テキスタイル・プロジェクトとはどのようなプロジェクトですか？

益田：多摩美の先生方はバナナの繊維を使って何かできないかというところから出発されましたが、私は環境問題やデザインとしての視点から関わっていきました。

そしてこのプロジェクトの意味・面白さはバナナの実を採った後の廃棄されている茎から、地球にできるだけ負荷の少ない繊維を見出せないかということ。甚大な環境汚染（農薬など）を振りまく木綿にとって代われる可能性はないかというテーマも視野に入っていました。

しかし今までバナナは着る物にはほとんど利用されていません。主に縄にしたり敷物にしたりしていました。このプロジェクトは日本人主導で「これを作りましょう」というものではなく、あくまで現地の人が作って、そこで消費することを目指すものだと思っています。

本出：では、クラフトとプロダクトデザイン（製品デザイン）の違いはどこにあるでしょうか？

益田：たとえば、手作りの作品「クラフト」は、何か心安らぐものであったり、作者が自己表現ができるものを目指していると思いますが、プロダクトデザインは、まず需要のボリュームが問題となります。デザインの最終的な目的は、70億数千万の人間全員が、洋服を着るためにはどういう素材と、どういう生産方式を使えば、地球への負荷を抑えて達成できるか、ということを考えているところにあります。それには地球上の自然資源をどんどん採って、どんどん消費して良いという話ではないはずです。いかに地球への負荷が少なく、そこにある物をうまく使って作るデザインであること。なるべく加工度が少なく、用にかなって役に立つ、そして分解できる物（肥料になる）を作る。例えばゴルフのピンをコーヒーの出がらしで作るとかです。

一番いいのは地産地消、その国で採れた物を原料に、その国で製品を作り、その国で消費する。今のような国際分業システムこそが、まず間違いだと思います。世界中の人が同じ服を着て、同じ物を食べていることほど気持ち悪いことはありません。

本出：テレビや雑誌で「厳選素材」という言葉を聞きますが、この素材にこだわる風潮をどう思われますか？

益田：例えば、ハンドクラフトの作家さんが欲しい素材が手に入らなくなったとき、どうしますか？昔、ブラジルという国名の由来は「ブラジル」という名の赤い木（蘇芳のこと）を産出していたからブラジルという名になったといいます。血のように赤い木で、ヨーロッパ人はその木が好きで、楽器や家具を作っていました。しかし皆が使ううちにその木がなくなってしまった。あれだけいっぱいあったのになくなってしまった。そして今や国の名前にしか残っていないわけです。それは愚かしいことです。でもそれを使って家具を作っていた職人さんは自分のすべてを込めてすばらしい家具を作っていて、だからこそヨーロッパでも売れたわけで…、そこだけを見ると永遠に家具を作って売り続けていきたいという気持ちは、とてもよくわかるのだけれど、ただどんどん作って、気が付いたときは再生できなくなっていた。

しかしこのことは物作りに携わる人すべて、素材にこだわる限り、手作りであれ工業製品であれ、常に付いてまわることだと思います。

皆が使っているこのパソコンも、本来こんな物売っちゃいけないんです。売らないで貸せばいい、借りて使って、いらなくなれば元に返す。そして製造元が処分するなり、メンテナンスしてまた貸すなりすればいい。だから物を作ってる人は、まずゴミの現場に行かなくてはいけません。レンタルするシステムがあれば所有する必要は無い。そういう意味で私は洋服も同じだと思います。僕はクリーニング屋さんがポイントだと思っています。クリーニングして同時に貸衣装屋さんもすればいい。使うときだけ借りて、クリーニング屋さんがきっちりメンテナンスしてまた貸す。そうすれば物は絶対数が圧倒的に減ります。今の社会は毎年売りたいから安い物を作り続けるわけですが、貸して洗ってまた着せたいとなれば流行なんて要らなくなります。そういう意味では過剰な供給を抑えて、良い物を作ればいい。ならばツイードの良い物を作って必要なときに借りて使う。500円で借りて返すとき200円戻ってくれば買わなくて済む。車も町内に1軒くらいレンタカー屋があれば所有する必要が無くなります。必要なときに用途に応じた車種が選べれば台数も減る。運転手が必要ならそういうシステムを作ることが重要です。

本出：レンタルが可能なジャンルは限られると思いますが、どんな物がありますか？

益田：全部です。それについては学生たちと随分やりあったのですが、レンタルしたくない物がいったいどれだけあるでしょう？

本出：肌着とかはどうですか？

益田：それだって、きれいに洗ってあればいいじゃないですか。枕は嫌だという話があったのですが、ホテルの枕は前の日誰が使ったかわからない。病院だってベッドからシーツ、病衣まで、みんなレンタルです。ちゃんと「クリーニング済み」だとプレゼンテーションされていれば良いわけです。

本出：これからの日本の物作りはどうなっていくでしょうか？

益田：今までのように大量生産大量消費という右肩上がりの経済成長というのは、もう決して望めるものではありません。あるのはじわじわと右肩下がりマイナス成長の経済です。その中で、日本という島国のもっているポテンシャルに見合った、静かな、でも美しく、かつ幸せな生活を目指すべきです。すなわち、これからの物作りのキーワードは、まずそこにある物をうまく使って役に立つ物を作る。物の再利用ということも、日曜大工程度の手間で、新しい組み合わせの中に組み込んでいくことができること。そして子どもにも支持されるような、ファンキーでチャーミングな物作りを目指すということだと思います。

本出：本日は、すごく刺激的なキーワードをありがとうございました。改めて自分の生活を考え直してみたいと思います。

■ 益田文和
東京都出身。1973年、東京造形大学デザイン学科卒業。建設会社、デザインオフィスを経て、1978年よりフリーランスのインダストリアルデザイナー。1989年、名古屋世界デザイン会議を契機に、エコデザインの研究、啓発に注力。国内外でエコデザインを主眼として活動。2006年から10年間サステナブルデザイン国際会議主宰。株式会社オープンハウス代表取締役。元東京造形大学デザイン学科教授（サステナブルプロジェクト）。多摩美術大学客員教授（バナナ・テキスタイル・プロジェクト他）。環境省グッドライフアワード実行委員長。キッズデザイン賞審査委員長。

book 「世界の羊毛消費そして環境問題」で参考にした本

"IWTO Market Information 2017" International Wool Textile Organisation, 2017.
環境報告研『GEO—5 地球環境概観第5次報告書—私達が望む未来の環境・上』国連環境計画、2015年
マイケル グッドウィン・ダン E. バー著、脇山美伸訳、脇山俊監修『エコノミックス—マンガで読む経済の歴史』みすず書房、2017年
エリザベスL.クライン『ファストファッション—クローゼットの中の憂鬱』春秋社、2014年
エステル ゴンスターラ著、今泉みね子訳『インフォグラフィクス 原発—放射性廃棄物と隠れた原子爆弾』岩波書店、2011年

羊をめぐる世界観

自給自足のための羊と 人々の暮らし

前章の世界の羊毛産業のありようから、メリノは大量生産という経済のシンボルであり、それ以外の在来種の羊は自給自足的な経済と関わっていることがわかってきました。そして羊に対する考え方も国や文化によって違います。この章では世界各地の羊と共にある暮らしを紹介します。そこから21世紀の持続可能な暮らしのキーワードが見えてくるかもしれません。

「羊の道」
中国 敦煌の羊飼い

ローマからイスタンブールを経て、ユーラシア大陸を横断し、はるか奈良の正倉院まで。東西1万km余りに及ぶ交易の道をシルクロードと名付けたのは19世紀ドイツの地理学者といわれています。この西洋と東洋を繋ぐ道は、紀元前2世紀、中国の使節であった張騫がユーラシア大陸を西に向かったことから始まったとされていますが、近年ではそれよりさらに数世紀早いと考えられる発見が続出しています。

歴史書に残るよりはるか以前から、人も羊も大陸を移動していたのです。

アイドンさんの投石の様子

[投石紐(とうせきひも)]

中国 敦煌から南西へ100km、天山山脈の麓にある、粛北県の羊飼いアイドンさんは、投石紐を使って石を投げ、羊の群れをコントロールします。「牧羊犬は？」と聞くと、「人間が見張っている時は休んでいる」という返事が返ってきました。犬はやたらと羊を追い回さずに、じっと羊の群れを見ています。

アイドンさんがポーンと石を投げると、羊はそれ以上外には行かくなります。私が羊の写真を撮っていると、アイドンさんは石を投げて、羊の群れをUターンさせました。羊たちは粛々と草を食みながら、私の脇を通り過ぎていきます。今までオーストラリアや英国で色々な羊の牧場を訪れましたが、羊はいつも私を見ると、お尻を見せて散々に逃げていきました。でも、ここの羊は私を怖がることなく、悠然と草を食み、通り過ぎていきました。羊と人の関係が、家族のように見えない信頼関係で繋がっているように思えました。

吉岡幸雄構成『別冊太陽—シルクロードの染織と技法』より
「シルクロード　陸の道」平凡社、1994年 を元に再構成・一部改変

[頭羊(とうよう)]

頭羊とは文字どおり羊の群れの頭(かしら)=リーダーのこと。アイドンさんが飼っている700頭の羊の中には現在3頭の頭羊がいます。今は写真下の山羊（山羊と羊が混牧されているため）が頭羊の役目をしているのです。

頭羊は生まれてから一度も毛刈りをしません。そして自然死するまで生かしておき、神様のように大切にします。移牧中、もし川を渡らなくてはいけないときには、まず頭羊を渡らせるのです。そうすると自然にすべての羊が後をついて川を渡るのだそうです。

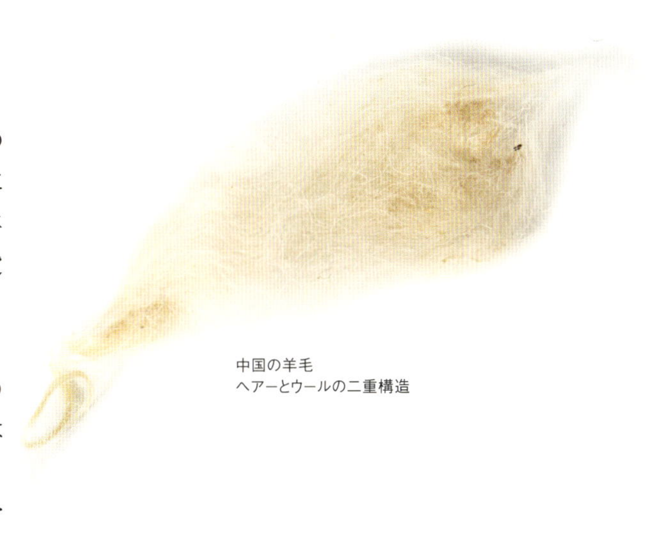

中国の羊毛
ヘアーとウールの二重構造

自立した暮らし
モンゴルの遊牧民

「モンゴル」は日本から見れば、広大な草原に暮らす遊牧の民の国です。シルクロードという悠久の歴史のロマンを感じさせます。しかしこの国も世界の経済とネット社会の渦中にあることは、今の日本となんら変わりありません。

［オユナさんのゲル］

必要な電化製品はすべてあります。
水は汲みに行く、トイレは溜める。
何をどれだけ消費し、廃棄しているか
目に見える生活です。

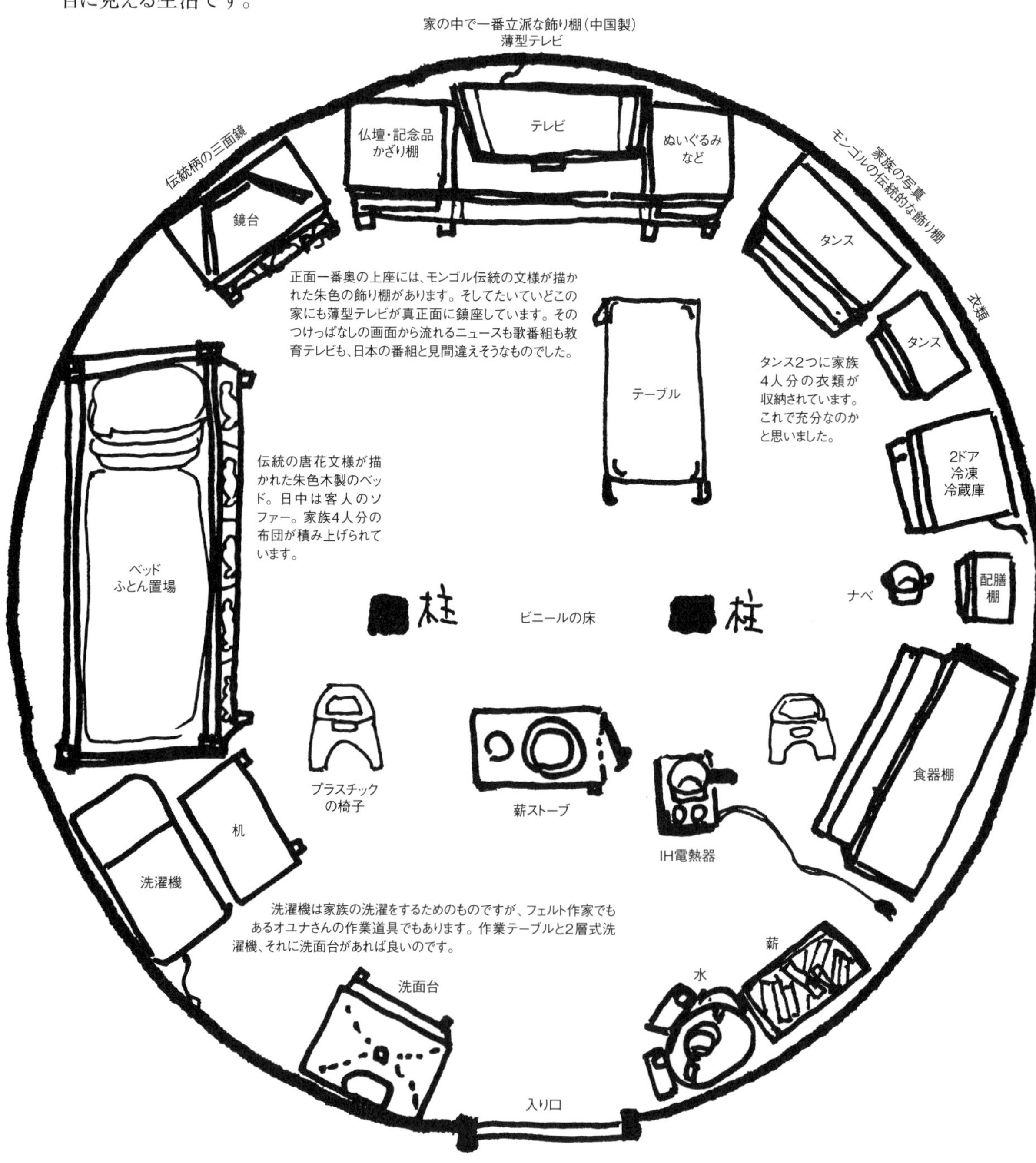

オユナさんのゲルは直径約6m。
ここに家族4人に必要な物がすべてあります。

煮炊きと暖房を兼ねたストーブの燃料は、薪か畜糞を乾燥させたものでした。

水は4人家族で1日に20ℓ、煮炊きと洗面に使い、週に1回の洗濯には70ℓ用意します。

食器棚には、スーテ茶用のカップ、皿、うどん椀、箸。調理道具は小さなまな板、包丁、玉しゃもじ、菜箸など。

鍋は蒸し器、フライパンを入れて4つほど。調味料は塩こしょうのみ、そして油と小麦粉。

①オユナさん家族、正面に薄型テレビ。
②洗面台の蛇口の反対側に2ℓのペットボトルが逆さまに固定されてあり、蛇口を通貫し、差し込めば完璧な洗面台。水は瓶（かめ）から汲んで補充します。ゴミ箱はこんなに小さいものでした。
③客人はたいていスーテ茶（ミルクティーに塩を入れたもの）とアールウール（山羊と羊の乳から作った固いチーズ）、そしてアルツ（ラクダの乳を発酵させたもの）でもてなされます。塩味のミルクティーは体液の塩分濃度に近いのか、飲むと体中に沁みわたるようです。
④IHクッキングヒーターで、肉うどんを作るオユナさん。
⑤井戸に水汲みに行きます。20ℓ1本が1日分だそう。
⑥街行く女性の服は日本と変りません、顔もよく似ています。
⑦庭の隅にあるトイレ、昔懐かしいぼっとん式。
⑧ジェンダーセンターのメンバー。ゲルは住居にも事務所にもなります。ゲルはどこにでも移動できるのが便利。

[モンゴルの遊牧民のフェルト作り]

遊牧民の共同体の絆、それがフェルト作り。

[材料]

2.3×5mの1枚の敷物を作るのに、7月に毛刈りした後9月にもう一度毛刈りした、3ヶ月分の毛長の仔羊オスの短い毛(約5cm)を20kg用意します。それを柳の枝などで叩いて砂を落として準備しておきます。

[道具]

・帆布…2.7m×8m
・マザーフェルト(古いフェルトのこと。梱包用気泡シートの役割になる)
・軸棒
・縛り込むロープ
・水…200ℓ

[作り方]

①柳の枝などで叩いて砂を落とします。

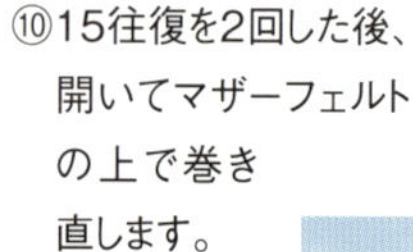

②2枚のフェルトのための水約200ℓを井戸に汲みに行きます。そこで綿帆布(2.7×8m)を濡らし、マザーフェルト(古いフェルト)も十分に水で濡らしてトラックに積み込みます。

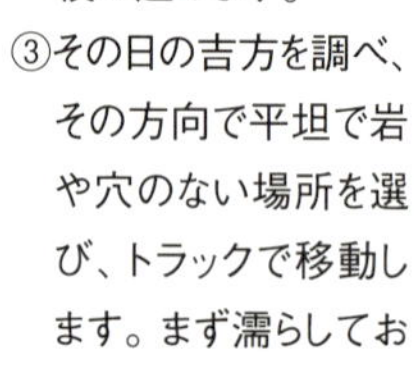

③その日の吉方を調べ、その方向で平坦で岩や穴のない場所を選び、トラックで移動します。まず濡らしておいた帆布を広げ、その上に濡らしたマザーフェルトを置き、軸棒を置き作業の位置を確認。

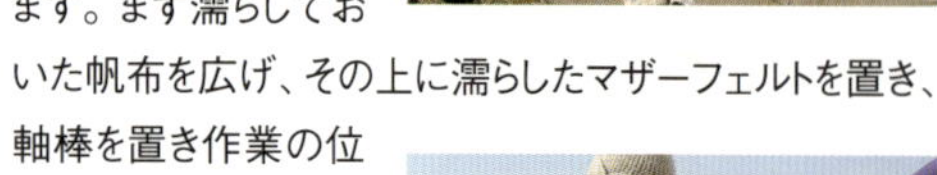

④女性3人1列になってオス仔羊の短い毛を厚みにムラがないように置いていきます。1層置いて追いかけるようにもう1層、均等な厚みで15cmほど、繊維の方向は関係ありません。

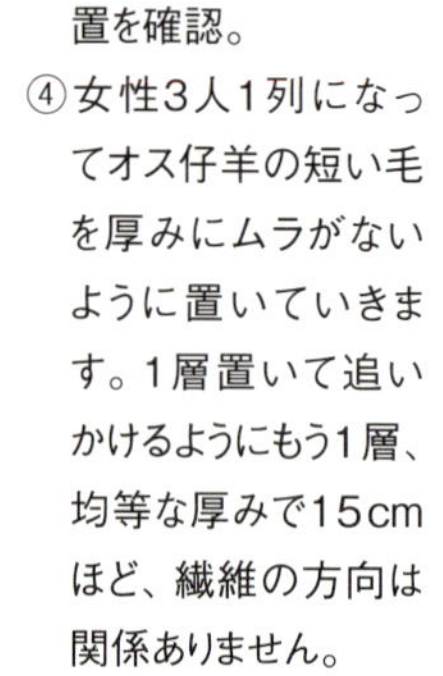

⑤最初に長老が「フェルトよ、骨より固くなれ、雪より白くなれ」と祝詞を唱えながらペットボトルに入れた水を振りかけます。その後皆で水を振りかけます。

⑥しっかり水を振りかけたら、木の棒(直径12cmほど)を芯にして羊毛を巻き込みます。

⑦ラクダの毛のロープで縛りあげます。

⑧馬で曳きます。片道700mを15往復、一旦巻き直してまた15往復。馬は力強く走ります。流れるほど汗をかいていました。

⑨15往復後、一旦開きます。マザーフェルトに新しいフェルトが絡んでいるので、それを「みしみしみしっ」とはがし取り、再度方向を変えて巻き直し、また15往復します。

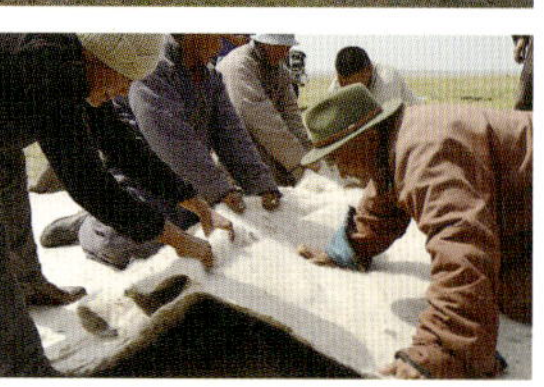

⑩15往復を2回した後、開いてマザーフェルトの上で巻き直します。

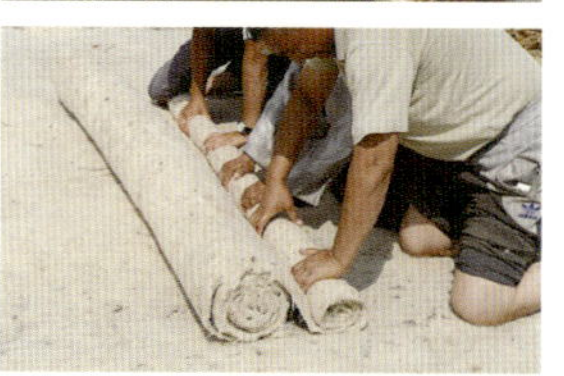

⑪男性が4人並んで、腕を使い呼吸を合わせてローリングします。このとき両端の2人は、常にエッジを丸めながら力を込めてローリングします。

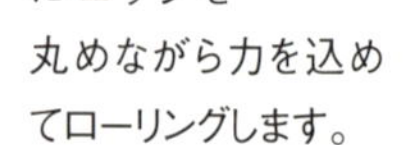

⑫上から落とし、そのショックで一気にフェルト化を進めます。

⑬フェルト同士を擦り合わせると、表面が均一になっていきます。

⑭「いいフェルトができた」と長老が馬乳酒をフェルトにかけて祝詞を言い、その後皆をねぎらって馬乳酒をふるまいます。

[羊を屠(ほふ)る]

羊を屠り、肉を食べる。毛刈りをして、フェルトを作る。物事には然るべき時があり、手順があります。羊は自ずと飼い主について行きます。そしておとなしく人に抱かれて生を全うするのです。

頭の先から尻尾そして足の先まで。何一つ残さずに、皆で平等に分けて食べます。生肉を焼いて食べたりはしません。干肉にして食べます。夏は、乳製品が主食。冬は、羊を屠って干肉にして食べ繋ぎます。夏と冬で季節に合わせて暮らし方が変わります。

冬に仔が産まれ、春に乳を飲み、夏に草を食べて太り、秋にラブシーズン、そして冬に出産します。羊の時に合わせ人は暮らしを繋いでいくのです。

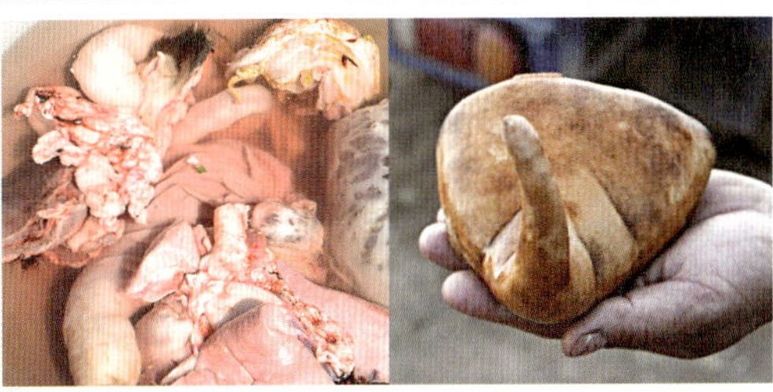

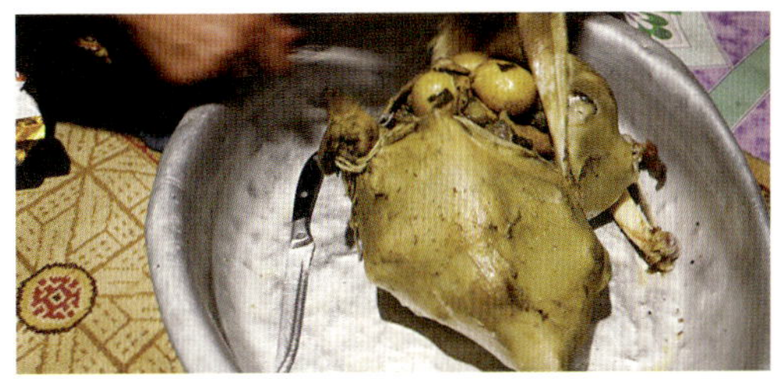

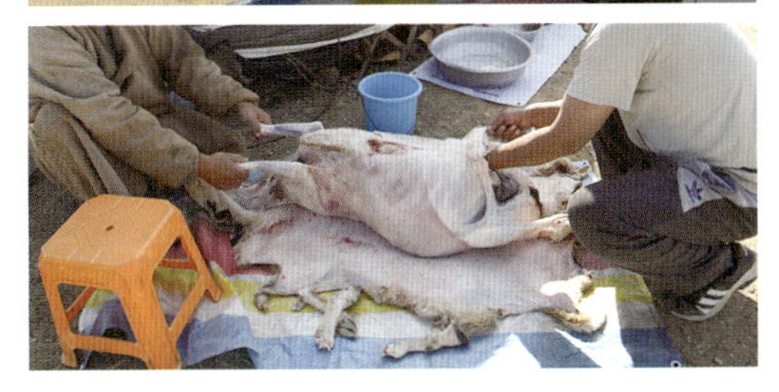

美味しい草を求めて トルコの遊牧民

ノマド(Nomad・遊牧民)とは、ラテン語で歩く人のこと。定住しているかどうかに関係なく、家畜に草を食べさせるために歩いている人は、みんなノマドと呼ばれます。

現在トルコでは、遊牧民も定住化が進んでいて、一見普通の家に住み、家の近くで小麦を栽培しながら羊を飼う人もいますが、山岳地などで畑ができない所では、遊牧だけの暮らしをしている人もいます。

彼らの住まいは、棒を梁にして黒いヤクの布をかぶせ裾を引っ張っただけの夏のテントと、ビニールシートをかぶせた冬のテント(→258ページ右写真)。ここで焚火を使って煮炊きをします。その2つのテントの間に立派なトラクターが停めてあ

りました。キリム織の絨毯職人オスマンさんは「トラクターをもつか、ラクダをもつかはその人の好き好き、移動している遊牧民はどちらかをもっています」と話していました。

よく見ると、母親はケータイを持っていて、家の脇にはパラボラアンテナも立っています。今は年長の子ども2人は学校で、年下の2人がお母さんとお留守番。お土産のお菓子を嬉しそうに食べていました。そして父親は母山羊を連れて遊牧に出ています。だから、ここに残っているのは産まれたばかりの仔山羊ばかり数十頭。ずっと母山羊と一緒にいると、お母さんのおっぱいを子どもが飲み尽くしてしまうから離しておくのだそうです。

冬のテントの中は薪ストーブと敷物が敷き詰められ、すっきりと片づいていました。所帯道具はそれぞれの服が入っているらしい袋と、ブランケットが積み上げられているだけです。

夏用のヤクで作られたテントの片側には、小麦粉袋が4つほど並んでいます。これだけの量があれば一冬しのげるということがわかりました。

そして、辺りに美味しい草が無くなったら、トラクターに所帯道具一式を積み込んで、どこにでも居を移せるという、いたってシンプルな生活です。住む場所と物にこだわらず、身一つで美味しい草のある所ならどこにでも行く遊牧民にこそ、携帯電話は必要な物だと気付かされました。

[危機を感じる嗅覚と動く力]

イスタンブールはシルクロードの起点ともいわれています。ここからラクダに乗った商隊が、50kmごとにあるキャラバン サライ（今でいうところの高速道路のパーキングエリア）で一晩、ラクダを休めつつ西に東に往き来していました。イラク、イラン、トルクメニスタン、アフガニスタン、タジキスタン、カザフスタン、モンゴル、中国…そして日本まで。今でこそ地図の上には国境があり、それぞれ別の国のように見えますが、人々は国境を越えて往き来していました。その商人の血と遊牧民の嗅覚、生きる力に満ちた人々の息づかいが、イスタンブールには溢れています。今も昔も、ここには東西から人が集まります。

イスタンブールのバザールには所狭しと店が軒を連ね、ありとあらゆるものが売られています。中でもひときわ雑然とした雑貨屋か骨董屋らしい店を見つけました。オスマンさんは「この人たち、アフガニスタンから逃げてきた人ね。戦争で国が危なくなったから、家の物をみんな持ってきてここで商売をしている。でもこうして逃げてこれる人はいい、逃げられない人がかわいそう」と言いました。聞けば、このバザールで店を出す権利金は何千万円。なおかつ家賃を毎月何十万も払って、商売をしているのだそう。店内には、装飾品、敷物、着る物だけでなく、鍋釜、農具まで、家の中にあったと思われるありとあらゆるものを売っていました。危機を感じる嗅覚と、動く力、そしてそこで生き抜く力。これこそ遊牧民なのだと感じました。

「手に持っている物なら、何でも売る。それは水でも何でもいい。隣にいる人に『これ、買わない？』って、声を掛けることができたら生きていける。もう一歩進んで、扉を開けて、『これ買いませんか？』って言う勇気があれば、どこに行っても大丈夫。自分の手に持ってる物、何でも売ればいい」と、オスマンさんは続けました。

［注文があれば何でも作る 何でも売る コンヤのキリム絨毯商］

トルコの臍(へそ)、東西交通の要衝、古都コンヤの市街地大通りから少し路地に入った所に絨毯商メフメット（Mehmet）さんのお店があります。

「ガラガラッ」と羊の鈴が鳴る扉を開けると、左手には分類され山積されたキリムの敷物、1段上がった右手フロアーは絨毯を広げて見せるスペース。その奥では修復職人がせっせと手を動かしていました。

毎日のように街の人が絨毯を売りに来ます。家で今まで使っていた絨毯でも、お金が必要になれば売りに来るのだそう。キリムの敷物を織ることは女性にとって、いざというときのための貯金をするのと同じことなのです。

アラブの牧畜民
ベドウィンの
羊と共にある暮らし

写真・文：平田昌弘

［シリアの自然環境］

乾季の日昼は40℃を越える。灼熱の大地の上で人と家畜羊は約1万年を生きてきた。

シリアは、かつての「肥沃な三日月地帯」の西方半分を形成していた。この地で、麦の栽培化（紀元前9000年頃）、羊の家畜化（紀元前8000年頃）、つまり農耕と牧畜が始まったのである。西アジアは人類史に多大な貢献を果たしたといえよう。そんなシリアの気候は、日本から見れば、極めて厳しい。アレッポは年間降水量が350mmであるし、内陸のハッサケではわずか約200mmである。日本に強い台風が到来した場合、一晩で降る雨の量だ。雨は10月から5月にかけて降り、6月から9月にかけては全く降らない。気温は、雨の全く降らない夏の時期に40℃を越え、雨の降る冬には零下になることもある。つまり雨季に寒く、乾季に猛暑という、典型的な地中海性気候にシリアはある。乾季と雨季の移行期には短い春と秋がある。

年間降水量200mm以下というのは、冬雨気候ではいかなる農作物も天水で栽培できないことを意味している。そんな乾燥した地域がシリアの55%も占めている。よって、夏の猛暑のとき、人や羊は泉や川、井戸の周りに縛られて生活を共にしてきた。このような自然環境のもとに、何千年という時の流れの中で、羊の生命の誕生、そして、ヒトと羊による生産活動が繰り返されてきたのである。

［最も生き抜けるように仔羊は生まれてくる］

シリアでは、最も環境条件の良い時に羊の仔畜が誕生しているかと思われた。しかし実際は、仔畜が草を食む（はむ）ようになりだす頃が最も環境条件の良くなるように誕生している。

仔畜と母畜は、放牧のときには離れ離れにされる。一緒にして放牧に出すと、仔畜が母畜のミルクを飲んでしまい、ヒトのためのミルクが横取りできなくなるためだ。夕方、放牧から戻り、搾乳後、母仔は数分間面会することができ、仔畜は母畜から残り乳を飲む。母仔のしばしの幸せの一瞬。たった数分間の面会・哺乳、その後、母仔は再び引き離され別々に夜を過ごすこととなる。

調査したアラブ系牧畜民バッガーラ部族は、肉を食するよりもミルクを食して生活を送っている。ミルクに頼って、彼らは生き抜き、命を繋いでいるのだ。少しでも長くミルクを搾っていたい。乾季が終わり世の中が茶色に干上がった場で、バッガーラの人々の熱い気持ちが痛い程に心に伝わってきた。

[1月〜9月 搾ったミルクを加工して 人は生を繋いできた]

羊や山羊の搾乳は1月から9月までと季節的な偏りが生じている。では、一時期に沢山生産される生乳をどうするか、ミルクの非生産時期にはどうするかである。それは、長期にわたり生乳を保存できる形態に姿を変えることである。搾乳期間にヨーグルトがつくられている。搾乳量が多くなり、毎日食べる自家消費用のヨーグルトを除いて、一定のまとまった量が得られると、ヨーグルトからバターオイルがつくられるようになる。レンネット添加によるチーズづくりは、5月下旬から6月にかけての約10日だけ、自家消費用につくられている。搾乳の季節的な偏りに加え、搾乳した生乳を加工する内容にも季節的な偏りが生じている。生産するにも時があり、加工する内容にも時があったのである。(→28ページ「10：ヨーグルト・バター・チーズ」)

このようにミルクを加工する技術を発明できたからこそ、ミルクの端境期を乗り越え、ミルクに一年を通じて依存することができた。生態環境の厳しい砂漠の中で、羊と共存し、羊の生産物であるミルクに全面的に依存して生活していくことができた。まさに、搾乳と乳加工とが牧畜という生業を誕生させ、人類の居住域を拡大させたといえよう。

[西アジアとシリアの等雨量線(mm)]

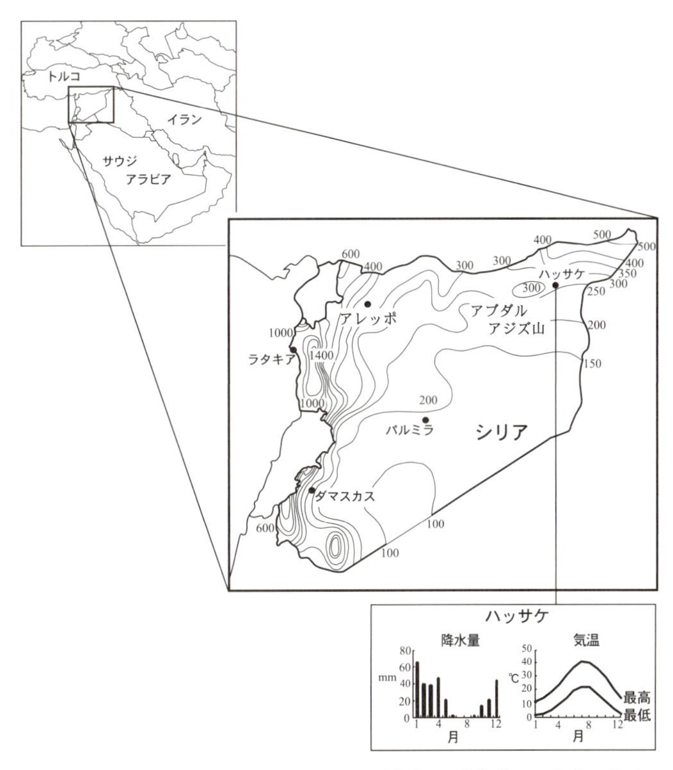

Climate Division, Meteorological Department, Ministry of Defense, Syrian Arab Republic, "Climatic Atlas of Syria" 1977.

[羊の乳製品と乳加工体系
羊のミルク　命の糧]

人は出合いで多くが決まる。私がミルクの魅力に出合ったのはシリアだった。炎天下40℃を越える中、フラフラになって辿り着いたベドウィン（アラブ系牧畜民）の黒いテント。ベドウィンは暖かく迎え入れてくれ、一杯の酸っぱいミルクを差し出してくれた。そしてそれを一口ごくりと喉に伝わせる。あーなんて美味しいんだろう。美味しさの感動が身体を震わせた。適度な酸味のキレと透き通った味が、細胞の隅々まで染みわたっていくようだった。どんぶりに並々と張られた一杯の酸っぱいミルクを一気に飲み干したのを今でも鮮明に覚えている。後で、その時の酸っぱいミルクは、ヨーグルトを攪拌してバターを加工した際にでる残乳（バターミルク）であることを知る。その時の感動を胸に、ミルクを知れば知る程に、ミルクの奥深さにのめり込んでいった。

[乳加工・生乳から
ハーセル（ヨーグルト）をつくる]

ベドウィンは生乳をまず飲まない。ミルクに生活の多くを依存している家畜飼いなのに、生乳をそのまま飲まないのは不思議なことだが、世には不可思議なことが多い。生乳を飲むのは、むしろ我々都市民。ベドウィンは羊からひたすら搾乳し、生乳をひたすら加工しているのだ。

ベドウィンはミルクのことをハリーブと呼んでいる。搾乳したばかりのハリーブは、表面にコロコロとした羊の糞が幾つか浮かんでいる。ベドウィンは全く平気な様子で、そんな生乳を布などで濾してから、とにかく加熱殺菌する。人肌くらいになったら、前の日の残りヨーグルトを加える。6時間くらいしたら、引き締まった立派なヨーグルトになっている。ヨーグルトをハーセルと呼んでいる。ハーセルは、ベドウィンの食に欠かせない食べ物。朝食は、ハーセルとホブス（平焼きパン）、それに甘いチャイ（紅茶）だけだったりする。放牧先でも、羊に囲まれてハーセルとホブスを食べる。多量につくるハーセルをすべて食べ尽くしてしまうことはできるはずもなく、ハーセルの多くは更に加工へと回されることとなる。

[ハーセル（ヨーグルト）
そしてジブデ（バター）]

このハーセルを羊の革袋に入れる。革袋は三脚などに吊り下げられており、左右に振盪（振り動かすこと）することができるようになっている（写真①）。革袋を振盪していると、ミルクの中の脂肪の球が壊れてきて、米粒大の乳脂肪の塊ができてくる。バターだ（写真②）。バターをジブデという。ただ、このジブデ加工のための振盪がものすごく時間がかかる。ベドウィンの女性たちは、夏の暑い日、革袋を一日中振っているくらいだ。労力は至極かかるが、つくりたてのバターの味といったら素晴らしい。ベドウィンのテントを夏に訪れると、つくりたてのホブスに作りたてのジブデと砂糖を添えて出してくれる。ジブデの新鮮さと砂糖の甘さが調和し、それはそれは上等な味がする。

①羊の革袋にハーセル（ヨーグルト）を入れ、左右に振盪してジブデ（バター）を加工する。

②振盪によって米粒大のジブデができる。それを手で集めて丸めたところ。下の器に溜まっているのがラバン（バターミルク）。

③ジブデは仔羊の革袋に入れて保存する。気化熱を利用したベドウィン冷蔵庫だ。

ジブデは、仔羊の革袋に入れて保存する（写真③）。革袋は、水分が常に蒸発していくように、表面を濡らしてある。気化熱を利用して、冷たくしているのだ。電気の無い世界の自然冷蔵庫。ベドウィンの知恵がここにも活かされている。ジブデを長期的に保存するなら、更に加熱して水分含量を落としたバターオイルのサムネにする。インドでいうギーに当たる。サムネは、白いミルクから抽出した乳脂肪の結晶。このサムネが乳脂肪加工の最終品であり、ペットボトルなどに入れて保存する。この状態で1年は少なくとももつという。

［ラバン（バターミルク）から ヒゲット（チーズ）へ］

バターのジブデを取り出した後に残ったバターミルクをラバンという。前ページで説明した身体に喜びの衝撃を与えてくれた液体が、このラバンである。ベドウィンも、暑い夏にテントの中でよくこのラバンを飲む。まるで沙漠のオアシス。このラバンは更に、加熱して凝乳とし、布袋で濾過、天日乾燥してチーズのヒゲットまで加工する。このヒゲットこそ、ミルクから乳タンパク質を抽出した最終品であり、長期保存に耐えうる乳製品となる。

ミルクの搾れない10月〜12月、このヒゲットを肉などと一緒に煮込んで料理としたり、オリーブオイルやクミンをかけてホブスにつけて食べたりするのだ。キャンディーのように、口の中で転がしてもいい。これで、三大栄養素の内の二つが、ミルクから保存可能な形態に加工されたことになる。

［もうひとつのチーズ（ジブン ムネ）づくり］

一方、ミルクのハリーブを上記の工程とは全く別の手法で加工することもある。それは、仔羊の第四胃を用いてチーズをつくる方法だ。羊は4つの胃袋をもっている。その中でも仔羊の第4番目の胃はミルクを分解する酵素を生産している。仔羊は母羊からミルクを飲んで育っているのだから、当然といえば当然な生理だ。成羊ではもはや必要ない酵素なので、成羊はこの酵素をもたない。仔羊のみもつ。ハリーブに第四胃の断片を加えると、直ぐに凝固する。この凝固物を布袋で脱水し、ナイフで小さく切り分けて、高濃度の塩水で煮たてる。こうして石のようにカチカチになったチーズをジブン ムネと呼び、ジブン ムネは長期保存が可能となる。ジブン ムネは5月〜6月にかけてのみつくり、嗜好品的な要素の強いチーズだ。ベドウィンにとって糧となるチーズは、やはりヒゲットである。

一部を省略しての紹介とはなったが、以上がシリア北東部のベドウィンのミルク加工の体系である。彼らのミルク加工技術は素朴で簡単に見えるが、奥は深い。ベドウィンは、羊のミルクをこのように加工して、命を繋いでいるのだ。寒い北風が吹いてくる頃、泌乳（ひつにゅう）は止まっている。ベドウィンたちは今日も、壷から乳製品を取り出して、幸せな気持ちで食べていることだろう。

［ベドウィンの恩恵］

ジブン ムネにしろヒゲットにしろ、シリアのチーズは熟成することはない。直ぐに加熱脱水もしくは天日乾燥して、微生物の代謝活動を止めてしまうからだ。ジブン ムネづくりに用いた第四胃の酵素は、レンネットと呼ばれる。実はレンネットは、ヨーロッパでのチーズづくりに用いられている酵素と同一の酵素なのだ。シリアのように乾燥したところでは、カビなどによるチーズの熟成など、進展するはずもない。だから、レンネット添加による乳凝固の後、直ぐに天日に当てたりして乾かしてしまう。乾燥地では、その方が保存性が良いし、

マンサフを共食するベドウィンの人たち

羊の群を導くベドウィンの牧童

手っ取り早い方法だ。どんな物にも歴史があり、その歴史を知るとき、もう存在すら忘れ去られてしまった幾多の人々の息づかいを感じ、彼らの業に感謝せずにはいられない。

［羊の肉料理としきたり―マンサフ］

答えから先に言ってしまうと、ベドウィンは肉をほとんど食べないのである。意外にも思われるが、羊に頼って生きている人々が、肉をほとんど食べないのである。では何を食べているのであろうか。それは、乳製品なのである。ベドウィンの日常の食は、乳製品にホブス、街で購入してきた野菜、そして、甘いチャイがついたくらいの質素なもの。ベドウィンは、肉をほとんど食さないばかりでなく、肉を保存することもしない。すべて肉を生のままで消費する。ミルクに対しては保存技術が発達しているのに、肉を保存する技術は欠落している。それほど肉に対する食習慣がないのだ。このような「羊・山羊の資本（個体）を生かしておいて、その利子（乳製品）に頼って生き抜いてゆく」という生活戦略は、乾燥した厳しい西アジアの自然・社会環境にあっては、食文化にとどまることなく、ベドウィンの生き方そのものを貫く生活観となる。

ベドウィンが肉を食するときは、大切な客人を迎えたときや親族と久しぶりに再会したときなどであり、特別な場合である。肉料理のご馳走は、マンサフといわれる料理だ。マンサフはもともと大皿を意味するが、大皿にたっぷりと肉が盛られることから、この名がつく。たいてい、ご飯の上に肉がたっぷりとのり、主人・客人が一緒に囲んで手で食べていく。砂漠でのご馳走だ。

ベドウィンの家庭を訪れると、まず甘い紅茶が出され、たいていは羊を屠ったご馳走が出される。それが最後の羊、食糧、水であっても、もし人が訪ねて求めたならばもてなさなければならないとはイスラム教の教えである。

しかし、相手をもてなすという行為は、将来にもてなされるという自分への投資でもある。つまり、集団間の関係性を強め、相互に扶助しておけば、食糧が不作となっても周囲からの援助が見込め、ある集団が食糧をより安定して入手できることとなる。シリアのような厳しい生態環境においては、一見相手への一方向的なもてなしと見受けられる努力は、集団としての食糧獲得上での安定性を促す方策とも考えられるのだ。シリアの自然環境は想像もできないくらい厳しい。そんな状況で、羊は社会関係強化のために用いられているのだ。

アフリカの羊

夢の大陸―アフリカ。そこにも羊と共にある暮らしがありました。

撮影地：エチオピア北部メケレ

英国 シェットランド羊の旅

英国スコットランドのアバディーン港からフェリーで一晩、目が覚めると北海の、どんよりと灰色に塗りつぶしたような空を切裂くように、見覚えのある断崖絶壁の半島が見えました。紡ぎ織り編みを志す人たちにとっては、一度は訪れてみたいシェットランド島。極寒の北海に浮かぶ島々に棲むシェットランド羊。繊細にして強靭、しかも光沢と膨らみを併せもつ、一度でも紡げば、その滑るような紡ぎ心地の良さでスピナーの心を虜にするシェットランド ウールは、あの凍てつく強風から生まれたものでした。ショールが"花嫁のリングをすり抜ける"というシェットランド レースが生まれたのもこの土地なのです。

4枚綜絖の巨大な織り機を手繰る94歳のベス ジェイミソンさん。奥のベッドカバー用ブランケットは彼女の作品。彼女は、シェットランドレースの伝統を継承するスピナーのギルドを作りました。

海からの冷たい強風が吹きすさぶ島の暮らしには、しっかり目の詰まった編み込みセーターがやっぱり暖かいのです。レンタカー会社にあったスタッフのコート掛けには肌に馴染んだフェアアイル セーターが掛けられていました。

シェットランドの州都ラーウィックのジェイミソン社の看板クラッサー、オリバーさんがシェットランドの羊毛のグレーディングを解説してくれました。全島で16万頭いるシェットランド羊毛のほとんどは換毛の特徴が残っていて根本が切れやすく、そのうえ栄養状態が悪いためテンダーになる毛も多いそうです。彼の「だって、羊はハングリーだから」の一言に妙に納得。そして、とびきり最上級のフリースばかり数十頭が仕分けされているのを見つけて、「これが欲しい」とお願いしたら、オリバーさんは「この羊はお腹いっぱい食べられた羊」と言いました。

中米グアテマラ ナワラ村の羊

文：星野利枝
写真：星野利枝・佐藤恵子

「中南米」とひとくくりに広大な土地を指す言葉が日本では普通に使われている。そこにどれだけの国と人、ひいては文化がひしめいているのかは、あまり知られていないと思う。

ここでまず、グアテマラが南北アメリカ大陸を繋ぐ地峡のやや太い部分、メキシコの南に隣接する国であることを明記したい。そしてマヤ文明を築いた人々を祖先にもつ先住民が人口の半数、約600万を占めるということ。

グアテマラはもともと羊の国ではない。コロンブスがアメリカ大陸発見時にはそもそも、新大陸に羊が存在していなかった。その後スペインの征服期の早い段階から、人と共に家畜として牛、馬、豚に加えて羊もやって来たのである。このうちもっともマヤ系先住民族の身近な存在になったのが、豚。次が羊である。とりわけ海抜2,000mを超える高地に暮らすマヤの村人にとって、羊は寒さに強く、飼育しやすく、衣料の素材になる羊毛と空腹を満たす肉との両方を提供してくれる有益な家畜であった。

グアテマラは21世紀の現代においてもマヤ系の人々が民族衣装を日常に着用している稀有な国である。女性は、「棒の機」と呼ばれる原初的な構造の機で、カラフルな布を織って着用している。一方、男性は生産性の高い足踏み式の機で、主に市場に出す布を織る。中でも羊毛を織るのは男性の仕事で、毛布や衣類などがある。
男性の民族衣装には、未染織の黒い羊毛を素材にしたものが多い。またそれらの衣裳が中世スペインの農民が着ていたものと酷似していることも興味深い。

ただし男性の衣服は近年、ジーパンとTシャツというような現代的洋装へと切り替わって来ている。したがってここで紹介するナワラという村の羊飼いや、手紡ぎの羊毛を織る人たちは、独自の民族衣装をもつグアテマラの村の中でも、例外といえるだろう。

ナワラは高度2,500mの高地にあるキチェ族の村。首都のグアテマラシティーからはパンナムハイウェイを東へ約150kmの距離。村の男たちは農

羊と羊飼い

作業の傍ら、織物や編物を生産し、近辺の村の市場にも売りに行く。特徴ある羊毛の民族衣装の技法は、上着（コトン）、腰巻（ロディエラ）が織物、肩掛け袋（ボルサ）が棒針編み。

私は1975年の秋から冬にかけてこの村で暮らしたことがある。よそ者を拒む閉鎖性を残した村であった。当時の村の男性は、子どもを含むほぼ全員が、家族の女性が織った木綿のシャツと短パンの上から羊毛の上着と腰巻を身に着けて生活していた。しかしその後の政治経済の影響や人口増加、地球規模の温暖化などの影響で民族衣装にこだわる人が、特に男性は、少数になった。そんな21世紀の初め、2002年6月に羊を飼い、紡ぎ、織る人に出会えた。

トウモロコシ畑と日干し煉瓦の家々、山の斜面の松林。農村風景に溶け込んだようにゆっくりと、黒い羊毛をカーディングしている男性がいた。スペイン語は通じない。奥の家から出てきた若者がスペイン語〜キチェ語の通訳をしてくれた。男性はパスクワル マチェアックといい、57歳になる。腰かけていたのは紡ぎ車の台座だった。糸を紡いだら腰巻（ロディエラ）を織るそうだ。

2ヶ月後に同じ人を尋ねた。電話はないし、言葉も通じない。いきなり行って突撃取材。幸いパスクワルさんは家の外で、織りあげたロディエラをフェルト化させている最中だった。板の上に乗り、2本の棒を杖にして体を支え

カーディング作業風景

羊毛を紡ぐ

腰巻（ロディエラ）を織る

フェルト化作業

放牧地で編物

ながら石けん水で濡れた布を足で踏みつけていた。板は長年使い込まれているのだろう、表面がツルツルだ。

パスクワルさんの家の奥に父親が暮らす家があり、ちょうど糸紡ぎの最中だった。父親も長年羊毛の仕事で家族の暮らしを支えてきたのだろう。慣れた手つきで、もくもくと大きな糸紡ぎ機で糸を紡いでいた。

2002年11月に3度目の訪問をして、ロディエラを製織中のパスクワルさんに出会えた。織っている最中に、よほどゴミが出るのだろう、パスクワルさんはゴミ除けの布を腰に巻いていた。

ちなみに一枚のロディエラの値段は125ケッツアール（約2,500円）、大きさは約37cm×154cm。

羊飼いを探すならハイウェイをさらに東へ。高度計が3,000メートルに近づくあたりが良いだろう。ナワラの民族衣装を纏い、羊の番をしつつ、棒針を動かして肩掛け袋を編む男を見つけた。ミゲル ツキン ロペス。10歳の時から羊飼い暦40年のベテラン。彼の羊は、ほとんどが黒い羊だった。

人間にとって悪条件の高地は、かつて広々とした羊の放牧場だった。それが村の人口が増えるに伴い、耕作されてゆき、今ではほとんどが、トウモロコシ畑に姿を変えた。牧草地が減った分、羊も減ったに違いない。しかしウールの仕事があり、ウールの民族衣装を着る人がいる限り、羊も生き残っているのだ。

ルーマニア
マラムレシュ村

1989年、エッセイストであるみやこうせいさんに連れられてルーマニアのマラムレシュ村を訪れました。着いてまもなく道を歩く人々の姿に驚かされました。麦藁帽子の女性は手織りらしき格子柄の振り分けバッグ（左下写真）を肩にかけ、KENZOか山本寛斎のような格好良さ！村の道端に織り機を出したお母さんたちの足元に、じゃれるように経糸の下にもぐって遊ぶ子どもたち。糸を染めるのも、もちろん道端。そんな中、歩きながら糸を紡ぐ女性にすれ違った時には、「ここはどこ？今はいつ？」と、自分の目を擦ってしまいました。100年くらいタイムスリップしたかのように感じられたのです。しかし、マラムレシュの人々の服装を見れば、現代のプリントのシャツを着ていますし、飛行機も車ももちろん現代の物。ただよく見ていくと、暮らしぶりは明らかに丁寧で余計な物がないことがわかりました。

マラムレシュの暮らし、それは羊を飼い、羊の乳を搾り、羊を食べて、羊を着る、すべてが羊なくしては成り立たないものです。

毎年春5月には、搾った乳の量で、その年に牧童が受け取れるチーズの量が決められる牧羊祭がおこなわれます。前日に羊の持ち主とは

違う牧童が、羊の乳を搾りきるなど、シビアに乳量を競います。

ルーマニアの羊は主にティガース(Tzurcana)という品種です。長毛で光沢のあるヘアー(外毛)と、根元にウール(内毛)が密生している、英国のブラックフェイスのような毛質の羊。その毛を子どもからおばあちゃんまで、歩きながらでも羊の番をしながらでもスピンドルで紡いでいます。太く紡いだ糸で、敷物などを織り、川の水を引き込んだ巨大な洗濯機のような人工の滝壺で縮絨します。色とりどりに織り上げられた毛織物が居間に飾り付けられていて、一軒一軒がまるで美術館のような美しさなのです。

みやこうせいさんに聞くと「マラムレシュはルーマニアの北々西に位置してウクライナと接し、ヨーロッパ随一のフォークロアの残存地域。この地はカルパチア山系に三方を囲まれていたから、平原部から文物が入り難く、古い風俗、習慣が村々に色濃く残り、衣食住を羊に頼る自給自足の生活を送ってきたのです。いわばヨーロッパ文化の古生層がこの地に息づいている。数百年前のヨーロッパの各地に見られた風俗、習慣、生活様式が、この地に、その片鱗を残しているのです」と教えてくれました。21世紀の現代も、羊の恵みで暮らす人々の、美しく豊かな生活が残っているのです。

column

赤い大きな目で獣を威嚇するベルベル族のマント

文：岩立広子

自由自在に丸く織る

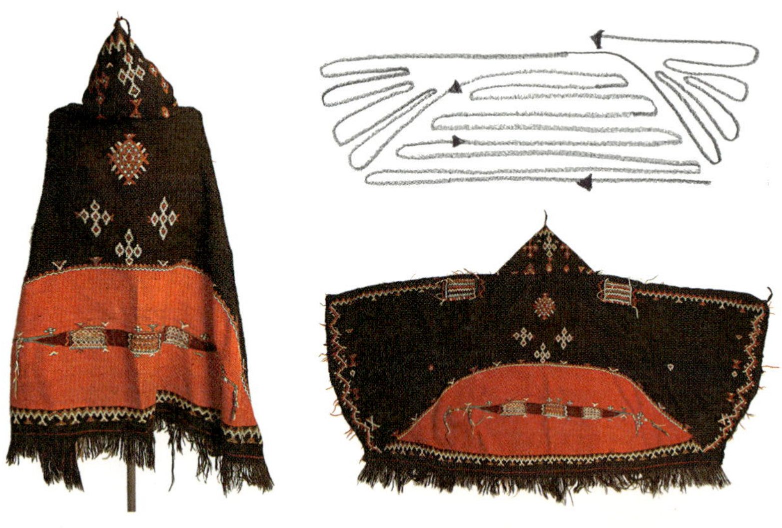

　焦げ茶色地にオレンジ色でくっきりと織り出された文様は、目を表しています。この目は邪視から身を守ると考えられ、真ん中に別色で織り出されているため、インパクトが強く、施されている刺繍も特徴的です。このような大胆な配置のケープが多く見られる中、目を細めているようなものもあります。技法はスリット・タペストリー技法と思われ、焦げ茶色の山羊毛は自然色。自由に絵を描くように織り出されていて、モダンアートの世界を感じるケープです。

　このモロッコ アトラス山中のベルベル族のアフニフ（Akhnif）といわれるフードつきマントを見た時、大きなオレンジ色の目の文様がマントの背中に付いていて、大胆なデザインに驚きました。織物の常識にとらわれない発想で、マントの形は半円形で大きな目が入り、その中にまた細い目が嵌め込まれています。縁や背中には白、緑、オレンジ、赤の色糸でかがり文様が縫い込まれています。背中の文様はライオンの足跡の文様で、悪い動物を近づかせないようにしています。

　織機は、このあたりでは垂直機といわれますが原始機のようです。しかし、このマントのどちらが経糸なのか、どうやってこのカーブを織り上げたのか見当もつきませんでした。

　織りの専門家数人と討議を重ねた結果、上から下に織ったのではなく、横から横に織っているらしいという話に落ち着きました。もちろん、裾のフリンジは後から付けたもので、フードも別に織ってとり付けています。経糸を整経するとき、オレンジの巨大な目は経綴（たてつづ）れとして経糸に組み込まれるのです。これを可能にしたのは筬も綜絖も使わない原始機だからこそ。人間の自由な発想は機械が単純なほど、時間はかかっても自在な形を生み出せるということの良い例だと思います。

　この巨大なオレンジの目は、荒野の中で狼を威嚇し、砂嵐の中で目印となり、羊たちにとっては頼もしい存在だったことに違いありません。

実用とお洒落を兼ね備えたトルコの服

トルコのイスタンブールから南に500kmのブルサは、毛織物、絹物で栄えた古い街で、周辺のケレス地方は起伏に富んだ高原で今でも細々ですが遊牧の暮らしが残っています。赤いレンガ屋根と白壁の民家の集落は、教会の尖塔が抜けるような青空にそびえ、たいへん美しいです。立ち寄ったコジャコバック村で、チーズ、ヨーグルト、パン、トマトの朝食を床に座って御馳走になり、村に残っている昔からの衣服を見せてもらいました。

男性のものは、「村の仕立て屋さんの最後の仕事」とすすめられて手に入れた茶色の毛織物のズボンとベストです。デザインは格好良く、機能的にも優れています。そして、私の目を釘付けにしたのが、チェックのマフラーです。茶と白の格子のマフラーは、縦二つに折って肩にかけるのですが、半分は袋のようにとじた方に昼食用のパンを入れ、もう片方では、仔羊をくるんで抱きかかえるのに使うと聞きました。こういう実用品でありながら、何ともいえない手触りのマフラーはさすが牧畜民の仕事と納得しました。

女性の衣装では、オヤ(レース状の縁飾り)のついた木版染のスカーフと、尻当てに使う、毛織物の正方形の布です。今でも織っている人を見かけましたが、デザインもしゃれていて、自家製のウールを使った良い物でした。

それと、晴れのときに使う、絞り染のウールの前掛けは白抜きのりんごを半分に切ったような文様が鮮やかです。細い幅の布を3枚はぎ合わせて染められた大きな白い円文の絞りは特徴的な作りでした。

岩立フォークテキスタイルミュージアム所蔵

農業生産法人 有限会社 親和

book 「羊をめぐる世界観」で参考にした本

モンゴル研究会『モンゴル研究』2013年
平田昌弘『デーリィマンのご馳走—ユーラシアにまだ見ぬ乳製品を求めて』デーリィマン社、2017年
纐纈（はなぶさ）あや監督、映画『ある精肉店のはなし』やしほ映画社、2013年
みやこうせい『羊の地平線 ルーマニア北北西部風物誌 みやこうせい写真集』国書刊行会、1986年
みやこうせい『羊と樅の木の歌 ルーマニア農牧民の生活誌』朝日新聞出版社、1988年
スティーブ ウォール・ハービー アーデン著、船木アデルみさ訳『ネイティブ・アメリカン—叡智の守りびと』築地書館、1997年
桜井三枝子『グアテマラを知るための65章』明石書店、2006年

日本の羊飼い

持続可能な経済への扉を開く「羊のいる暮らし」

羊の文化は約1万年前に始まり、世界各国に伝播しました。その中に日本が仲間入りしてようやく100年余り。1957年に約100万頭を数えた羊も2017年には17,000頭余り、とても「日本には羊がいます」と言える頭数ではありません。しかしそんな中でも存在感のある羊飼いが少なからず登場しています。生産牧場から観光牧場、町中羊飼いに至るまで。そうした羊たちの役割は肉と毛だけなく、除草、土壌改良、人とのふれあい、そして暮らしを潤わせることまで。日本の羊飼いの実践そのものが、持続可能な暮らしのキーワードを秘めているように思います。

国産羊毛コンテスト 2011年〜

[国産羊毛の品質向上と、販売ルートの確立を目指す]

国産羊毛コンテスト"Fleece of the Year"は、2011年に私ことウール クラッサー 本出ますみの呼びかけで始まりました。当時、日本国内の羊の頭数は2万頭足らず、北海道の生産牧場を除き、ほとんどは観光牧場か個人で飼われ、羊毛は廃棄されることもあるという状況でした。しかし染織愛好家の中で、牧場と直接繋がり、その牧場の毛を使って地元の特産品を作ろうという動きもありました。

2011年当時、日本の羊というと、ほとんどが短毛で弾力のあるサフォーク、もしくはサフォークとの交雑種が多く、また1980年以降に様々な品種も導入されていました。そのため品質に対しても価格に対しても、基準がない状態で、牧場の中には「良し悪し関係なく持って行って欲しい」と言う所もありました。そこで、品質の良いフリースを適正な価格で販売することを目指して、このコンテストが始まりました。

コンテストには毎年5月末〜6月頭の3日間に、その年の新毛(スカーティング済の1頭分のフリース)を、1牧場3フリースまでエントリーできます。そして毛質のグレーディングと審査がおこなわれた後、品質を表示する証明書が交付され、特別に優秀なフリースには、"Fleece of the Year"の看板と、ロゼットが授与されます。審査後に、価格の付けられたフリースは公開、販売されます。毎年20余りの牧場から40〜50ほどのフリースがエントリーされますが、「良質の国産羊毛が入手できる」と、公開されるとほとんどが2〜3日中に売り切れるほど、人気のコンテストになりました。

この品質証明書に記入されたフリースの毛質から、羊の健康状態がわかり、さらに毛質データから飼育環境を見直すこともできます。「健康な羊に、美しいフリースは宿る」のです。

羊飼いにとっては良いフリースを適正な値段で売ることができ、スピナーにとっては美しい羊毛が手に入るようになり、お互いのニーズがコンテストで出合うことが国産羊毛の品質向上を目指す原動力になっています。また、2013年からは(公社)畜産技術協会から後援を受けるようになりました。日本の羊の頭数はわずかですが、羊飼いとスピナーが繋がって、羊をまるごと生かすことを目指し、今後も取り組み続けていきたいと思っています。

看板とロゼット

［国産羊毛コンテスト出品牧場
（2011年～2017年）］

主な歴代入賞牧場

北から順に、金、銀、銅、敢闘賞、特別賞まで

(有)バルクカンパニー
ヨークシャーファーム
美蔓めん羊牧場
(有) 茶路めん羊牧場
羊まるごと研究所
(株)ボーヤ・ファーム
FAF工房
日本家畜貿易 (株)
愛二牧場
小野めん羊牧場
羊組 Hitsuji gumi
あにわの森
大沼 (チェビオット) 牧場
あるきんぐクラブ
(株)マザー牧場
(株) 雪印こどもの国牧場
EPOファーム&ガーデン
Flying Sheep
まかいの牧場
Bee's Farm
岐阜市畜産センター公園
ひつじみかん牧場
武田バラ園
神戸市立六甲山牧場

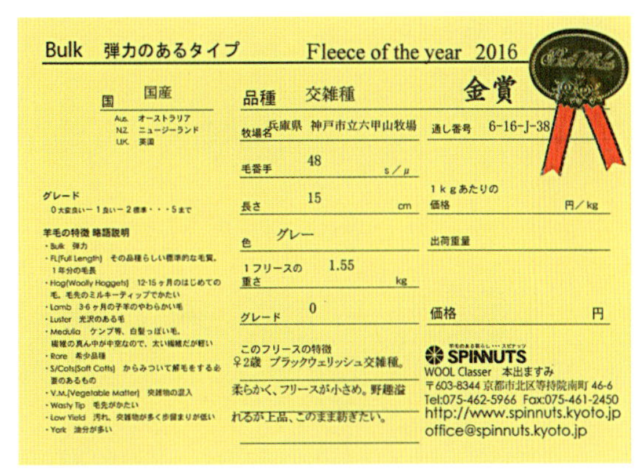

Bulk　弾力のあるタイプ　　Fleece of the year 2016

金賞

国　国産
Au. オーストラリア
NZ. ニュージーランド
UK. 英国

品種　交雑種

牧場名　兵庫県 神戸市立六甲山牧場

通し番号　6-16-J-38

毛番手　48 s／μ

長さ　15 cm

1kgあたりの価格　円／kg

色　グレー

出荷重量

1フリースの重さ　1.55 kg

グレード　0

価格　円

グレード
0大変良い－1良い－2標準・・・5まで

羊毛の特徴 略語説明
・Bulk　弾力
・FL(Full Length)　その品種らしい標準的な毛質。1年分の毛長
・Hog(Woolly Hoggets)　12-15ヶ月のはじめての毛。毛先のミルキーティップでかたい
・Lamb　3-6ヶ月の子羊のやわらかい毛
・Luster　光沢のある毛
・Medulla　ケンプ等、白髪っぽい毛。繊維の真ん中が中空なので、太い繊維だが軽い
・Rare　希少品種
・S/Cots(Soft Cotts)　からみついて解毛をする必要のあるもの
・V.M.(Vegetable Matter)　夾雑物の混入
・Wasty Tip　毛先がかたい
・Low Yield　汚れ、夾雑物が多く歩留まりが低い
・York　油分が多い

このフリースの特徴
♀2歳　ブラックウェリッシュ交雑種。
柔らかく、フリースが小さめ。野趣溢れるが上品、このまま紡ぎたい。

SPINNUTS
WOOL Classer　本出ますみ
〒603-8344 京都市北区等持院南町 46-6
Tel:075-462-5966　Fax:075-461-2450
http://www.spinnuts.kyoto.jp
office@spinnuts.kyoto.jp

品質表示の証明書

日本の羊の牧場

写真：佐々倉実・佐々倉裕美

鉄道カメラマンである佐々倉実さんは、パートナーの裕美さんが手紡ぎやフェルトを始めたことから羊に興味をもち、いつしか二人で各地の羊牧場を巡るようになりました。二人の共著『ひつじがすき』には日本全国の羊の牧場、日本の風土に育まれた日本の羊が登場します。（本出）

■ 佐々倉実
有限会社轍（わだち）代表。四季の鉄道と羊牧場の風景を中心に、写真と映像の撮影を続けている。1960年東京都杉並区生まれ。祖父は新宿（四ツ谷）で牧場を経営、父は獣医で1958年まで杉並で牧場経営、子どもの頃は牛のいなくなった牛舎で遊んで育つ。祖母は大正時代からの写真館の娘。夫婦での共著に『ひつじがすき』などがある。

■ 佐々倉裕美
母の影響で裁縫・手編みを楽しんでいたが、子どもと行った小岩井農場で手紡ぎとフェルトに出合い、それ以来ひたすら糸を紡いでいる。羊毛にふれているうちに羊に興味をもち、今は、夫を巻き込んで各地の羊牧場を巡っている。

ヨークシャーファーム
鉄道カメラマンらしい羊写真といわれるカットです。羊が連なっているのがまるで鉄道のよう。

石田めん羊牧場　牧羊犬が放牧地を疾走して羊を集めてきます。

小岩井農場　牧羊犬が近づくと、羊がいっせいにこちらを向いた瞬間。

羊まるごと研究所　放牧地の草をめがけて走ってくる羊。

人は彼を羊男と呼ぶ

北海道 茶路めん羊牧場 武藤浩史さん

［伝説の帯広畜産大学「シープクラブ」の初代会長］

武藤浩史さんは1958年京都生まれ、羊との出合いは意外と遅く、帯広畜産大学3回生の時に所属していた研究室にオーストラリアで羊の研究で学位を取得した新任講師 福井豊先生が赴任し、実験動物として十数頭の羊を飼い始めたのが羊との運命の出合いでした。福井先生はまだ30代前半で、学生たちにとっては半分兄貴のような存在。厳しい人でしたが、結果的に彼の門下で羊飼いになった学生は多くいます。

ある日、先生が実験で使用した羊を指さし、「この羊、今度のコンパで食べるから用意しておけ」と言うので、言われるがままに、学生たちで屠殺、解体して、焼肉に。武藤さんは初めて食べた新鮮な羊肉のうまさが脳天を突き抜け、羊の虜になったのでした。

4回生になり就職活動をしていても羊が頭から離れず、そのまま大学院へ。その頃、冒頭の「シープクラブ」が誕生。研究室で羊の腸でソーセージを作ったり、毛刈りや皮なめしをしたり、糸を紡いだりしていました。主なメンバーは3〜4人でしたが、それが飲み会ともなると、なんとなく20人くらいは集まったとか。その後、進路を羊関係に定めて調べ始めましたが、日本に職はありませんでした。「それなら海外にでも行ってみるか」と軽い気持ちで、後に羊で学位を取り畜産大学の教授になる手塚雅文さんの紹介で、カナダのアルバーター州へ旅立ちました。いよいよ羊飼いに照準が合いだしました。

カナダで過ごした14ヶ月の最後の2ヶ月間をパス ファーム（PaSu Farm）にお世話になりました。オーナーのパットは脱サラ羊飼い、「アグリビジネス」「ファーマーズマーケット」など、新しい考え方を学び、どんどん実践していこうとする彼に刺激を受けます。近郊には羊の解体だけでなく、羊毛も洗い工程からカードや紡績までのプロセスをもつコンパクトな工場があり、そこで見たもの体験したことが今の茶路めん羊牧場の原点になったのです。帰国の途中で、「日本でいずれ羊を飼おう」という気持ちが芽生えました。

しかし今ほど新規就農がもてはやされる時代ではなく、資金もなければあてもなく、経験を高めるために薬品会社の牧場の場長として、300頭の山羊と60頭の羊を一人で管理する仕事に就いていたところ、東京のレストランが直営の羊牧場の開設を計画していて、責任者を探しているという話に乗り、雇われ牧場主として今の北海道白糠町に移住しました。

［羊飼いになることに迷いはなかった］

2年後、おりしもバブルの崩壊により、レストランの計画は頓挫し、撤退。「ここで辞めれば振り出しに戻る」と思い、オーナーから借金して牧場を買い取りました。その前から一緒に働いていたシープクラブの後輩で同じくカナダで羊修行した田口裕一と共に、35頭の羊を共同で飼い始めます。2人とも塾の先生や、電牧柵の会社でアルバイトしながらの暮らし、畜舎の側に居を構え、厳冬の夜中でも羊の鳴き声で起き出産を助けるという羊と共に暮らす生活を続けました。ようやく住まいを畜舎の向かいに移してからも、牧場はいつも実習生に支えられつつ、日本では稀有な羊の生産牧場として、羊飼いになりたいと志を抱く若者が日本全国から集まってくる牧場へと成長していきました。

羊と暮らすと決めたその日から、毎日の餌やりはスタートします。羊は大きくなり、肉出荷も始まります。ところが、肉にするため屠場に連れて行った手塩にかけた羊が、骨をはずされ肉になって帰ってきた時、その荒い包丁さばきに失望したと言います。骨に残された赤身の肉…これでは死んだ羊が浮かばれません。自分で処理しなければ内臓もただのゴミとして処分されてしまうということに耐えがたいものを感じたそうです。通常、牧場の仕事は屠場へ連れて行くところまでで、屠殺された肉は食肉会社や飲食店へ屠場から直接出荷されていきます。こうした分業が一般的な業界で武藤さんは「羊飼い」と「肉の加工販売」という二足の草鞋（わらじ）を履こうと踏み出したのです。1992年に食肉の販売を開始、2006年には研究室の後輩で、学生時代から一緒に実習してきた鎌田周平さんと農業法人を立ち上げ、同年オーストラリアからポール ドーセット種70頭を輸入しました。さらに2015年にはレストラン「クオーレ」を牧場に隣接してオープン。現在、年間400頭の羊を出荷し、内臓も余すことなく利用し、羊毛も年間1tを販売するなど会社経営としての羊の可能性に取り組んでいます。そんな武藤さんは「この地に産まれ、この地で育まれ、この地の風景に溶け込む羊たちからの恩恵で生かされる羊飼いになるという道を、自分なりに少し進めて、次世代へ引き渡すこと。これこそが自分がやるべきことだと気づきました」と語ってくれました。

羊と会話する

北海道 羊まるごと研究所 酒井伸吾さん

モンゴル力士のような風貌の酒井伸吾さんは函館出身。帯広畜産大学のシープクラブに出入りするようになり、学祭で糸紡ぎを体験したのが羊飼いを志した始まりだったと言います。卒業してジャパン・ラムに入社、羊の採血をしながら北海道中をまわります。その後モンゴルの遊牧民の所で1年、茶路めん羊牧場に2年、そしていよいよ北海道白糠和天別に生産牧場「羊まるごと研究所」略して「ひま研」をパートナーの啓子さんと共に、2000年にスタートさせました。当初30頭から始まった「ひま研」には、今も牧羊犬はいません。なぜなら「ベーベー」と呼ぶと羊たちが集まって来るからです。そして大地、空知、元気、希望という男の子4人も、この地で羊と共に走り、成長しています。

開設当時、彼は「母羊は元本、生まれた仔羊が利子、羊飼いはまさに羊を元本にその利子で暮らす、5年10年先を見越してこそ牧場経営ができる」と語っていました。そして着実に経営を続け2008年には、元牛舎を自宅と羊毛加工とワークショップができる仕事場に改造しました。

そして2017年、羊は300頭。羊のあらゆる可能性を追求し、限りなく良質なラム肉を生産する牧場として、消費者から見える生産を目指しています。健康な羊から採れる良質なフリースは、日本中のスピナーからも信頼されています。

[「べーべーべー」という彼の呼び声を聞いて羊たちはやって来た！]

タイミングを計って彼が柵を開けると、羊たちは順番に狭い柵道に並び始めます。羊は視界に余計なものが見えないようにしてやると、落ち着いて前の羊について行く習性があるからです。だから柵の高さは大切。ヤード（次ページイラスト）の真ん中に陣取った酒井さんは、右に左に扉を振り、羊を仕分けていきます。これから毛刈りをする羊しない羊、母羊と仔羊、オスメスに分けるときも、薬を飲ませるときも、出荷する羊をセレクトするときなども、必要に応じて羊を2～3つのグループに分けることができる。羊を管理する上でこのヤードは大活躍します。

[健康な羊に、美しいフリースが宿る]

とりわけ牧柵の扉は大切で、この牧場では片手で開け閉めできるようにしているそうです。羊の習性、体格、そして人間の作業動線を考え設備を工夫します。作業が楽だと、朝夕の餌やりも30分でできます。羊の必要を充分満たした良い環境を作ってやれば羊は健康に育ちます。だから余計な薬代がかからず、羊も長生きになり、良い毛も採れます。手間が省けてヒマができれば牧場のメンテナンスもでき、より良い生産物にするための時間も作れます。人間が羊を管理するのではなく、羊ができることは全部羊にやってもらい、人間がするのは調整のみ…それには手間のかからない施設が大切。「やっぱヤードなんです」という彼の言葉に熱がこもりました。

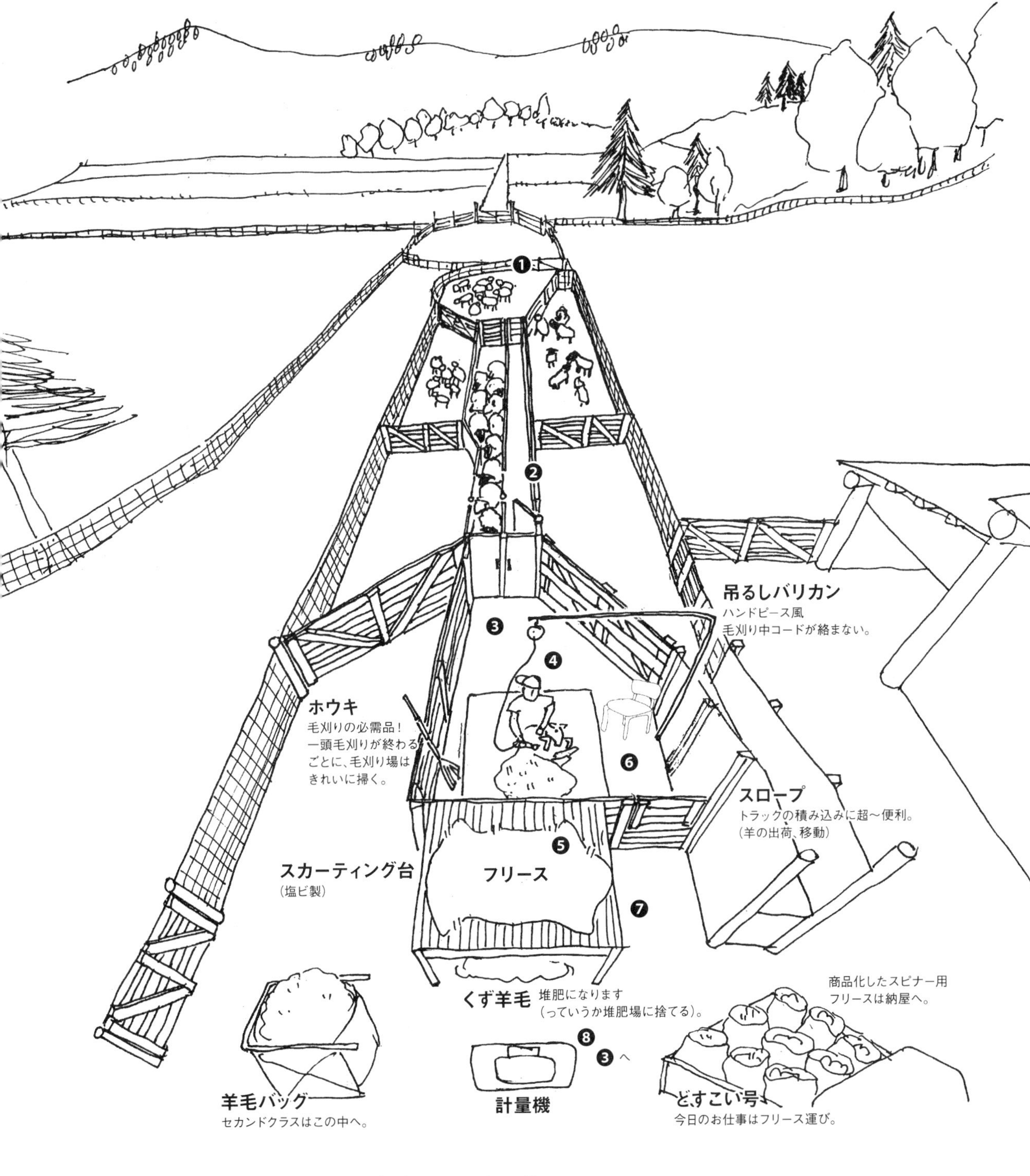

［ヤードの仕事の流れ — 春の毛刈りバージョン］

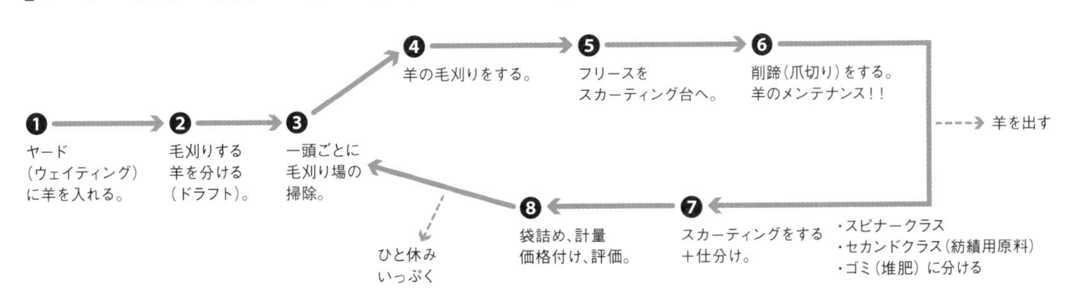

①サー始めますよー。

②君はどっちかなー？

③ヨーシ、待たせたね…。

④チョチョイのチョーイで3分でぬがしちゃう。(毛刈り)

⑤ハーイいっちょあがり！

⑥ついでに爪切り。

⑦サーこれでフリース。エーと、ここは取るかなー。(スカーティング)

⑧サクサク片付けちゃうからねー。

⑨ベリーはテーブルの下、セカンドクラスは紡績用。

⑩このフリースは良かったからスピナー用。ここで計って、値段も付けちゃう。(グレーディング)

⑪ドオ？速いっしょ！

⑫フー、ここでいっぷく。

[ヤードの仕組み]

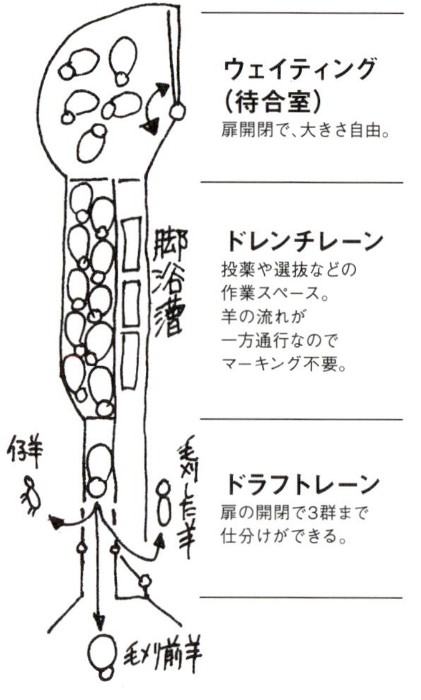

ウェイティング(待合室)
扉開閉で、大きさ自由。

ドレンチレーン
投薬や選抜などの作業スペース。羊の流れが一方通行なのでマーキング不要。

ドラフトレーン
扉の開閉で3群まで仕分けができる。

・羊を追いかけ回して作業しないため羊が人を嫌がらない。(好きとも言ってくれない)
・追い込んでしまえば無理なく仕事ができ作業が楽！！時間がかからない。

毛刈り時の動き

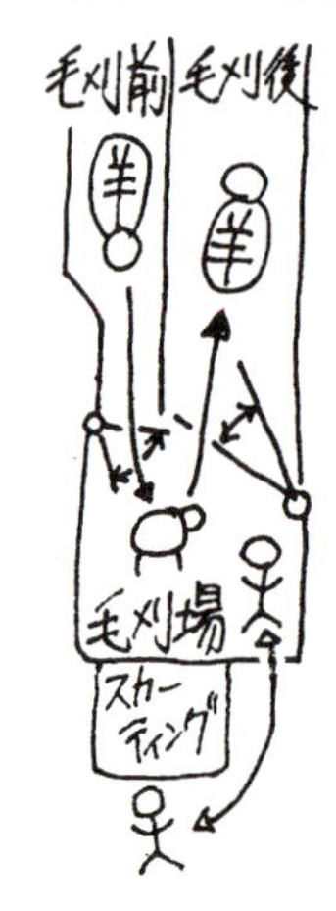

・羊は一方通行で管理。
・人は行ったり来たり。
・人と羊の接点は毛刈り場のみ。それぞれの動きを妨げない。

子どもたちに
羊の恵みを伝える
神奈川県 雪印こどもの国牧場

「こどもの国」の正面ゲートをくぐると、小学校の遠足でやって来た子どもたちの賑やかな声、入口広場いっぱいにチョークで描かれた子どもたちの絵が目に飛び込んできました。その先には中央広場の花壇が、まるでフランスかどこかの宮殿のように広がっています。

「こどもの国」は昭和天皇ご成婚事業として1965年に開園しました。「子どもの健康を守り、情操を豊かにし、自然の美と恵みを遊びの中に生かしていく」ということがテーマの子どものための施設です。その中にある「雪印こどもの国牧場」は、両殿下のご意向に賛意した当時の雪印乳業株式会社（現 雪印メグミルク株式会社）が建設、国に寄贈したことから始まり、酪農の重要性や家畜の役割、命の温かみを伝えるために牛、馬、兎、モルモット、そして羊が飼育されています。

2017年現在ここで飼育されている羊は23頭のコリデール系交雑種。この羊たちの毛は、2013年以来「国産羊毛コンテスト」で毎年、銀、銀、金、金、金賞と、揺るぎのないトップの座に光り輝いてきました。「この美しいフリースはどんな人が育てているのかしら…」、「継続した取り組みが必要となる"毛質の向上"を実現した担当者とはどんな人だろうか」と興味津々で取材に伺いました。

羊の担当は、大沢田真邦さんと奈奈さん。お二人は2004年に前後して、このこどもの国に就職しました。牛や羊の担当は真邦さん、奈奈さんはポニーの担当をしながら、羊の毛刈りや羊毛の管理もおこなうなど交流を深め、お二人は結婚されました。

2004年当時、雪印の羊たちは、毛食いをするほど痩せていました。なぜ互いの毛を食べるのかがわからず、毛刈りを依頼していた工藤悟さんに聞いたところ、「それは餌の量が足りてないからでは」とアドバイスされました。そして工藤さんの「毛刈りしてみる？」の一言で、羊のことも毛刈りのことも勉強し始めます。

そして2011年、自分たちの毛にどれくらい価値があるのか興味があったので「国産羊毛コンテスト」に出品します。初年度はようやくスピナークラスの評価、まだまだゴミも入っていました。2013年には、自分たちの飼育している羊たちの毛のことを知ろうと、二人で東京スピニングパーティーの「羊毛素材学」のワークショップを受けたり、毛刈りの講習会にも参加するようになりました。そしてフリースに混入するゴミを減らす工夫を始めます。まず手作りで服を作って着せたところ、生地が化繊だったのですぐに破れてしまいました。餌の草架の位置を羊の頭より低くし、ゴミが入らないようにしました。さらにホゲットは毛先が固いので、秋に一回目の毛刈りをする「アーリーショーン」という刈り方をするようになって、仔羊の毛がだんぜん美しくなりました。そして台帳を作って個体別の管理をおこない、健康で質の良い羊毛をもつ血統の羊を優先的に残すようにデータも取り始めました。二人で始めた羊の勉強と実践は、まさに羊飼いの仕事の王道といえると思います。健康な羊を育てるためにこつこつデータを取り、丁寧で速く毛刈りをすること

で羊と人の負担を減らしました。こうして、驚くほど美しく、スピナーが紡ぎやすいフリースができあがったのです。

その後、2013年以来「国産羊毛コンテスト」で銀、金賞を取り続け、2016年には北海道で開催された毛刈りの大会（世界選手権の予選部門）で4位となり、ニュージーランドに行くことになるとは、当時夢にも思わなかったと言います。

今日も、遠足でやってくる子どもたちが「こどもの国に羊がいる」「ふわふわの羊さーん」と駆け寄ってきます。「健康な羊に美しいフリースは宿る」。子どもたちが抱き着きたくなるようなふわっふわの羊。それはまさに健康な羊だから実現できることなのです。

地元に愛されるジンギスカン屋

山形県 バーベキュー白樺 伊藤政義さん一家

2002年～2005年の日本。ジンギスカン屋が雨後の筍のように開店し、突然ラム肉が空前のブームになりました。でもそこで使われる肉のほとんどは輸入羊肉。そのあおりで国産の羊の値段も大高騰し、一時羊の生体の価格が通常の倍以上になったほど。しかしその嵐も過ぎ、ほんの2～3年で、赤坂に一時100軒ほどあったジンギスカン屋は、2010年には2～3軒になってしまいました。

そんな中でも、自分たちで飼っている羊の肉を食べさせてくれるレストランがあります。山形県山形市の「バーベキュー白樺」です。しかも店主は2代目というから驚きました。

[駅近10分、羊の牧場]

駅前のビル街から車で走ること約10分。山形市の郊外で、まわりは住宅地、その先には"こしひかり"の田んぼが広がっていました。

住宅地の狭い坂道を登りきったその先に木立に囲まれた峠の茶屋風「バーベキュー白樺」が現れます。

訪問したのは10月。幼稚園の運動場くらいの草地に、羊舎の向こうには隣家が立ち並び、秋の陽射しの中、桑の葉の木陰で羊たちが休んでいます。その牧柵ごしに学生たちが、賑やかに羊を写真に撮っていったりと、羊たちは近所の人々に愛されていました。

「そろそろラムとして出荷ですか？」と尋ねると、「ラムは小っちゃくてかわいそうで出せないですよ、うちではしっかり太らせて2歳半のマトンにしてから出荷しています」と返ってきました。

見比べると、今年生まれの仔羊35頭は既に8ヶ月齢、仔羊でも60～80kgになるので、ラム肉として出荷する体重にはなってはいますが、並んでいる丸々と太ったマトンの110kgに比べるといかにも子ども。「なるほどこれは羊を飼っていれば自然な考え方だなあ」と納得しました。モンゴルもイランも遊牧民はラムを食べません、祭りや客人が来たときだけマトンを食べるということを思い出しました。

「なんでラムで出すのかなって、今でも不思議に思います」と伊藤さんが呟いていたのが印象的でした。

伊藤さんの牧場では、羊の敷き藁は、近所の農家に行って稲藁をロールにしてもらっています。そして羊の糞尿がしみた藁は3日に1度交換し、きれいに羊舎を掃除しています。このあたりが市街地に近い牧場の心遣いかもしれません。そして汚れた敷き藁はビニールハウスの中に山積みにして、天地をひっくり返して空気と混ぜながら発酵させて春と秋の年2回、堆肥にして農家に返します。これで物々交換成立。他にも、羊の餌としては田んぼの畦を草刈りして得た生草や、自家製の草地の草をロールにしてビニールハウスの中にストックしておいたり、また肥育のためにトウモロコシなどの補助飼料も使います。

「今、親羊と仔羊あわせて約100頭で、ちょうどレストランで出すお肉が賄えています。羊肉として出すのは年間30～35頭。精肉販売はしていません。お土産用の肉も出さないので、ここで食べていただいてちょうどです」と言っていました。

1966年に伊藤さんのお父さんが鶏を飼い、その頃からレストランも営業していました。しかし鶏は病気になりやすいことから10年後、羊に切り替えました。「鶏の時も、羊になってからも、自分で手がけて、お客さんに提供したいという気持ちは同じです。だから最初から牧場とレストランをすることは変わっていません」という伊藤さんは、羊の餌やり、干し草作り、レストランの下ごしらえと忙しい毎日ですが、その合間を縫って2階で糸車を回す時間も作っています。「家族全員のセーターを、自分で紡ぐことが夢です」と少し照れながら話してくれました。

羊のいる風景で家族と遊ぶ

静岡県 龍山青少年旅行村 金指 歳さん

静岡県の掛川駅から1時間半、うねうねと天竜川沿いの谷あいのキャンプ場、そこに金指さんの羊の牧場があります。入口の奥、右手の斜面に英国稀少品種の羊「マンクス ロフタン」が4本の角を雄々しく振りかざして待っていてくれました。

金指さんが羊に出合ったのは1980年代、稲作の転換事業で龍山村に羊が導入され、その管理者になったことに始まります。そして羊には毛があったので、「何とかしなければ」と思い、紡ぎも始めました。当時70歳くらいだった元軍人さんに染めと織りを習い、羊毛を使った制作にとことん凝るようになっていきます。そんな中でマンクスを英国から導入した百瀬正香さんとも出会い、1997年には「光る羊」の公募展にフェルトの帽子を出品、羊の仲間が増えていきました。

1990年に始まった「羊まつり」。毎年4月に開催されているこのイベントは、羊の毛刈り、仔羊レース、クラフトのお店、なめこ汁やインド人シェフによるカレーの店も出て、500人余りの人出でキャンプ場は賑わいます。中でも注目を集めるのは、泥んこの羊の毛を洗って、真っ白になった羊毛を紡いで見せている加藤静子さん。目を輝かせ何度も羊の毛をもらいに並ぶ子どももいます。

残念ながら金指さんは2015年に亡くなられました。しかし糸紡ぎやフェルトを作ったり、羊と遊んだキャンプ場での思い出は、きっと子どもたちの心の中で生き続けることでしょう。

羊3頭で自給自足
私たちは羊力生活と呼んでいます

静岡県
文・イラスト：夢家 柳原由実子&Yo

［住］

住まいに必要なものは、まず「水」、「日当たり」、「土」、「気」。ここに住みたいと思う場所に出合えたらもう90%以上OK。私たちも最初はここに生えていた木ともらったトタンでホッタテ小屋を建て（数ヶ月かけて建てた今の羊小屋）、開拓から始め、次に5.5坪の小屋を後で母屋と繋ぐ予定で建て、お風呂は柿の木の下に風呂桶を置き、「柿の湯」なんて名付け、ぼちぼちと建てていきました。

［食］

私たちの住んでいる所は標高650mくらいで、大井川の霧が上がり朝晩と日中の温度差があり、良い茶ができます。茶畑は徒歩10分ほどの所にあり、手摘みしています。羊の堆肥を入れて3年目ですが、今年は量も味（甘味）もよく驚いています。3頭の羊のフンは冬は溜まったら藁と一緒に掃除してコンポストに入れ、夏は藁を敷かないので毎日掃除してやはりコンポストに入れ、年に4回ほど堆肥を茶畑に入れます。

トイレもバイオトイレなので、ウンチや生ゴミで良質な堆肥ができ、畑の肥料は自給できるようになりました。畑では季節の野菜を作り、山菜や山栗などもあり、チャボが卵を生んでくれます。野菜はほぼ自給できますが、米は作っておらず、他の家との物々交換で必要な食べ物はまわっています。

［水］

家で一番大切なのは、飲める水であり水量も充分な水があること。夢家は800m上の年中枯れない沢から凍らないパイプで水を引き、水圧をかけるために裏山の高い所に置いたタンクに貯め、パイプで落としソーラー温水器に上げるためのポンプで濾過され、台所、風呂場まで引いています。沢水なので雨の多いときは水が濁り、ポ

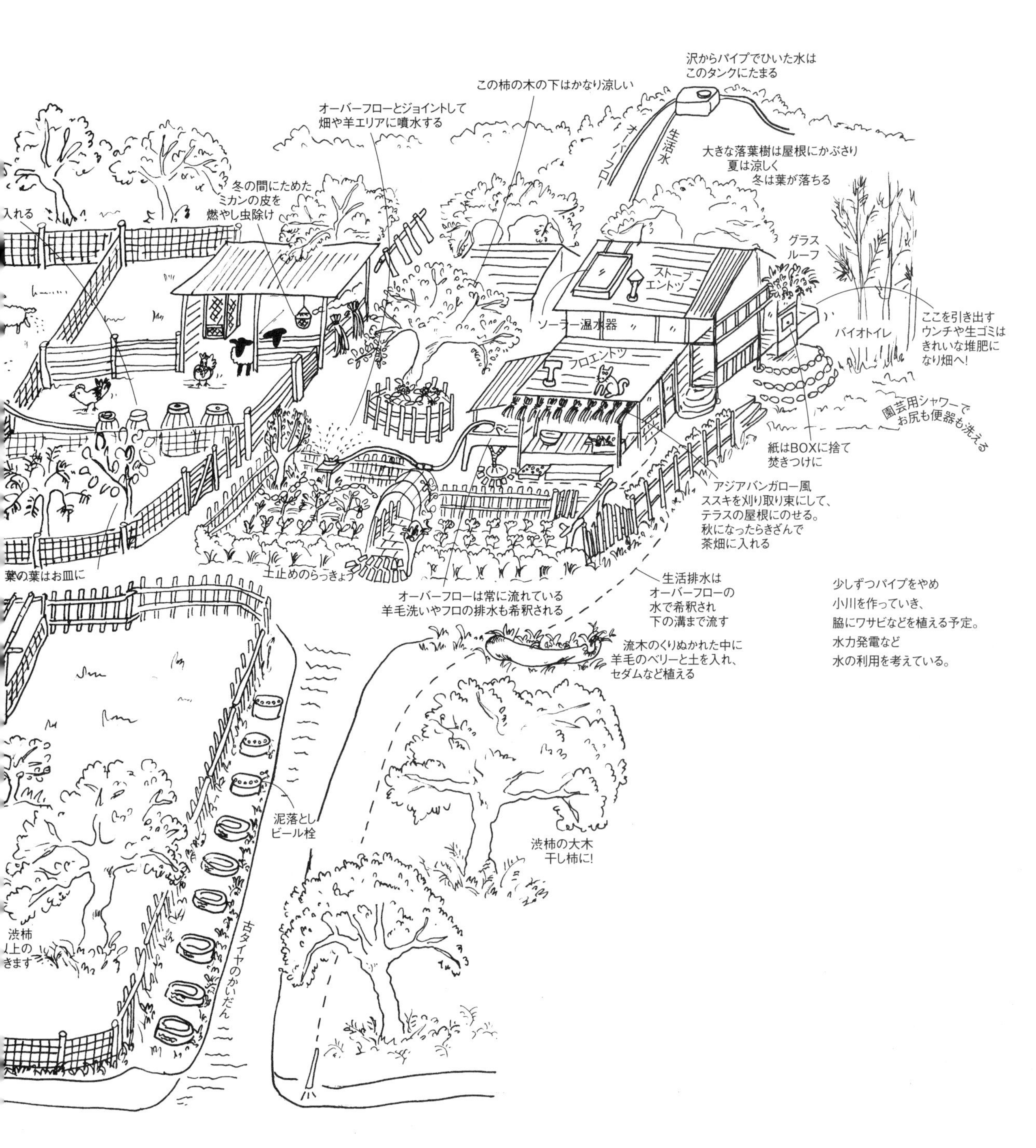

ンプのフィルターが詰まるので、お掃除をしなければなりません。上のタンクがいっぱいになると、余った水（オーバーフロー）は別のパイプで外の流しに常に流れるようにしています。長靴や野菜など、洗ったり冷やしたりとても便利です。分解される石けんしか使っていませんが、風呂、台所、もちろん羊毛洗いの排水もこの水で希釈されます。散水シャワーのホースとジョイントして畑や羊エリアに散水することもできます。

今後はこの水を利用して水力発電や排水のパイプを少しずつ川に変えていって、川がワサビやクレソンでいっぱいになったらいいなぁと思っています。

ソーラー温水器は中古で購入。大きめな高野槙の風呂ですが充分の水量で、夏はうめるくらい熱くなり羊毛洗いもできます。これも又ありがたいことです。

［衣］

ウールのものはほとんど自分で紡いで仕事着にしています。フリースの真ん中で作ったものは売れちゃうので、自分たちのはベリー（裾物）で作ったもの。ほんと紺屋の白袴、マンクスなので、ベリーといっても毛長は1.5cmくらいしかありません。去年、たまには自分へのご褒美と思って、フリースのいい所でセーターを作りました。洋服も自分で縫うことが多く、フリーマーケットで“めっけもん”（掘り出し物）があると嬉しいです。今日のファッション計300円なんてことも。手紡ぎや手織りなど手をかけたものは、値千金だと思います。

こんなふうにして私たちは20年近く余計な消費をせず、できるだけ自給する生活をしていますが、完璧に自給しようとは思っていませんし、できません。何といってもトラックと4WDの2台の車のガソリンに一番お金がかかります。人間のガソリン（ビール）にも…。

現在、温泉ホテルでコーナーを設けてもらって草木染などの作品の販売、季節の色と食を味わう草木染のワークショップ、お茶の販売、Yoさんの作った瓢箪（ひょうたん）スピーカーや楽器の販売で収入を得ています。そしてエコツーリズムや「まち作り」の企画には長く関わっています。全く採算はとれていませんが、物々交換やまわりの方に助けられて何とかやっています。2017年現在2頭羊を飼っています。羊がいるからなんとかやっていけているので、私たちはこれを「羊力生活」と呼んでいます。

夢家の羊たち（2009年）

羊と暮らしたい
岩手県 近藤えり子さん

小柄な近藤えり子さんが、「羊を飼いたいから」と言って滋賀県畜産技術センターの毛刈り講習会に参加したのが2008年、その後3回も受講。その理由は40代半ばから「なんとなく羊が好き」という思いがふつふつと湧いてきたからだと言います。

毛刈り講習会では、自分の体重より重い羊を保定して、一人でしっかり手鋏を使って毛刈りし、自分で毛刈りしたフリースを手に持って東京に帰って行きました。その後、羊の出産の講習も受けたりと着々と勉強をし、足場を固めてきました。

若い頃は設計の仕事をしていましたが、その頃には織りや草木染もしていたと言います。もちろん編物は子どもの頃からしていたそうです。

その「なんとなく羊飼いになりたい」という思いは、突然目の前に現実のものとしてやって来ました。岩手県雫石町に宅地付農地があると聞き、「見れば諦められるだろう」と思って足を運びましたが、その時はまさか本当にここで羊を飼うことが実現するとは思っていなかったと言います。そして紆余曲折の後、2008年に引っ越し。薪ストーブが真ん中にある家に住んでいます。母屋続きの羊小屋は、骨組みだけは大工さんに任せたものの、一人で柵もゲートも作りました。

羊は親子3代になり、10歳になる母ベーベーを頭に、大人の羊が4頭と仔羊が2頭、それにシェットランド シープドッグのサラちゃん。羊牧場あにわの森の足立さんが近所にいるのが心強い存在で、わからないことは何でも聞いているそうです。

えり子さんは、2012年3月のヒツジパレットに、4頭の羊たちの毛を使って紡いだ糸で、ガーター編みのラグを出品しました。前年は毎日、せっせと紡いで編んで、輪針1本で1.2m×1.8mの大作を作りました。薪ストーブの傍ら、膝の上で、編み針のみ。作品の中に「これは何の毛？」と思うような、ふわふわのヘアリーなグレーの毛があったので聞くと、「うちのサラと先代のアニー（犬）の毛です」といいます。羊4頭と犬2匹、まるで家族の集合写真のような1枚のラグができあがりました。

思いは叶う。近藤えり子さんは岩手山の南麓・雫石町、羊と愛犬と編み針と…時々夫と、孫たちがやってくる…そんな忙しい毎日を過ごしています。

町中羊飼い

長野県　山本さよ子さん

長野県松本駅から大糸線に乗換え、常念岳の麓に広がる安曇野の田園風景を北西に走ること15分、朝の陽射しのさわやかな中萱(なかがや)駅(えき)に降り立ちました。このあたりは松本への通勤圏なので、田畑の中にも昔からの農家と新しい家々がゆったりと混ざり合う地域です。山本さよ子さんのお宅はそんな中萱駅から車で5分、真新しい新興住宅街の中にありました。

山本さんからは、「住宅地で羊を飼っています」と聞いていたので、どんな所なのか興味津々で伺いました。

山本さよ子さんは、8歳の長男 陽(はる)君と、6歳の長女 舞花(まいか)ちゃん、そして夫の範幸さんの4人家族です。彼女が羊を飼いたいと思い始めたのは、小学生の頃。母親から編物を習い、毛糸は羊からできていることを知り、羊に興味をもったのだそう。雑誌でニュージーランドの羊の写真を見て憧れ、「いつかは自分で飼いたい」と思っていたそうです。

そして家を新築するタイミングで、「二世帯で住めて、庭を広くとれて、駐車場と羊小屋と畑が作れること」を条件に土地を探し始めました。初めは、町中ではなく、隣家が近くにない土地を探したそうですが、田舎の山奥は不便なので、生活しやすくて広い区画だった町中の土地を見つけ、家族全員一致で気に入り決めたそうです。

2015年に入居、その年末に、ミルク（♀）とカカオ（♂去勢）がやってきて翌年は賑やかなお正月になりました。2016年にはクリーム（♀）、2017年アイス（♀）が産まれ、2017年現在4頭のコリデールがいます。来年にはもう1頭仔羊が生まれる予定だそうです。

最初範幸さんは、さよ子さんに付き合って牧場巡りをしていたそうですが、羊に夢中のさよ子さんを見て「何があっても羊を飼うことになるだろう」と思っていたとか。そして子どもたちにとっては気付いたら羊が暮らしの中にいたと感じているそうです。

さて山本さんの羊小屋は、自宅の隣りに建っ

ています。4m角の広さで、木製の牧柵と電牧柵とうまく組み合わせています。放牧地でも、携帯バッテリーを使い電牧柵で区切りながら、きれいに草を食べきれるようにしていました。エサは、春から冬の雪が降るまでの間は、近くの元畑や森などに放牧、草のある放牧地を移動します。そして真冬は自宅横の小屋で飼っています。1頭あたり1ヶ月に30kgの乾草を食べるのでストックできる場所が必要です。ここでは自宅の羊小屋にロフトを作って、草を干していました。小屋は大工さんに頼んだそうですが、小屋まわりの柵などは範幸さんが作ったり…と、そこかしこに色々な工夫がされていました。

さよ子さんの一日は、まず羊の様子を見に行くことから始まります。真冬は自宅の小屋で過ごしていますが、放牧している時期は羊がいる場所が遠いと世話に通うのに時間がかかるものの草をやらなくてもいいので安心で楽だそう。基本的にはさよ子さんが羊の世話をしています。1月までは放牧。2〜3月に出産。4月の毛刈りまでは小屋飼い。4〜5月は放牧。真夏は高原地や森の放牧地で避暑という1年。羊を中心に時間が流れていきます。

羊を飼い始め、毛刈りや放牧を経験していく中で、たくさんの技術を身に付けてこられたさよ子さん、「羊の仲間が増えました。女性も多いですね」と言います。羊飼いの仲間の繋がりも広がり、みんなで羊を飼っている一体感を味わっています。

今回、「現在の日本で、田舎ならともかく、町中で羊を飼っている人がいる」と聞き驚いて取材に行くことにしたわけですが、そんな珍しい飼い方を実践している山本さん家族と4頭の羊たちは、ご近所さんから家族のように親しまれていました。羊を見に自宅や放牧地に立ち寄る人がいたりするだけでなく、羊をきっかけに出会いもあるのだとか。羊は癒しの存在ですが、飼っている側からすると、留守にしづらく、鳴き声や臭いで迷惑にならないか気を遣うときもあることでしょう。でも、取材している時もご近所さんが羊に声をかけていったりと、羊を囲んで和やかな雰囲気が広がっているのを感じました。

さよ子さんは、運転中も目を皿のようにして、除草剤などを撒いていなさそうな草地を、いつも探しています。ご近所はもちろん、少し遠い所でも見つけたら土地の持ち主に、羊の放牧をさせてもらえないかと交渉します。それは羊たちにおいしくて安全な草を食べさせてあげたいからです。そして、さよ子さんの課題でもある「羊除草を広める」ためでもあります。

「この羊たちの毛はどうするんですか？」と聞いてみたところ、さよ子さんは「まずは家族のために使いたいと思います」と言いました。まず身近な所から努力し始めるさよ子さんを見ていると、羊のためにしていることが、人を和ませ、人を繋ぎ、地域がより良い環境になっていくのを手伝っているように思えてきます。少しずつではあるけれど、ここから「羊の革命」が起こっているのかもしれません。もし町で羊を飼う人が増えたら、世の中が変わるのかもしれない…。そんな、眩しい未来を感じた一日でした。

滋賀県畜産技術振興センターで開催された毛刈り研修会で
ハサミを使った毛刈り方法の指導をする宮本さん。

ハサミで毛刈りする 宮本千賀子さん

岐阜県
文：谷尾展子

[羊飼いへの道]

宮本さんは、30年前から編物を教えている編物の先生です。既製の毛糸を使うよりも、自分で羊毛を紡いだ毛糸を使いたい、そしてできることならその羊を飼うところから始めたい…。一旦思い始めると、日に日に思いは強くなる一方でした。どうすることもできないでいるよりも、口に出して自分の夢を言い続けてみよう、と決心。「いつか、羊飼いになる！」

その当時、団地住まいだった宮本さん。「羊を飼いたいんだけど…」と夫に切り出したところ、「飼ったら？」とあっけなく賛成してくれたそうです。念願かなって静岡県のフライング シープの豊岡さんの所から羊が3頭がやって来ました。

自宅から片道1時間の三川という所に、羊舎を建てて、羊飼いの生活が始まりました。2反ある段々畑が放牧地です。自宅のある鵜沼から三川まで片道45km、雨の日も雪の日も、1年365日、1日1回の餌やりは欠かしませんでした。そして毛刈りはバリカンではなくハサミでゆっくり刈ります。（左写真）宮本さんは、羊たちの優しいお母さん。宮本さんが近寄ると、「ベエー、ベエー」と集まってきます。「ベエー」と鳴くと、必ず「はーい」と宮本さんは応えるのです。

日本の羊飼いをサポートする

公益社団法人畜産技術協会 羽鳥和吉さん

「羊が好き！」と言う人で、日本緬羊協会という羊飼いをサポートする機関があったことを知っている人はどれほどいるのでしょうか。現在の公益社団法人畜産技術協会のことです。

紹介するのは羽鳥和吉さん。1970年代、日本の羊の頭数が最も少ない時期に北海道のハピー牧場で羊の世界に飛び込みました。その後、日本緬羊協会に移籍、日本の羊飼いを支えている人です。

毎年4月に滋賀県日野町の滋賀県畜産技術振興センターで催される「管理者育成研修会・めん羊の剪毛及び原毛選別の技術者研修会」通称「毛刈り研修会」も畜産技術協会の事業の1つ。4人の先生が、「一人で一頭毛刈りできる」ようみっちり指導してくれるハイレベルな研修会です。受講者は主に羊の飼育担当者ですが、スピナーも受講でき、ふれあい牧場とは違う真剣さの中、羊飼いとしての技術と心構えを、じっくり教えてもらえる稀有な研修会なのです。

農水省に守られている他の家畜と違って、1980年代以降「日本の羊」は自然発生的に生まれた「羊が好き」という民間人に、イニシアチブが移行していきました。だから羊関係者は国に守られていない、一人一人が事業主なのです。

そんな日本の羊の後半史、35年を支えてきたのが羽鳥さんです。

彼は1975年に北海道登別市にて、ハピー牧場開設という指令を受けて牧場の基礎になる羊約300頭を導入しました。努力の甲斐があり、羊は約1,500頭に増えました。その間、肉や毛ではない第三の収入源、羊の血液を医療・試験用として販売することで羊から収入を得るという道を切り拓きます。この奇策のおかげで日本の羊はなんとか生き長らえることができたといえます。

その後、日本緬羊協会に移籍。この協会は戦前の羊毛確保に始まり、「羊の振興を民間の手で」と、1946年に政府の声掛けで発足しました。政府側でもなく、民間側でもない、営利を目的としないめん羊振興事業として、毛刈りや飼育の指導、種畜の育成・供給・利用の拡大、そして1979年からは血統登録の仕事をしてきました。

1982年、所有していた緬羊会館を8階建てに改築し、そのテナント料で協会の運営費をまかなうようになりました。だから実際のところ、協会の運営は民間企業に近いものでした。1階には協会が指導してジンギスカン料理専門店をオープンさせます。羽鳥さんも人出が足りなくなると駆りだされ、皿洗いをしたという話も。店は国産羊肉専門店として人気を博しました。しかし1978年、「非営利団体が営業している」とマスコミに批判されたことや、時代の変化、経営的な面からも考え、結局1989年閉店に至りました。

また、行政改革の流れの中で、2003年9月末に日本緬羊協会は解散、畜産技術協会に統合、資産も同時に寄贈されることになりました。

「羊コミュニケーション」「全国山羊サミット」など数々の振興事業やイベントをおこなう他、『シープ ジャパン』という羊の季刊紙の編集発行を数人のスタッフと共にこなしています。

「羊好きですか？」とたずねたところ、「そうですねー…」としばらく間が空いて、「ハピー牧場も日本緬羊協会も、たぶん新潟の実家が農家で羊も山羊も飼っていましたから、こんな経験が道を拓いてくれたのでしょう」、というわけで、羽鳥さんは羊の表舞台には登場しませんが、いつも難局に居合わせ、それを切り拓く突破口を見つけたり、事件が起きても、いつものポーカーフェイスで受け流したり…と、現在も畜産技術協会で、以前と変わらず羊の毛刈りや飼育者講習会で日本全国を走っています。

日本の羊飼いを支える裏方軍団

ジャパン・ラム 須藤薫雄さん

[日本の羊飼いが直面する種オス供給問題]

乳や肉、羊毛だけでなく、羊は血液も人間のために提供してくれます。

羊の血液を採取する仕事をしているのが、「ジャパン・ラム」の須藤薫雄さんです。彼は以前、北海道各地に散らばる羊の牧場を縫うように走って採血し、免疫試薬を作る会社を経営、そのかたわらで、牧場の便宜を図って種オスの交換、廃羊の受け皿など、様々な牧場のニーズを請け負ってきました。

羊飼いにとって頭が痛いのは種オスの問題。これは同じオスだけで何年もかけ合わせると、仔羊に劣性が出たり、群れもばらつきが出てきて、生産性の高い健康な群れを維持することが難しくなるからです。当然、牧場サイドは健康で優秀な種オスの種が欲しいのですが、現在羊が2万頭たらずしかいない日本には国の種畜牧場もありません。研究機関も2000年には閉鎖されてしまい、まさに畜産業の蚊帳の外…それが日本の羊なのです。実のところ種オス供給の問題は、羊牧場が継続できるかどうかの命運がかかっている大問題なのです。

[日本の羊がたどる自主自立の道]

国から早々に戦力外通告された日本の羊飼いは、一つ一つの牧場がまさに自主自立、飼育生産から加工販売まで一貫生産、それぞれ起業の道を歩んでいます。

武藤浩史さん、酒井伸吾さんしかり、生産牧場であれ、観光牧場であれ、皆一様に補助金に頼らず独立独歩、飼育から販売まで、すべてをこなすマルチプレーヤー自営業ばかりです。

しかし、それでも単独では牧場は成立できません。何といっても種オスの交換は欠かせない仕事です。でも、羊飼いは毎日餌やりがあって、牧場を離れることができません…そこで登場するのが須藤さんなのです。

1998年までの間、広島本社と北海道の自社牧場を往き来する道すがら、いくつもの羊牧場に立ち寄って、採血や種オスの交換など、牧場間の羊の移動などを請け負ってきました。羊牧場を縫うように移動しながら須藤さんは、肉と毛だけでは難しい牧場経営に、血液という収入の道を作った功績者なのです。

[免疫試薬を作るのに動物の血は欠かせない]

しだいに日本の羊だけでは血液の供給ができなくなり、1998年にはニュージーランド内の牧場で自分たちで採血をし、海を越えて毎週血液を送っていました。試薬としての羊血液は厳密な飼育管理を要求される血液（B型肝炎用梅毒用タンパク質や、遺伝子の研究用）は自社牧場（広島県に130頭、北海道に600頭の羊を飼っている）で供給していますが、それ以外はニュージーランドから輸入するようになり、現在は日本で血液を採取して回ることはなくなったそうです。

ウイルス（インフルエンザなど）のワクチンの研究にも動物たちの血液は使われています。

広島本社で飼育しているのは羊だけではなく、兎、アヒル、七面鳥、モルモット、ガチョウ、豚、馬、牛、病原体培養に使われる血液採取用のあらゆる動物を飼っています。なぜなら新しい感染病が発生するたびに、病原体を研究するためには様々な動物の血液が必要になるからです。鳥インフルエンザが発生したら鳥の血液が、豚イン

フルエンザには豚の血で培養。だから須藤さんはあらゆる種類の家畜を飼育しています。そして感染源の病原体が究明できたら、そこからワクチンを作るために有精卵で培養していくのです。私たちが知らない所で、こんなにも採血用の動物たちは役に立ってくれているのです。

スタッフは飼育担当者だけでなく、血液の小分け袋詰め担当者も含めて約60人。また、開業当初からの稲作農業も継続しています。自家消費用などに8ha、自分たちの食糧も自給しているそうです。

[フットワークとネットワークで 日本の羊飼いを支え続ける]

須藤さんには夢があります。それは、母校、東京農業大学と共同研究をしている「PRP」。これは、スクレイピーなどの病気に耐性をもつ遺伝子をもつ種畜を見つけ、その精液を冷凍して、牧場に供給できるレベルにまでもっていくという研究です。本来なら国の研究機関でするような時間もお金もかかる研究を、一個人がしようとしているのです。「これが供給できるようになったら、日本の羊牧場が、どれほど助かるかしれないと思っています。安心して交配できるようになるのですから。近い未来に、なんとか実現させたい」と語ってくれました。

「日本の羊」—ふわふわカワイイ羊がいる、のどかな風景の後ろには、須藤さんのような人が、しっかり羊飼いたちを支え繋げているのです。それはまるで血液の循環を司る心臓のよう。外からは見えないけれど、日本の羊飼いを支える人、それが須藤さんなのです。

羊をめぐる冒険

第2回「ヒツジパレット2015京都」講演より
話：ジャーナリスト・宇宙飛行士・農家
秋山豊寛

［1960年代、世界各地で学生が反乱を起こす］

私が羊と具体的に関わったのは1973年、大学の先輩稲葉紀雄さんに誘われ、岩手の羊牧場計画に参加することを考えたことに始まります。

私は1966年にテレビ局（TBS）に入ってラジオの番組を制作するところからジャーナリストの道を歩み始めました。その後英国BBCで働いたり、またTBSに戻り、外信部といって国際ニュースの部門にいました。そして、1973～4年に石油ショックというのがあり、自分たちのこの工業社会というのが、はたして持続可能なのかということを考えていました。僕たちの年代というのは、1960年代ですが、学生の反乱といいますか、「僕たちの今している勉強は何のためにしているのか？何のための学問なのか？所詮権力をもっている人のために奉仕するだけのものなのじゃないか？そうじゃない形の文化なり文明を作っていかなくちゃいけないんじゃないか」、そんな思いを共有する世代でありました。私もその中にいました。とりわけ1968年のパリの学生の反乱。その波は当時私が暮らしていたイギリスにも押し寄せてきて、人々が自分の生き方について問い詰めるような雰囲気がありました。

［1970年代、羊を中心とした生活をしようという仲間が集まる］

そんな中で1973年に日本に帰ってきて、仲間たちと話している中で、手仕事を中心とした暮らしはできないものなのか、生き方としての羊飼いはどうなのか？という話になって、実際に私たちの仲間の中心人物である稲葉紀雄さんが、岩手県の住田町というところでザクロ石の鉱山をもってまして…そのザクロ石とはテレビのブラウン管の研磨材として使われていたのですが、その鉱山のある山で羊を中心とした生活をしようじゃないか、という話が始まりました。が、羊で暮らしをたてることはたいへんな話です。1973年に始まった話は1970年代の末にはうまくいかなくなりました。その後1989年の岩手大学でしました「羊コミュニケーション—羊をめぐる未来開拓者共働会議」は画期的な集まりでした。しかし1997年に稲葉さんが亡くなったのをきっかけに、組織も解体してしまいました。一時は650頭から1,000頭目指そうということで、それに会員が250人集まりました。肉を分けることと、年間1万円くらい出資する感じで生活共働組合みたいなことを始めたわけです。それもその中心人物が亡くなり、引き継いだある生協も何年かして手を引いてしまった。私はといえば、出資金を払った人間として、残った羊の中から3頭引き取って、福島県の山の中で育てていたこともあります。その頃私は、勤めていたTBSを53歳の時にやめて、福島は阿武隈の高地で椎茸栽培を中心とする農家暮らしを始めていました。有機無農薬の百姓暮らしです。その引き取った羊ですが、そのうちに1頭脱柵し、2頭脱柵し、とうとう羊は山の中に溶け込んでしまったというのが実状です。今でも羊を飼いたいという気持ちはあります。

［日本の羊の100年］

しかし日本で羊を飼うということは結構たいへんなものです。手仕事を軸とした暮らしも、今のグローバルシステムの中で、手仕事のシステムを、ネットワークを作っていくかがポイントです。それは何回も失敗する他ないと思っています。

日本で羊を飼うことはどういうことなのか、ちょっぴり日本の羊の歴史を振り返ってみます。

日本には1957年には97万頭も羊がいた歴史があります。さらに遡りますが日本で羊を飼い始めたのは江戸時代、人気のあった羅紗（らしゃ）（表面を起毛させた厚手の毛織物）をオランダから輸入していたものを、江戸幕府は日本で作ろうとして、オランダ人にも聞いたものの、彼らは教えてくれなかったそうです。そこで中国人に羊の飼い方を教えてもらったといいます、東京の小石川の植物園のあたりで500〜600頭飼っていたというのです。

その後、明治時代になって軍隊のウールの制服を作るのに羊毛は必要になってきました。その頃の仮想敵国はロシアでしたから、暖かい服が必要というので羊を飼い始めるわけです。日本の政府はまったく朝令暮改で、羊の増産と言っていたくせに、日英同盟ができたとたんに方向転換しました。それはオーストラリア、ニュージーランドから羊毛が輸入できるからですよ。

今や原毛の輸入なんてしているのはスピナッツくらいじゃないですか？（笑）統計上は日本に原毛の輸入は「0」です。調べたことがありますが、2000年代から羊毛製品のほとんどは中国で糸にしたものを輸入しているわけです。

話を少し戻します。第一次世界大戦が始まった、すると英国は英連邦諸国以外への羊毛の輸出を禁止してしまいました。あわてたのは日本です。そして、また羊を増産し始めた。各農家が数頭ずつ飼うことを奨励し、羊はどんどん増えて、戦後の10年で日本では97万頭まで増えました。そういう歴史があります。じゃあ日本で今、羊は飼えないのか？高温多湿だから飼えないという話がありますが、ニュージーランドだって高温多湿ですね。ニュージーランドも現在飼養頭数が減っています。これはニュージーランドの政権が羊を飼うことを奨励する政策から転換したからです。すなわちそこの国に住んでる人間が、どういう暮らし方をしていくのか、どういう産業を育てていくのかという、その国のあり方、政策に結びついているからであると思います。そういう意味で言うと日本はどうなのか。TPPでどうなるかわかりませんが、畜産農家はとても頑張ってますが、中山間地が多い日本で、羊を飼うということはどうなんだろうか？いずれにしても羊は山で飼うのに適してるんです。ただし、1,000頭くらい飼わないと経済的に合わないといいます。それも1人で1,000頭飼う。つまりそれくらいの数字でやっていかないと経済合理性は合わないだろう…。ただしどうなんでしょう、経済の生産性のために生きてるのかどうかという問題もあるんです。私たちの暮らしを軸にして、いろんなネットワークが出てくることを1970年代、僕らは夢見ていたんですけどね。ネットワークができないものですから孤立し、結局どこからか稼ぎをもってこなくてはいけなくなる。そのうちに疲れはててしまう。これが1970年代の実験の実態でありました。

その後1980年代バブルの時、みんなも余裕があって、年間1万円出すということはどうってことない。年間250頭しめて（屠殺）いたんです。岩手県の種山ヶ原で羊を飼うという話が出た時、これは御存知の方もおられるともいますが、宮沢賢治の『風の又三郎』の舞台ですね。その住田町で町有地8町歩借りられる、そこに1,000頭の羊を飼う、なんとなくワクワクする話。こうした計画というのはおそらくこれからも、町おこし村おこしとか、役所や政府の人間というのはやたら言いたがるんですね。こういう政府が金出してくれるときというのはね、地方自治体は何とも金を使う方法を考えます。しかし長続きはしません。いずれにしても今あるシステムがそのまま続くと思わないほうがいいです。とすれば持続させるためには何が必要なのでしょう。

[羊飼いになる]

福島にいた頃、羊を3頭放ちました、町営牧場の名残があったんです。羊は岩塩を舐めるんです。岩手にいた頃は地元の人がどっかに投げておいてくれたんですね。ところが福島で羊を飼い始めた時、地元の人が来て、「秋山さん、塩どこにあるの？」と聞かれたんです。それから羊用の岩塩を、探すのがたいへんでした。要するに食塩ではなくて家畜用の塩を用意しなくてはいけない。実際に飼うとなるとね、一番大切な塩まで気配りができなかったという失敗の話です。それとたった3頭飼うには町営牧場の跡地は広すぎた。というのは柵の修理をしなくてはいけなかったのです。2haの面積の柵の修理をするのはたいへんです。100mでもやるのはたいへんです。だから私たちが何かをするときにはすごく具体的に考えないと、要するにロマンチックな夢だけではなかなかうまくいかないということです。

僕の今来てるジャケット、1980年くらいにアメリカで買ったものです。もう30年近い、良いウールは大事に着ればそれくらいもつんです。Tシャツではそこまではもたないですね。私たちが何を大切にしていくのかということですね。着る物と、手作りと、そしてウールというのはものすごく結びついていると思います。

[布というメディア]

法政大学の、今総長になられた田中優子さんが『メディアとしての布』という本を書いておられます。今僕たちはメディアというと、テレビだとか、新聞だとか、雑誌だとかが情報発信と単純に思っていますが、だけど人に何かを伝えていくこと、田中さんは、それはみなメディアではないかと言っていますね。羊で誰かが手織りにしたもの…。今でも惜しいと思っているのは、あの百瀬正香さん(日本にマンクスを導入した人)が織った、茶色の羊で作られた服地。彼女の手織りウールの展示会が昔ありました。その時にすごく魅力的な一反がありました。あの時買っておけばよかったな、借金してでも買っておけばよかったと後悔しています。褐色の毛色の羊の織物なんて、なかなか手に入るものじゃありませんよ。物にメッセージが込められているのですから。

皆さんの指先というのは何を生み出すのか、それは想像力が広がるところ、その延長線上にメッセージがあるのです。だから私は布というのもメッセージである、メディアであるという考え方は好きです。使い捨ての時代がどんどん進んでいく。先進国には、もうたっぷり物があるんです。だとすれば、何を大事にしていくのかということに気付いている方が、今日この会場にいるのだと思います。ですからその大事な感覚、直感をじっくりと大切にされていけば、このヒツジパレットというのは、成功の上に花を咲かせるのだと思います。自分で羊を飼わなくても、どこかで羊を飼う人がいたら、応援するでしょう。例えばその羊の毛を刈って、糸にして織り、それを身に着ける。

今の若い人見てごらんなさい。例えばピーコートとか着てますけど、あれはもともと海軍の制服です。ミリタリールックです。ビートルズが着ていたからといって軍国主義に貢献したという話は聞きません。1960～70年代アメリカのベトナム反戦デモ、あの時には活動家は軍服着たままでも参加していました。これは何なのか。象徴的な記号の転換が起こっているわけなんです。私たちが時代を見るとき、その時代の記号の転換の象徴がいろんな人の中に見つけられると思います。

そういう意味でも私は、皆さんが目指しておられる世界、これは想像力のバトルフィールドであると思います。これこそ私たちが今、乗り出そうとしている冒険ではないでしょうか。本日はありがとうございました。

■秋山豊寛（あきやまとよひろ）
初めて宇宙に行った日本人ジャーナリスト(元TBS記者ワシントン支局長)。旧ソ連宇宙ステーション「ミール」に1週間滞在した。1942年。東京都出身。

田中祐子作

トラベラーズブランケット 旅人の毛布

織り：松山きょう子

1990年頃、英国の南西、コーンウォール半島の田舎町のクラフトショップで見つけたジェイコブのトラベラーズブランケット。グレーと茶のナチュラルカラーをそのままに、細かい格子柄の二重織。その膨らみのある手触りにひかれて買うことにしました。その後ずっと持ち歩き、電車の中では膝掛けに、電車待ちの田舎駅の待合いでゴロリと横になったとき、またテントを張ってのキャンプで、シュラフの上から掛けたときのこのブランケットの暖かく頼もしかったこと。使えば使うほど、この正方形の少し小ぶりのブランケットに惚れ込みました。

ふとした折に外国の雑誌のグラビアで見た後ろ姿の女性。線路を歩いている、いかにも旅人という感じの女性が持つ古い革のトランクの脇には、しっかりと革のベルトでしばられたトラベラーズブランケットがありました。

正方形の膨らみのある暖かい一枚の布にあこがれる気持ちがつのり、北海道 茶路めん羊牧場の武藤さんのサフォークに出合ったことで、とうとうトラベラーズブランケットを作ろうと決心しました。

5月の連休に雪のちらつく北海道で、毛刈りと羊毛の扱い方のワークショップをした時、サフォーク羊毛の弾力と、手触りの柔らかさに驚きました。2日間で約50頭の毛刈りとスカーティングをした後、3つのグレードに分けました。

1stグレードはスピナー クラスで全体の4%。2ndグレードは紡績糸クラスで全体の81%。3rdグレードは欠点羊毛で全体の15%。スカーティング後のフリース重量は全体の76%。スカーティング後の裾物の重量は全体の24%でした。

茶路めん羊牧場のサフォークは、毛番手もあまり幅がなくほとんどが52〜56sです。そして何より、このサフォークでトラベラーズブランケットを…と思った理由は弾力です。サフォークは短毛種の一つなので、羊毛の中では一番弾力に富む品種で、毛足が短くカードしやすく、紡毛糸に適しています。起毛すると、暖かくボリューム感のあるブランケットになります。

北海道から帰ってすぐ滋賀県大津市の松山きょう子さんにトラベラーズブランケットの制作にとりかかってもらいました。

作り方

①2kgの汚毛を洗い染色して、約3番手の紡毛糸（単糸）を作ります。できあがった糸は合計で1,380g。

②染色にはデルクス染料を使い、デザインはピンクを主体に赤・黄・緑をきかせた若者向けのビビッドな格子柄にしました。

③経糸は3本取りと2本取りを交互にして厚みを均一化。緯糸は両端5cmを2本取りにし、本体は1本取りで、整経は4m40cmで織り幅72cm（360本）に。2枚を真ん中ではぎ合わせて縮絨。起毛、仕上げ後は幅130cm長さ150cmで約1,070g（残糸73g）になりました。思いのほか、仕上げの起毛で縮みました。

ワーカーズブランケット 働き者の毛布

織り：松山きょう子

私の店では羊毛が入荷するピークシーズンは冬。主に11月～2月に集中します。京都は比較的カラリと晴れた日が多いのですが、丸一日外の仕事をするときには温かい物をしっかり食べて、暖かく身づくろいします。羊の毛皮で作ったブーツをはき、腰には薄手のブランケットをキュッと巻くと「これで安心！」と元気が湧いてきます。

そんな働き者のためのブランケットを作ってみたいと思いました。例えばL字のブランケット。肩から羽織って、長めに織り上げた「手」を前でクロスさせられるような一枚。また、後ろに回して最後はウエストで結べば肩も腰も暖かい！

そんな薄手で丈夫でゴロゴロしない、ブランケットが欲しいのです。

原毛は柔らかめの、メリノとコリデールの交雑したフリース（58s）を使いましたが、クロスブレッドやコリデール、ニュージーランド ハーフブレッド、チェビオットでも良いと思います。毛番手は58～54sくらいのものを選べば柔らかくて、しかも張りのあるしっかりした物ができるでしょう。L字のブランケットの技法に関しては、色々な資料がありますが、松山きょう子さんはそれらを参考にしながらアレンジしてワーカーズブランケットを作りました。

はおる　首に巻く　交差して結ぶ　腰に巻く　バックスタイル

作り方

L字型にするために平織の布を上と下、同時に2丁の杼（ひ）でそれぞれ織り進んでいきますが、筬通しは2本引き込み、両端は輪にはしません。上下別々の平織の布が2枚できるように織っていきます。糸数は2倍整経して綜絖通し（図①）をして踏み木をセット（図②）します。

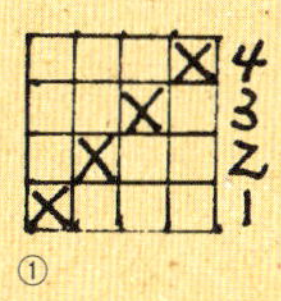

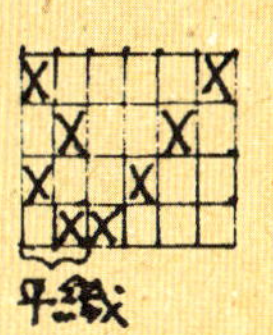

踏み順は上・下・平織になるように、2丁の杼で上・下・上・下と平織りをします。左右どちらかを決めて同一方向に織ります。経糸の密度は起毛する場合は7本/cm間が良いかもしれません。5本/cm間より厚みを感じると思いますが、糸は5番手ぐらいが薄く仕上がります。

L字型なので身体に沿いやすく、「手」の部分を長くすれば仕事着としても使い勝手がよく暖かです。織り方も単純です。経糸をカットして緯糸にする作業は一枚作るうちに慣れます。幅はあまり広くすると（図③）背中の垂れ部分が長くなりすぎるので、60cmくらいが良いと思います。1.7m～2mくらいと整経長が短く、経糸が無駄にならないのでホームスパンには最適な形だと思います。

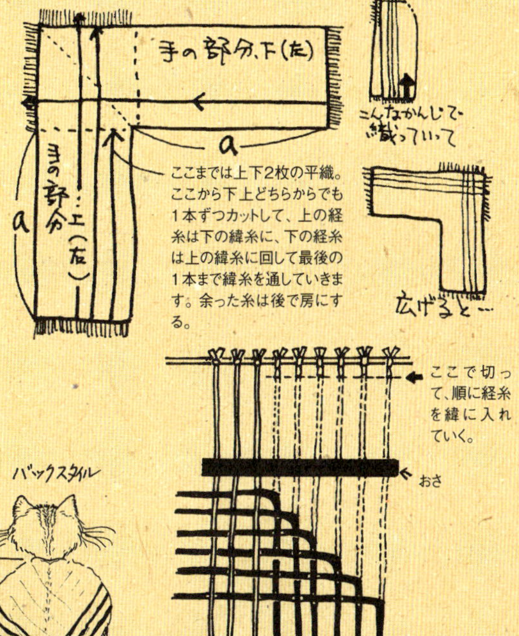

ピクニックブランケット おでかけ毛布

織り：塚本晃

5月の日差しがサンサンとまぶしい日「ピクニックにでかけたい！」と思ったら、おにぎりを持ってサア！でかけましょう！近くの公園、川べり、我が家のベランダや物干台。どこでもいいのです。"空飛ぶ絨毯"みたいな敷物が一枚あったら、そこはもう草の上、太陽の下、ゴロンと横になってみる。それにやさしく肩に羽織るおっきなショールがあれば言うことなし！おにぎりをほおばったあとのお昼寝なんて最高じゃない？

肩に羽織るショールはトラベラーズブランケット（→308ページ「トラベラーズブランケット 旅人の毛布」）と同じ大きさの150cm四方。薄く軽やかに仕上げたので鞄の中にもくしゃっと入ります。旅慣れた女性にはこういった肩に羽織っても、膝に掛けても心丈夫な、軽くて暖かい薄手の大判ショールがきっと一番便利なのだと思います。

ピクニックブランケットとショールは千葉県の塚本晃さんに作ってもらいました。

作り方

まず、"空飛ぶじゅうたん"はリンカーン（→106ページ「リンカーン ロングウール Lincoln Longwool」）の昼夜織で糸は3番手です。密度高く織りつめてからはぎ合わせ、まわりのこげ茶の部分は別に細幅の布を織って、又はぎ合わせました。四隅はフェルトではさみ込み、刺繍で補強しています。表と裏でデザインがちがうのがミソ！とくにエッヂはフェルトが伸びないようにフチかがりをしています。素材として使ったリンカーンは太番手の羊毛で大きな波のクリンプが美しい光沢のあるファイバー。脂分を多く含むため、汚毛洗いは気をつけて！この太いファイバーが意外とフェルト化しやすいのです。手の中で転がしているだけで、石けんも湯も使わずにフェルトの紐ができたというのは本当の話。一度お試しあれ！

やっぱり敷物には太いファイバー。毛玉にもなりにくく細いファイバーとは耐久性が違います。他にハードウィックやドライスデイルなど繊維の芯が真空になっている白髪っぽい（ケンプ）ファイバーで作っても、軽くて良い物ができそうです。ロムニーやクープワス、イングリッシュ レスターなど48s以下の太いファイバーなら何でも敷物には向いてます。

もう一つのショールは56sのクロスブレッドで作りました。少し撚りをきつめにかけた8番手の糸を使っています。密度は粗目に縮絨はしっかり目に、だから薄手で軽く空気をよく含んで、しかも日常使いにしても気にならないくらい、しっかりしたショールになりました。羊毛はコリデール、クロスブレッド、チェビオット、英国短毛種、ペレンデールなど50〜56sなら何でもOKです。

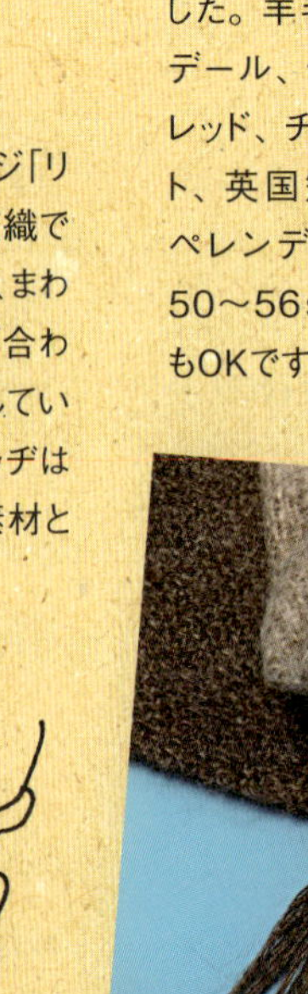

フェルトのエッヂ（端）を補強するためのステッチ。

四角の部分はリンカーンのフェルトで挟み込み、刺繍で補強しました。

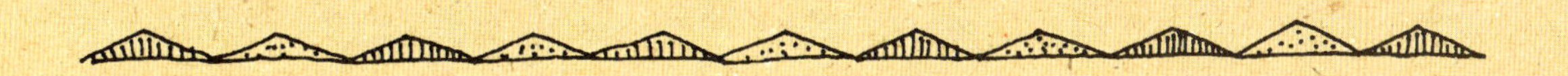

セキュリティーブランケット あんしん毛布

織り：松山きょう子

女・男・女。

私は三人兄弟の長女として生まれました。祖父母にとって初孫でもあった私はずいぶん"かわいがられた"ようで、それは赤ん坊の頃の写真が弟妹より多いことからも推察できます。

ある日突然、母親が猿のように赤い顔をした赤ん坊を抱いて言ったのです「あなたの弟よ…」と。

私にとっては、"ライバル出現!!"その後、妹がやって来た時も「仲良くしなさいね」とただ言われるがままの運命にあった私は、最初戸惑い、驚き、興味を示しました。そして私に構ってくれなくなった母親（少なくとも私にはそう見えたのです）に怒り、泣き。でも到底私に勝ち目はなく、母の気を引こうとして拗（す）ねてみたり、おどけてみたり…。そのうち母は、私に何か口に入れてあげれば大人しくなることを発見します。だから、私が2歳から5歳頃の写真を見ると、母は弟か妹を抱き、私は必ずアイスクリームかアメか親指もしくはいつもの毛布を啣（くわ）えています。そう、水色と白のあんしん毛布。白い所はもう灰色になっていて鉄腕アトムか何かのプリントの汚い毛布。

今にして思えば私にとってあの毛布は私を気持ちよく包んでくれる母で、語りかける友で、守ってくれる家だったのです…。雷が鳴ると真っ先にこの毛布をひっかぶってソファーの下にもぐり込みました。

いつの頃この毛布と訣別できたのか…、でも確かに小学校の頃の記憶にはこの汚い毛布はありません。

大人になってスヌーピーでお馴染みの『ピーナッツ』というアメリカの漫画を友人から見せてもらいました。そこに登場するライナスはいつもあんしん毛布を抱えています。特にライナスが毛布に友達のように語りかけるシーンにはずいぶん感激した憶えがあります。

自分がそうだったから、というわけではないけれど、この世に生まれ出た小さなみどり児に、身を包み守ってくれる最初のお家、友、眠りの国の大王様であるこのあんしん毛布（セキュリティーブランケット）をプレゼントしたいと思ったのです。

作り手は松山きょう子さんです。

作り方

毛布として肌や首筋に触れるのでチクチクしない原毛が良いのですが、細すぎても頼りない感じです。弾力があり膨らみ感もある羊毛というと、やはり中番手。50～56sの羊毛が毛布として使い心地が良いと思います。品種でいうと、コリデール、チェビオット、英国短毛種（シュロプシャー、サフォーク、ドーセット ダウン、オックスフォード ダウン、ハンプシャーなど）、ジェイコブ、またオーストラリアのクロスブレッド、ニュージーランドのハーフブレッドなど…。

糸は4番手くらい、経糸・緯糸とも2本取りにしてボリューム感を出しました。左上写真のブランケットはパステルカラーの格子柄です。

経は1cm間の3本（2本取りで）の綾織。房はかわいくポンポン飾りにして…。

おばあちゃんのブランケット

編み：安井博美

1991年5月。当時30代だった私はほんの数ヶ月ニュージーランドの大学に羊毛の勉強をしに行きました。英語検定の結果もおぼつかないまま日本を出発。着いた翌々日から授業は機関銃のように始まりました。まるで頭がざるになった気分。私の頭にひっかかる言葉といえば“Sheep”か“Wool”くらい。そして、その日から猛勉強が始まったのです。生まれてこのかた、こんなに勉強したことはありません。1日でも予習復習を怠れば2度と授業についていけなくなるという切迫感が、怠け者の私にもヒシヒシと感じられました。

頭はドンドン詰め込まれていくけれど、逆に心はカラッポになっていきました。部屋に戻ると閉じこもりの私がいました。70人近くいるクラスメイトのうち10代20代が9割。あとはパラパラと30代～60代。言葉のハンデのある私はなかなか友達が作れずにいました。ニュージーランド訛りのきつい俗語が飛び交う若者の会話についていけず、教室と図書館と寮の自分の部屋を往復するだけの毎日。そんな中、日本の友達からの手紙が唯一の楽しみでした。

最初の1週間が一番長く感じられました。もし日本にいれば、今頃は…初夏。庭先で機嫌良く、楽しい仲間とビールでも飲んでいるのだろうな…と考えてしまいます。そしてそこにはお喋り好き、人好きの私がいる。と思うと、ここにいる私が、お友達を作れなくて言葉を失くしていることが自分でも信じられない状態でした。

最初の週末。ウンとたくさんの宿題の山をかかえつつ、でも、ちょっと外出する時間を見つけた土曜の午後。バスに乗って小一時間ほどの街にでかけました。なんだか少し開放された気分。

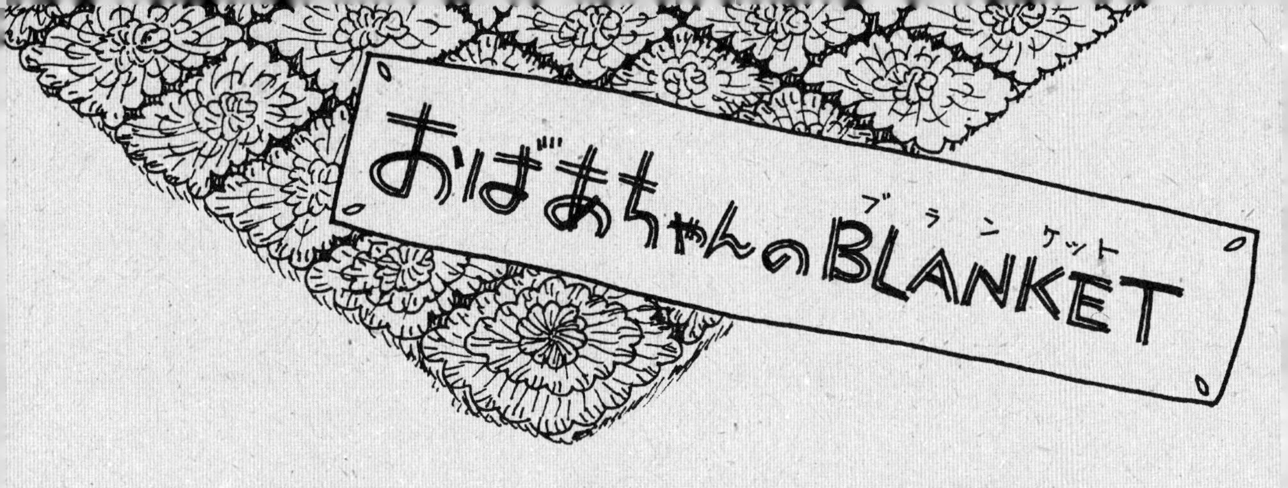

晩秋の落ち葉舞う街を気まぐれに歩くうち、教会でバザーをしているのが目に留まりました。中に入ると古着や雑貨が山積みにされていて、5ドルや10ドルといった安い値段で売られていました。その後ろには50代60代のおば様たちが和やかにクッキーをつまみながら編み針を動かしています。

そこで私が手にした物は、残り毛糸で作ったモチーフ編みのブランケット。こういうの、うちのおばあちゃんも作ってたっけ…。そのチグハグな色合わせといいハデな中細糸といい、いかにも残り糸を使ったおばあちゃんの手作り。ほんの少しでも残った毛糸は捨てられず、取っておいて作ったモチーフ編み。こういうのは日本もニュージーランドも同じなんだな…と思ったのです。

その日から私はそのおばあちゃんのブランケットを膝に掛け、机に向かうようになりました。知っている人が作ったわけではない、教会のバザーで10ドル余りで手に入れたブランケット。でも何となく、やっぱり私のおばあちゃんと同じような、ニュージーランドのどこかに住んでいるおばあちゃんが作ったんだろうな…と思いつつ、そのブランケットは冬の夜長の足元を暖めてくれました。殺風景な部屋の中に1つだけでも人の手で作った色とりどりの物がある。それだけで心が和んだのです。どこにでもある、いつの時代にもある、おばあちゃんのブランケット。

写真（写真左）のおばあちゃんのブランケットはキーウィ クラフトで作りました。

キーウィ クラフトといえば村尾みどりさん。彼女が紹介してくれた汚毛をそのまま鍋に入れ洗剤と染料を練り合わせた物を何色か用意し、直接中に入れてグツグツ煮るという、大胆なまだら染で染めた羊毛を使いました。

羊毛はロムニー。毛足が長いので羊毛一房の中に何色も色が入り、楽しめます。そして撚りをかけずにファイバーをロープ状に引き伸ばすというキーウィ クラフト独特の方法で作った糸を使うので、空気が入り、できあがりは思いのほか柔らかくてあったかい!!キーウィ クラフトってやっぱりロムニーのものよね！少しシャリっとした硬さのあるロムニーもキーウィ クラフトならフンワリ仕上がります。「体が覚えている」「手が覚えている」肌触りの良さ。こういうブランケットにくるまってお昼寝していたなって、きっと大人になって思い出すのでしょう。モチーフ編みなら余った染毛を使っても良いでしょう。思い出の万華鏡のようなとりどりの色で…。

雑誌SPINNUTSのこと

「SPINNUTS」とは、「Spin（紡ぎ）」+「Nuts（夢中になる）」を合わせて造った言葉です。

1983年、インドへ行く前にオーストラリアで途中下車した私は、友人の奥さんが、毛刈りしたての羊一頭分の羊毛「フリース（Fleece）」を糸車の横にボンと置き、そこから糸を紡いでいるのを見て「糸ってこんなふうにして作るんだ」と衝撃を受けたことからすべては始まりました。

「フリース」とは今出回っている化繊の衣料のことではなく、本来は羊一頭分の刈りたての羊毛を指します。

一枚のコートのように繋がっていて、羊の形に広げることができます。初めて見た光り輝くフリースの美しかったこと。その日「原毛屋になる」と決心し、3頭分のフリースを日本へ持ち帰って、「原毛屋 Spin House PONTA（スピンハウスポンタ）」を始めました。1984年のことです。

「きっと糸紡ぎなんて、日本では誰もやっていないだろう」と思って帰ってきましたが、知らなかったのは私だけで、いざ始めてみると日本にも、手紡ぎや手織りをしている人たちがたくさんいました。出会った人や、出合ったことにその度驚いたり、考えたり、感激したことを誰かに伝えたくて、翌1985年から『情報誌 SPINNUTS』を作り始めました。

手書き、10ページ、コピー刷りの30部が創刊号です。その後、2008年に「スピナッツ出版」として登録。2012年には原毛屋と雑誌を一つにするため「SPINNUTS」に社名を変更しました。

雑誌『SPINNUTS』100号までの33年の間に出会ったすべての方々、そしてご協力いただいた方々に、心より感謝申しあげます。ありがとうございました。

本出ますみ

感謝の言葉

この羊の本は、『SPINNUTS（スピナッツ）』という雑誌の100号までの内容から、羊と羊毛の内容を抜粋、再編集、加筆したものです。

33年にわたる雑誌『SPINNUTS』出版の中で、たくさんの方々に力を貸していただき、ようやく100号を迎えます。合わせて『羊の本―ALL ABOUT SHEEP AND WOOL』を世に出すことができましたのも、たくさんの方々からご支援をいただけたからです。そしてクラウドファンディングという形の呼びかけに応じてくださった、のべ629人もの方々のおかげで、この本は日の目を見ることができました。この場を借りて心より御礼申しあげます。そして執筆にあたり、新たに執筆していただいた方々、内容をチェックしていただいた方々にも深く感謝いたします。

そしてこの本はスタッフにも恵まれました。デザイナーの伊地智 妙の存在なくしてこの本は完成しなかったことでしょう。なかなか執筆の緒につかない私に、「どれほどすばらしいことが頭の中にあっても、口に出し文字にしなければ人には伝わらない」と言った彼女の一言は強烈でした。彼女と使う言葉一つに議論を交わした日々は、白い紙の上で格闘しているような気持ちでした。また資金で悩んでいた私に、「クラウドファンディングで資金を集めませんか？」と言ってくれた、原毛屋スタッフ 中村咲子のやる気に引っ張ってもらいました。さらに、木澤尚美、岡ゆかり、まえかわゆうこ、立川真希らによって『羊の本』そして「クラウドファンディング」のプロジェクトが実現しました。

この本は、雑誌『SPINNUTS』から羊と羊毛に関する記事を抜粋、再編、加筆した内容ですが、『羊の本』の中でお世話になった方々を数えると、本文の執筆に15名、作品写真提供者を数えると99名の方々にご協力いただきました。しかし何より『SPINNUTS』100号に至る33年の間に関わったスタッフは、坂田千明さんを筆頭になんと45人を数えます。いかにこの羊の本がたくさんの人によって成り立っているかを、改めて実感しております。

最後になりましたが、私に最初に糸紡ぎを教えてくれた伸子クレイギーさんに、心より感謝いたします。

2018年1月27日大寒　本出ますみ

トモエ ダール、ハシベ ダール作（トルコ羊毛 パスパス編み 140cm×140cm）
トルコのアンネ（トルコ語で母の意）が飼っていた羊の毛を紡いで織ったキリムの穀物袋を
50年経ってから解いてもう一度編み直した作品。家族の歴史の詰まったラグです。

サポートしてくださった方々

紡・織・編・染

アトリエ MASE DO ／間瀬今日子

愛知県豊田市椿立町坂 27-2
TEL 0565-62-2462 ／ MAIL ori@atelier-mase-do.com
URL http://atelier-mase-do.com

フェルト・断熱材・キャンプ・武者修行

モンゴルプロジェクト

URL［武者修行］https://furowork.net/mongolia/
［エコウール・断熱材］http://www.ecowool.mn ［キャンプ］http://mp-resort.mn
［NaraSara フェルト］https://www.facebook.com/morinmotako

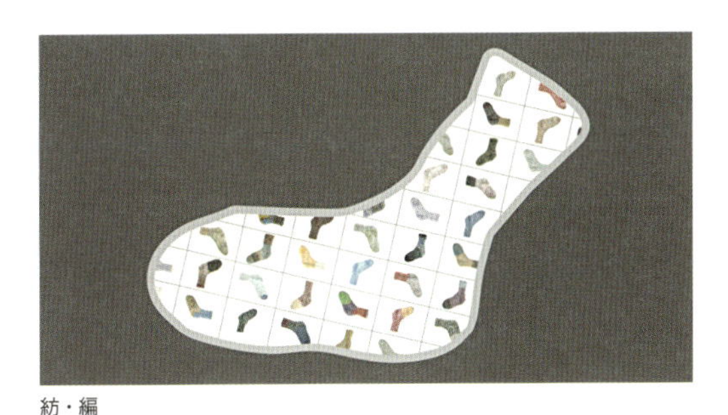

紡・編

アトリエ・ターフー／中村千鶴

大阪府八尾市恩智中町 2-177
TEL 072-943-6569 MAIL crane19360707@gmail.com

織

加藤國男

新城市作手田原字長ノ山 1-61
TEL 0536-37-5316

紡・織・染・フェルト

工房きのね

長崎県諫早市森山町慶師野
URL http://k-kinone.com

カード織

鈴木美幸

京都府京田辺市田辺狐川 40-47
MAIL miyuki-su@iris.eonet.ne.jp

羊飼育・羊毛加工

スピナーズファームタナカ

北海道中川郡池田町清見 164
TEL 015-572-2848

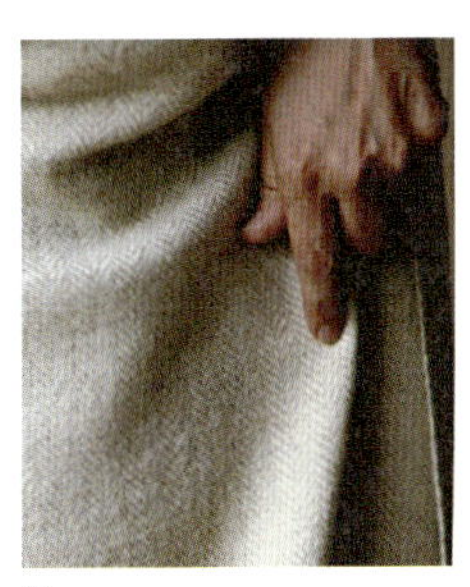

織

清野詳子

東京都練馬区上石神井
MAIL info@seinokoubou.net

紡・織・染・フェルト・デザイン

田口りゅう子

人吉市九日町 54-2-201
TEL 090-9591-1384

紡・織
古里洋子
北海道七飯町大川 9-17-4
TEL 0138-65-0190

原始機・グアテマラ織
星野利枝
京都市伏見区桃山筒井伊賀西町 22-5
MAIL toshiz415@hotmail.co.jp

絹素材・シルク化粧品
(株) 宮坂製糸所
長野県岡谷市東銀座 2-13-28
TEL 0266-22-3116

編
ヤギマリ
那須塩原市木綿畑 515-3
MAIL maa-y@sannet.ne.jp

ボード織
山野井 佳子
江戸川区南小岩 6-25-15
URL http://board-weaving.co.jp

フェルト
夢家／柳原由実子
静岡県川根本町東藤川 1711
MAIL ndkkj942@ybb.ne.jp

編
青森県／工藤れい子
TEL 0172-57-3471

紡・織
赤羽純子
MAIL junko-bane@hotmail.com

フェルト
アトリエ ナオコ
MAIL naoko282@icloud.com

自然染・紡・織・型染
五十嵐眞弓
TEL 044-953-2756

紡・織
絲工房
福岡市東区香椎浜 4-2-2-202

紡・織・編・染
糸工房みん・りー
東京都世田谷区玉川 4-24-7

織
稲垣有里
URL http://www.yutori.info/

紡・織・編・染
彩り工房／田辺
URL http://www7b.biglobe.ne.jp/~premiere1985

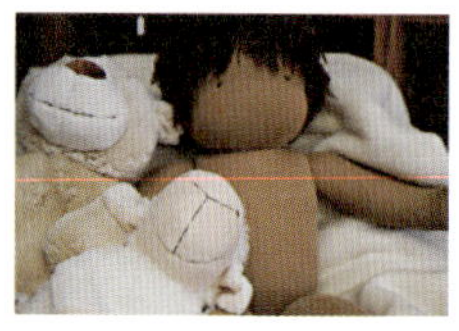

縫・ウォルドルフ人形
ウーフ／山地洋子
URL http://www.u-hu.net/

ワークショップ企画
植田久美子
MAIL seren_ku@jeans.ocn.ne.jp

紡・織・編・染・フェルト・教室
愛知／大町百合恵
TEL 0569-29-2787

紡・編・縫・染
お針子蜂の巣
URL https://www.oharikobees.com

材料販売
京都 WeaversGarden
URL https://www.kyotowgarden.com

小さな牧場・原毛
廻巡庵／大林俊明
URL http://ponntyann.blogspot.jp/

原毛・体験・ふれあい
神戸・六甲山牧場
URL http://www.rokkosan.net

手紡・手織
工房 夢色羊
神奈川県厚木市戸田 1424

織
齊藤機料店
URL http://saitokiryo.jp

紡・織・編・組
佐久間美智子
世田谷区等々力 7-27-8

紡・織・染
Shoku の布
URL http://offer1999.com

染
Sind ／原口良子
東京都杉並区西萩北 5-9-1

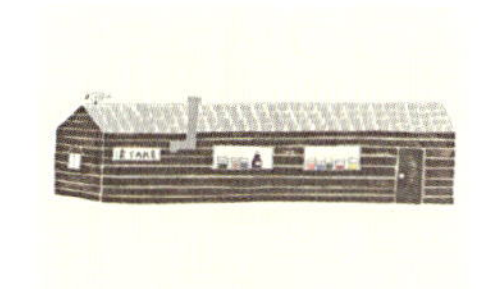

染
染 TAKE
URL http://www.sometake.com

染
染太郎 KITAZAWA
URL https://sometaro.jimdo.com/

紡・織・染・フェルト
谷藤 艶子
岩手県盛岡市境田町 9-3

紡・織・染
中嶋芳子
京都市北区紫竹西桃ノ本町 21

染織紡教室
中村千絵
MAIL atelierchie@hotmail.com

紡・織・染
中村千枝子
高槻市日吉台一番町 14-5

織
西本 女禮
福井県敦賀市川崎町 5-29

紡・織・染
布工房／林香代子
広島市西区大芝 1 丁目 21-3

ウォルドルフ人形
根本 裕美
MAIL kyklos02@gmail.com

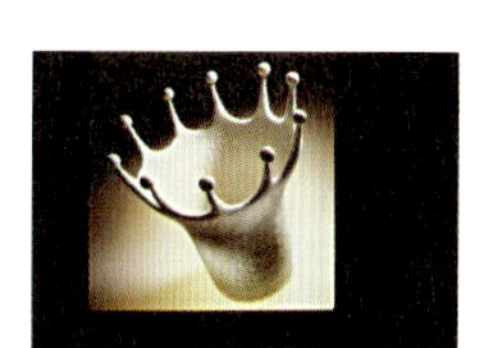

フェルト
芳賀れん子
宮城県仙台市若林区荒町 66

紡・織・染
ひつじぐみ
MAIL hitsujigumi5@gmail.com

ふれあい牧場
ひつじの里
URL https://www.hituji-quill.com

紡・織・編・縫・染・フェルト
ひつじのゆめ
URL https://www.facebook.com/hitujinoyume/

フェルト
ひつじの惑星
URL https://www.facebook.com/hitsuji.wakusei/

羊飼い・羊毛生産
羊まるごと研究所
MAIL himaken@moon.odn.ne.jp

紡・織・編・染
羊ワーク風子
FAX 042-848-2118

紡・織
藤岡蕙子
東京都世田谷区弦巻 1-41-3

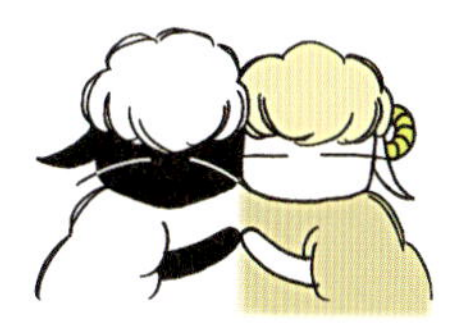

ひつじ収集家
ぷるるんねるるん
URL http://hitsuji.my.coocan.jp/

紡・織・染
北海道ホームスパン三人会
TEL 011-592-6801

北海道めん羊協議会
会長 大口義孝
副会長 武藤浩史／他 会員一同

羊文化研究
本堂雄輝
URL http://hituzino.hateblo.jp

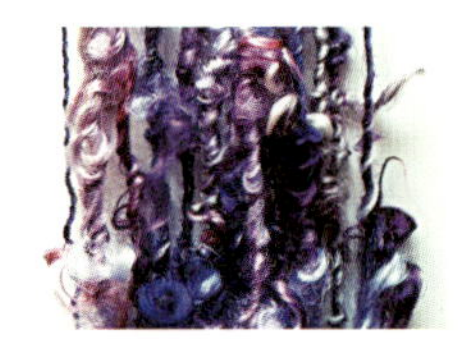

紡・織・アートヤーン
まきもの工房
MAIL makimono@maianet.com

子どもミュージアム
町田 弘法
URL http://www2.famille.ne.jp/~kobo/

織・創作
宮井喜久子
MAIL kikiku_39@yahoo.co.jp

フェルト
みやはしみやこ
MAIL minkumakuma385@softbank.ne.jp

アートヤーン・ファイバーアート
森るる
URL http://happyspinning.com

ブータン染織の旅
ヤクランド
URL http://yakland.jp

酪農・チーズ製造販売
吉田牧場
岡山県加賀郡吉備中央町上田東

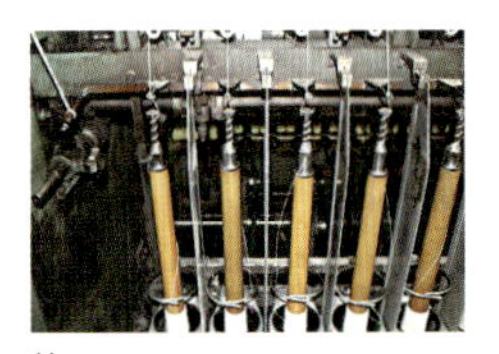

紡
吉野毛糸紡績(株)
泉大津市池浦町 2-13-30

テキスタイルクラフト
吉羽 文江
茨城県古河市東山田

紡・織
Lakota
大分市高江南 1-34-5

フェルトアートワーク
若井 麗華
MAIL skysheephone@gmail.com

まゆクロス／織／リエコカメヤマ

塩田朝子

織
篠宮和美

紡・編・染
縄文の手紡ぎ工房／畠山恭子

紡・編・染
帯刀貴子

紡・染
手紡ぎ屋絲／マエダチエ

西本 博美

紡・フェルト・羊毛
bricoleurs ブリコルール

TOABO
株式会社トーア紡コーポレーション
「本当の価値」を届けるために
大阪府大阪市中央区城見一丁目２番２７号
クリスタルタワー１８階
TEL 06-7178-1151 FAX 06-7178-1171
http://toabo.co.jp/

ウールの ニッケ
ニッケグループのマスコットシープ
う〜るん
http://www.nikke.co.jp

日本の羊毛産業の
発展をめざして。
羊毛に携わる企業や団体が
会員となり、国に意見を出しています。
羊毛に関する調査や
統計なども行っています。
日本羊毛産業協会
大阪市中央区備後町2-5-8 綿業会館 www.yosankyo.jp
羊に関するお問い合わせはこちらまで。
TEL 06-6231-1563 FAX 06-6231-1576 Mail jwia@yosankyo.jp

紡ぎ・織り・フェルト
ラ・メール株式会社
Glimåkra
ashford
WHEELS & LOOMS
KROMSKI
輸入販売元 ラ・メール株式会社
〒615-0002 京都市右京区西院東今田町34-5
TEL (075)754-6540 FAX (075)754-6541
www.lamerr.com lamer@lamerr.com
https://store.shopping.yahoo.co.jp/lamerr
https://www.rakuen.co.jp/lamer-shop

Japan lamb
医学検査材料・動物血清・ラム肉の製造・販売
「食」と「医」の両面から
日本を支えたい…。
有限会社 ジャパン・ラム　広島県福山市神辺町上御領1711-6
TEL 084-965-0574　FAX 084-965-0450　www.japan-lamb.jp

手から手へ
スウェーデンひつじの詩舎から
うたしゃ
ウォルドルフ人形と
羊毛の手仕事をあなたへ
一般社団法人 スウェーデンひつじの詩舎
〒244-0001 横浜市戸塚区鳥が丘 15-2
Tel:045-881-6900 Fax:045-881-6665
http://www.s-hitsuji.co.jp/

社会福祉法人 たんぽぽ
〒658-0044 神戸市東灘区御影塚町 3-6-10
NKビル 4 F
TEL・FAX 078-843-4985
mail@tanpopo-voikukka.jp

Kakara Woolworks
カカラ ウールワークス
kakara-woolworks.com
tel: 086-486-3099

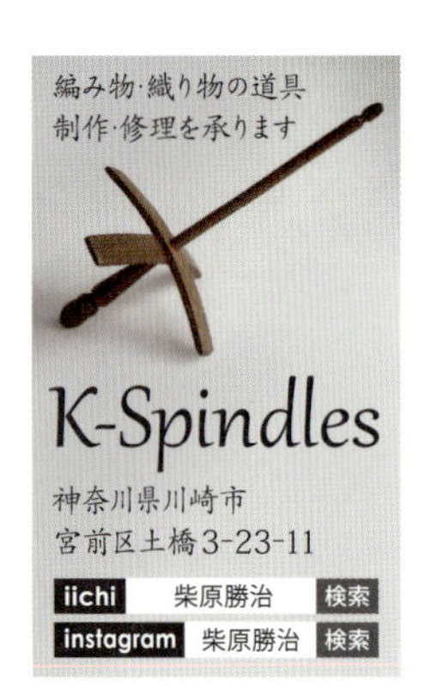

編み物・織り物の道具
制作・修理を承ります
K-Spindles
神奈川県川崎市
宮前区土橋3-23-11
iichi 柴原勝治 検索
instagram 柴原勝治 検索

ハマナカ
Aclaine
アクレーヌ
Acrylic Fiber
ハマナカ株式会社
〒616-8585
京都市右京区花園薮ノ下町２番地の３
TEL.075-463-5151(代)
http://www.hamanaka.co.jp

MONDO FIL
Design Yarn Planning
http://www.mondo-fil.com
075-822-7111

札幌市中央区南 3 西 2、KT 三条ビル地階
090-1307-6669 ／ yayayagi@mac.com
18 時~23 時・日月火定休
アトリエ オン サテライトオフィス

モンゴルの羊

工藤聖美作

索引

あ

い

う

え

お

か

き

く

け

こ

さ

し

す

せ

ひ

ふ

ほ

め

も

や

ゆ

よ

ら

り

る

れ

ろ

手紡ぎの風景 No.100 本出ますみ

羊について行けば大丈夫

この「羊の本」と向かい合った時間は、私にとって羊と羊毛のことを学び直す貴重な経験となりました。

紡績工場やホームスパンの工房に行き、機械で作る糸と、手紡ぎで作る糸の違いを考えたり、牧場に行って生まれたばかりの仔羊を抱き、乳臭い匂いに酔いしれたり、モンゴルの遊牧民のゲルに泊って、そのコンパクトで自立した暮らしぶりに感激したり、京都の祇園祭で見る鉾の掛物が世界中から集まってきた毛織物であることを知って、日本人の羊毛好きに驚いたり、正倉院の花氈（フェルトの敷物）に触れ、技術的には、今も昔もほとんど変わらないことに納得したり…。

さらに歴史を勉強し始めると、羊は遊牧民と共においしい草を求めて陸地だけを移動したのだと思っていたら、なんと海も渡っていたことに気が付きました。地中海に海洋民族貿易国家を築いたフェニキア人、ローマ人、バイキング…みんな羊を連れて船で大海に乗り出し、大地を歩き、行った先々で羊は増えていきました。羊はいつも人と一緒にどこにでもついて歩きました。そして、乳と肉と毛と糞という羊からの恵みで、人は1万年を生きてきました。

この3年、私はまるで空飛ぶ絨毯に乗って、古今東西時空を超え、千夜一夜の羊物語を旅してきたような気分です。そして今、思いのほか楽天的です。羊について行けば大丈夫。自然と道は開けていくと思うのです。

編著者プロフィール

本出ますみ Masumi HONDE

ウール クラッサー（Wool Classer・ウール格付け人）。羊の原毛屋SPINNUTS／スピナッツ出版代表。1958年生まれ、1984年に京都で原毛屋を始める。1991年にニュージーランドのリンカーン大学にてウール クラッサーの資格を取得。スピナー、羊飼い、メーカーを繋いで「羊と羊毛のある暮らし」を模索する羊マニア。

SPECIAL THANKS

日本羊毛産業協会 一井伸一
一般財団法人ケケン試験認証センター獣毛総合研究所 丸茂征也
英国羊毛公社日本支部代表 園田フジ子
帯広畜産大学生命・食料科学研究部門 手塚雅文
田中祐子
北澤淳子
宮川克枝
植田久美子

羊の本
ALL ABOUT SHEEP AND WOOL

2018年5月11日 初版発行

編著　本出ますみ

デザイン・編集　伊地智 妙
営業・マネジャー　中村咲子
営業・編集協力　木澤尚美
岡ゆかり
まえかわゆうこ
立川真希

発行・発売　スピナッツ出版
〒603-8344 京都府京都市北区等持院南町46-6
TEL 075-462-5966
FAX 075-461-2450
E-mail office@spinnuts.kyoto.jp
URL www.spinnuts.kyoto.jp

印刷　株式会社 谷印刷所